Java 程序设计项目化教程

Java CHENGXU SHEJI XIANGMUHUA JIAOCHENG

主　编◎魏建兵　王玲平　张　娟

重庆大学出版社

内容提要

本书共有10个项目,包括HelloWorld的实现、简易计算器、猜数字游戏、在线抽奖、模拟超市购物、模拟KTV点歌系统、保存书店每日交易记录程序设计、使用JDBC实现水果超市管理系统、聊天程序设计、五子棋人机对战。本书可作为高等职业院校Java程序设计课程的教材和参考书,也可作为对Java编程感兴趣的读者的入门参考书。

图书在版编目(CIP)数据

Java程序设计项目化教程 / 魏建兵, 王玲平, 张娟主编. -- 重庆 : 重庆大学出版社, 2021.8
高等职业教育理工类活页式系列教材
ISBN 978-7-5689-2719-2

Ⅰ.①J… Ⅱ.①魏… ②王… ③张… Ⅲ.①JAVA语言—程序设计—高等职业教育—教材 Ⅳ. ①TP312

中国版本图书馆CIP数据核字(2021)第168697号

Java程序设计项目化教程
Java CHENGXU SHEJI XIANGMUHUA JIAOCHENG
主 编 魏建兵 王玲平 张 娟
策划编辑:范 琪
责任编辑:付 勇 版式设计:范 琪
责任校对:邹 忌 责任印制:张 策
*
重庆大学出版社出版发行
出版人:饶帮华
社址:重庆市沙坪坝区大学城西路21号
邮编:401331
电话:(023) 88617190 88617185(中小学)
传真:(023) 88617186 88617166
网址:http://www.cqup.com.cn
邮箱:fxk@cqup.com.cn(营销中心)
全国新华书店经销
重庆俊蒲印务有限公司印刷
*
开本:787mm×1092mm 1/16 印张:19.75 字数:483千
2021年8月第1版 2021年8月第1次印刷
ISBN 978-7-5689-2719-2 定价:69.00元

FOREWORD

前　言

本书以培养学生的实际动手能力为中心目标，职业素质为突破点，实用技能为核心，项目为驱动，讲练结合为训练思路编写而成。每个项目围绕要完成的任务所需解决的问题导出对应的学习内容和知识点，然后讲解必要内容及解决问题的过程和步骤，再通过适当实例的练习巩固、强化所学知识，即实现"教、学、做"一体化。因此，如采用多媒体实训室或机房进行翻转式教学，效果更好，达到"学用结合，以用为本，学以致用"的教学目的。

本书是一本"融媒体+项目化"线上线下的特色教材，学生可通过省级在线开放课程——"基于任务驱动式的 Java 程序设计"进行线上学习，本书以"教、学、做"项目一体化的教学模式来展现教学内容和单元结构，做到"讲练结合、讲中练、练中学"，易于学习者消化和吸收所学内容，并锻炼实操能力，达到学以致用的效果。

本书共有 10 个项目，包括 HelloWorld 的实现、简易计算器、猜数字游戏、在线抽奖、模拟超市购物、模拟 KTV 点歌系统、保存书店每日交易记录程序设计、使用 JDBC 实现水果超市管理系统、聊天程序设计、五子棋人机对战。

本书由甘肃林业职业技术学院的魏建兵、王玲平、张娟主编，张娟完成项目 1、项目 2、项目 9 内容，魏建兵完成项目 3、项目 4、项目 5、项目 6 内容，王玲平完成项目 7、项目 8、项目 10 内容。本书配套的课程资源可扫描封底二维码。

由于编者水平有限，书中难免有不足之处，欢迎各位读者与专家批评指正。

编　者

2021 年 2 月

CONTENTS

目　录

项目 1　HelloWorld 的实现

【任务需求】

实现 HelloWorld 的打印。

【任务目标】

集成开发工具 Eclipse 开发的使用。

【任务实施】

(1)搭建 Java 开发环境

Java 开发环境的搭建相对其他语言可能有些复杂,为了方便学习,Java 本身提供了很多机制。Java 的开发环境可以用 JDK 来代表,在本节中将介绍如何下载、安装和配置 JDK。

1)下载 JDK

JDK 最初是 Sun 公司提供的一种免费的 Java 软件开发工具包,里面包含了很多用于 Java 程序开发的工具,最常用的是编译和运行工具。但后来公司被 Oracle(甲骨文)公司收购,Java 也随之为 Oracle 公司。因此 JDK 的下载可以通过 Oracle 官方网站来实现。

2)安装 JDK

下载 JDK 后,双击下载的 EXE 文件,即可开始安装 JDK。首先是弹出“安装程序”窗口,如图 1-1 所示,单击“下一步”按钮。

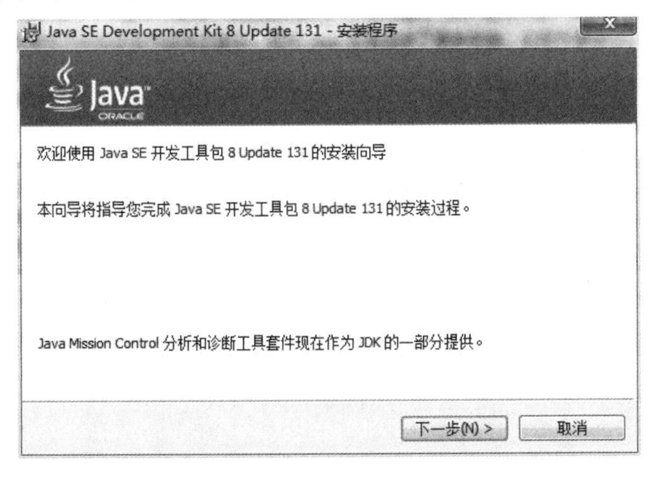

图 1-1　“安装程序”窗口

在弹出如图1-2所示的“定制安装”窗口,在窗口中可以选择要安装的Java组件和JDK文件的安装路径。单击“下一步”按钮后,弹出如图1-3所示的“Java安装-目标文件夹”窗口,这里可以采用默认安装Java的所有组件并在C盘安装。

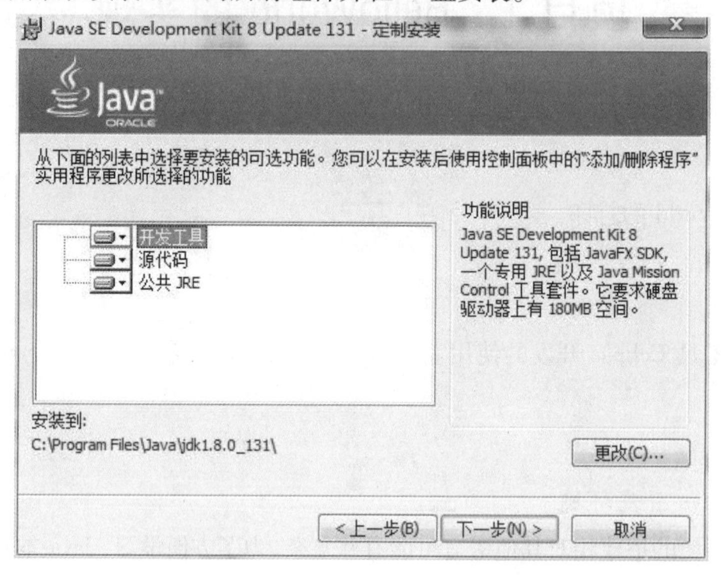

图1-2 “定制安装”窗口

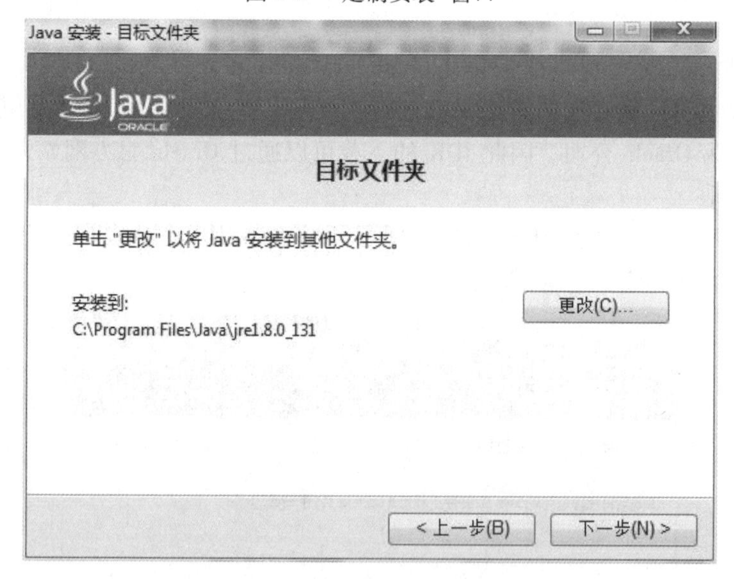

图1-3 “Java安装-目标文件夹”窗口

在“Java安装-目标文件夹”窗口中单击“下一步”按钮后就开始安装JDK,再单击如图1-4所示的“完成”窗口中的“关闭”按钮,这样就正式完成了JDK的安装。

3)配置JDK

下载和安装JDK后,只是完成Java开发环境搭建的前半部分,最关键的部分还是配置JDK。配置JDK的目的是能够在命令提示符中运行JDK中的命令,例如编译和运行。配置JDK的操作步骤如下。

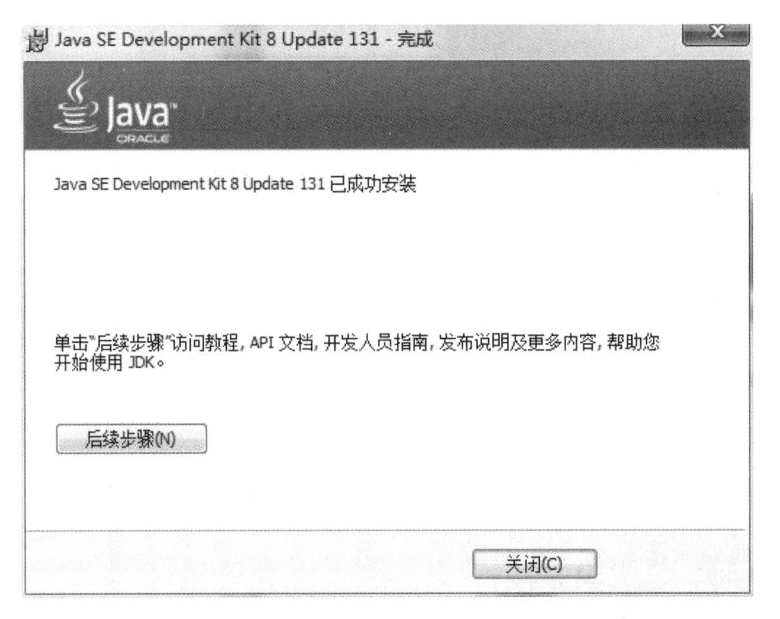

图 1-4 "完成"窗口

①在"此电脑"或者"计算机"桌面图标上，单击鼠标右键，在弹出菜单中选择"属性"→"高级系统设置"→"高级"选项卡→"环境变量"按钮，弹出"环境变量"窗口，在该窗口中就可以进行环境变量的设置，如图 1-5 所示。

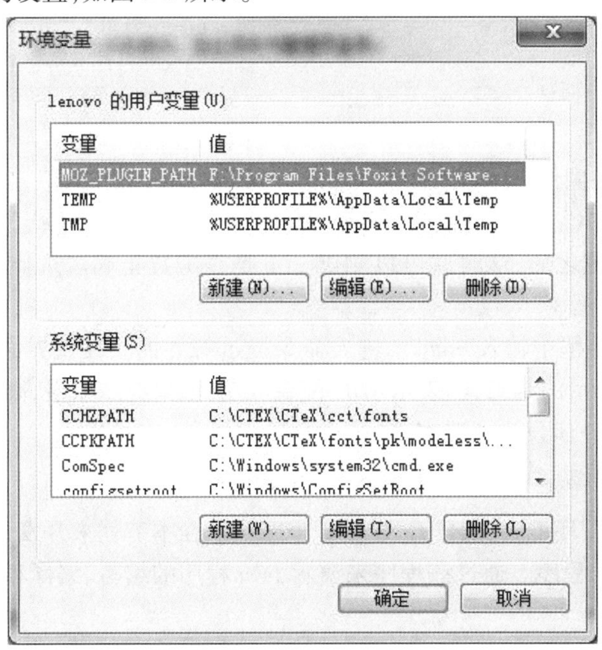

图 1-5 "环境变量"设置

②单击"系统变量"选项组中的"新建"按钮，弹出如图 1-6 所示的窗口。

③在"变量名"文本框中输入"PATH"，如图 1-7 所示，在"变量值"文本框中输入"C:\Program Files\Java\jdk1.8.0_131\bin;"，注意要以分号结尾，单击"确定"按钮。

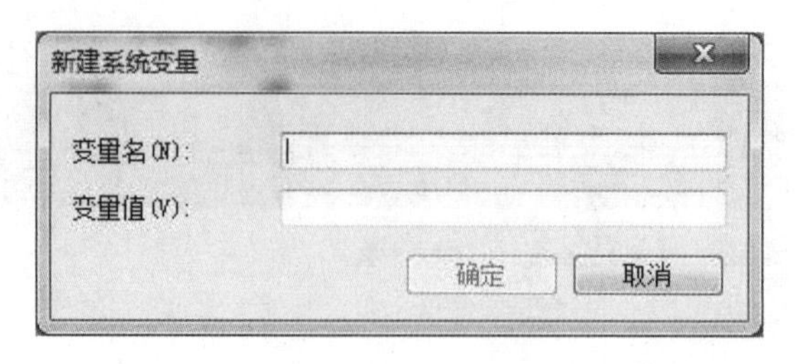

图 1-6 “新建系统变量”

图 1-7　bin 目录

④重复步骤③的操作，在“变量名”文本框中输入“CLASSPATH”，如图 1-8 所示，在“变量值”文本框中输入“C:\Program Files\Java\jdk1.8.0_131\lib\tools.jar;”，单击“确定”按钮。

⑤配置 JDK 完成之后，这时就可以测试一下是否配置正确。选择“开始”→“运行”命令，弹出“运行”命令框。

⑥在“运行”命令框中输入“cmd”，进入命令提示符界面。在该界面中输入 javac 命令，如果出现如图 1-9 所示的结果，则表示 JDK 配置成功；如果提示错误，则表示配置失败，就需要重新配置，查找哪一步发生了错误。

(2) 编写及运行第一个 Java 程序

搭建 Java 的开发环境后，就可开发 Java 程序了。在本节就来开发一个非常简单的输出“Hello World”内容的程序。通过该程序来演示 Java 程序的编写、编译和运行，从而了解 Java 程序的开发过程。

1) 编写 Java 程序

开发 Java 程序，首先要编写一个 Java 程序。在 F:\java 目录下，新建一个文本文档，重命名为“HelloWorld.java”名称。在有些计算机中，默认是没有扩展名的，所以要首先将扩展名设置出来。选择菜单栏中的“工具”→“文件夹选项”→“查看”命令，如图 1-10 所示。

在图 1-10 中取消“隐藏已知文件类型的扩展名”复选框的勾选，单击“确定”按钮，这样

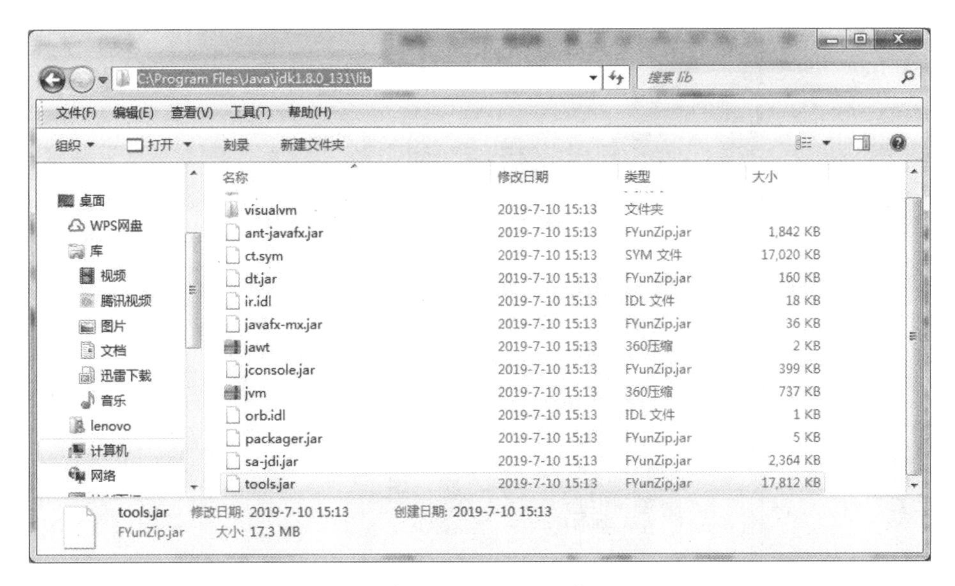

图 1-8 tools.jar 目录

```
管理员: C:\Windows\system32\cmd.exe
Microsoft Windows [版本 6.1.7601]
版权所有 (c) 2009 Microsoft Corporation。保留所有权利。

C:\Users\lenovo>javac
用法: javac <options> <source files>
其中, 可能的选项包括:
  -g                         生成所有调试信息
  -g:none                    不生成任何调试信息
  -g:{lines,vars,source}     只生成某些调试信息
  -nowarn                    不生成任何警告
  -verbose                   输出有关编译器正在执行的操作的消息
  -deprecation               输出使用已过时的 API 的源位置
  -classpath <路径>            指定查找用户类文件和注释处理程序的位置
  -cp <路径>                   指定查找用户类文件和注释处理程序的位置
  -sourcepath <路径>           指定查找输入源文件的位置
  -bootclasspath <路径>        覆盖引导类文件的位置
  -extdirs <目录>              覆盖所安装扩展的位置
  -endorseddirs <目录>         覆盖签名的标准路径的位置
  -proc:{none,only}          控制是否执行注释处理和/或编译。
  -processor <class1>[,<class2>,<class3>...] 要运行的注释处理程序的名称; 绕过默
认的搜索进程
  -processorpath <路径>        指定查找注释处理程序的位置
  -parameters                生成元数据以用于方法参数的反射
  -d <目录>                    指定放置生成的类文件的位置
  -s <目录>                    指定放置生成的源文件的位置
  -h <目录>                    指定放置生成的本机标头文件的位置
  -implicit:{none,class}     指定是否为隐式引用文件生成类文件
  -encoding <编码>             指定源文件使用的字符编码
  -source <发行版>              提供与指定发行版的源兼容性
  -target <发行版>              生成特定 VM 版本的类文件
  -profile <配置文件>            请确保使用的 API 在指定的配置文件中可用
  -version                   版本信息
  -help                      输出标准选项的提要
  -A关键字[=值]                  传递给注释处理程序的选项
  -X                         输出非标准选项的提要
  -J<标记>                     直接将 <标记> 传递给运行时系统
  -Werror                    出现警告时终止编译
  @<文件名>                     从文件读取选项和文件名

C:\Users\lenovo>_
```

图 1-9 测试结果

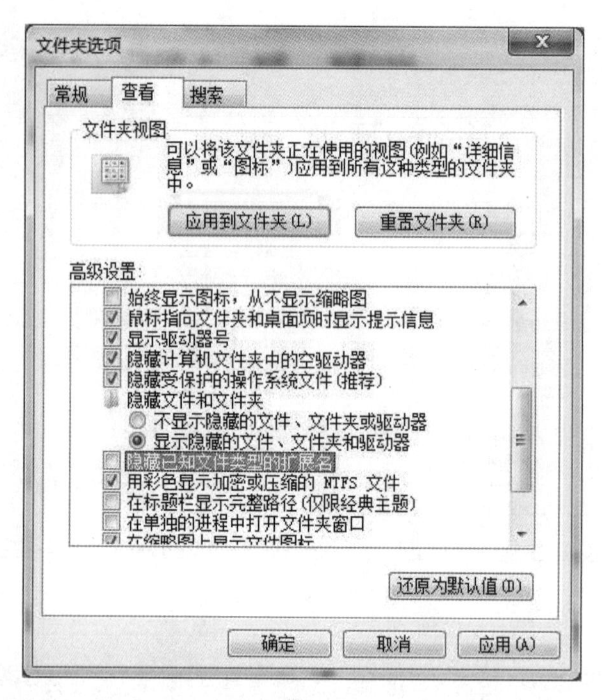

图 1-10 "文件夹选项"

系统中的所有文件就都具有扩展名了。

现在已经有了一个名称为"HelloWorld.java"的文本文档,使用系统自带的记事本程序将其打开,在其中输入如下代码。

```
public class HelloWorld{
    public static void main(String args[ ]){
    System.out.println("Hello World");
    }
}
```

2)编译 Java 程序

编写并保存 Java 程序后,选择"开始"→"运行"命令,在"运行"命令框中输入"cmd",弹出命令提示符界面,在该界面中的操作方式如图 1-11 所示。

在该界面中,首先输入"f:"命令,这样就切换到 F 盘下,键入"cd java",进入 F:\java 目录中,这是因为开发的程序保存在 F:\java 目录中。如果读者编写的程序不在 F:\java 目录中,这里就输入所编写程序所在的位置。

进入 F:\java 目录后,输入"javac HelloWorld.java"命令,其中 javac 是 JDK 中的编译命令,而 HelloWorld.java 是编写的 Java 程序的文件名。执行"java HelloWorld.java"命令后,会在 F:\java 目录下产生一个名称为 HelloWorld.class 的文件,它是执行编译命令所产生的文件。

注意:在 javac 命令后输入的文件名中一定要有.java 扩展名,否则会发生错误。

图 1-11 编译程序

3)运行 Java 程序

编译 Java 程序后,会产生一个以.class 为扩展名的文件,运行 Java 程序就是运行该文件。在图 1-11 所示界面的命令输入下继续输入“java HelloWorld”命令,如图 1-12 所示。

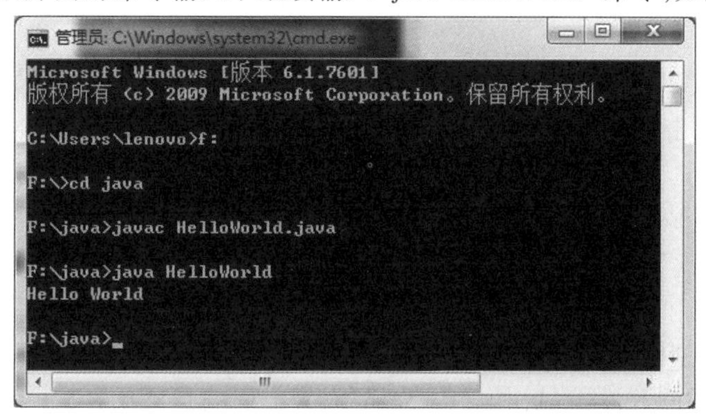

图 1-12 运行程序结果

从运行结果中可以看到输出了“Hello World”的信息,这就是开发的该程序的功能。运行 Java 程序是通过 java 命令来完成的。

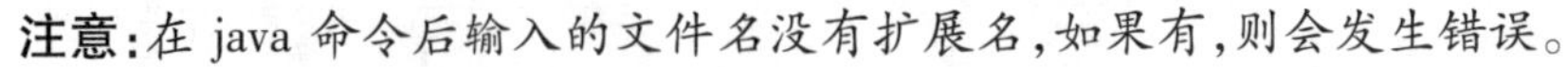

注意:在 java 命令后输入的文件名没有扩展名,如果有,则会发生错误。

4)程序初识

本节将简单地讲解一下前面开发的 HelloWorld 程序,让读者对 Java 程序有一个初步了解和认识。

HelloWorld 程序中的第一行的内容是“public class HelloWorld”,其中“HelloWorld”是一个类名,“class”是判断“HelloWorld”为一个类名的关键字,而“public”是用来修饰类的修饰符。每一个基础类都有一个类体,使用大括号括起来。

程序中的第二行为“public static void main(String args[])”,它是一个特殊方法,主体是“main”,其他的都是修饰内容。这条代码语句是一个 Java 类固定的内容,其中 main 定义一个 Java 程序的入口。和类具有类体,方法具有方法体一样,其同样也要使用大括号括起来。

程序的第三行为“System.out.println("Hello World");”,该语句的功能是向输出台输出内容。在该程序中输入的是“Hello World”信息,从而才有了图 1-12 所示的运行结果。

(3)使用集成开发工具 Eclipse 开发

在前面讲解了使用记事本来开发 Java 程序,因为要调用命令提示符界面,所以显得有些麻烦。而 Java 的一些集成开发工具解决了这一问题。目前 Java 的集成开发工具有很多,这里采用开发中最常用的 Eclipse 来进行讲解。

1)下载和安装 Eclipse

作为一本 Java 语言学习的入门书,作者决定采用中文版的 Eclipse 来进行讲解,Eclipse 可以通过 Eclipse 的官方网站来进行实现,也可以通过搜索引擎进行实现,获取资源的渠道是很多的。Eclipse 是绿色软件,直接解压就可以使用,解压完成也就完成了安装。通常将解压后的 Eclipse 文件直接复制到某一盘下。

2)下载和安装 Eclipse 中文包

Eclipse 中文包可以通过 Eclipse 的官方网站来进行下载,也可以通过搜索引擎进行实现。Eclipse 中文包同样是一个压缩文件,解压缩 Eclipse 中文包,将 plugins 目录下的所有文件和文件夹复制解压到...\eclipse\plugins 目录,然后将 features 目录下的所有文件和文件夹复制解压到...\eclipse\features 目录,运行...\eclipse\eclipse.exe 即可启动中文版的 Eclipse。

3)启动 Eclipse

下载和安装中文版 Eclipse 后,就可以启动中文版 Eclipse。在 Eclipse 文件下,有一个 eclipse.exe 文件,双击该文件,就可以启动 Eclipse。第一次启动 Eclipse 时,首先会出现如图 1-13 所示的窗口。

当第一次启动 Eclipse 的时候显示的窗口和图 1-13 不同时,窗口中“工作空间”文本框显示的通常是 C 盘下的位置,表示是经过修改后的,读者也可以进行修改来确定通过 Eclipse 开发的项目和程序保存的位置。单击“确定”按钮后,弹出如图 1-14 所示的 Eclipse 欢迎窗口。关闭欢迎窗口后,就会弹出真正用于开发的窗口,如图 1-15 所示。

如图 1-15 所示的开发窗口,其分为 5 部分,最上面的是菜单栏,其中包括了 Eclipse 的所有开发工具。左边是项目结构区,会在其中显示一个项目的结构。中间是编码区,在其中可以编写 Java 的程序,和记事本很相似。右边是大纲区,其中显示一个程序的结构。最下面是提示区,通常见到的是在下面输出结果或提示错误。

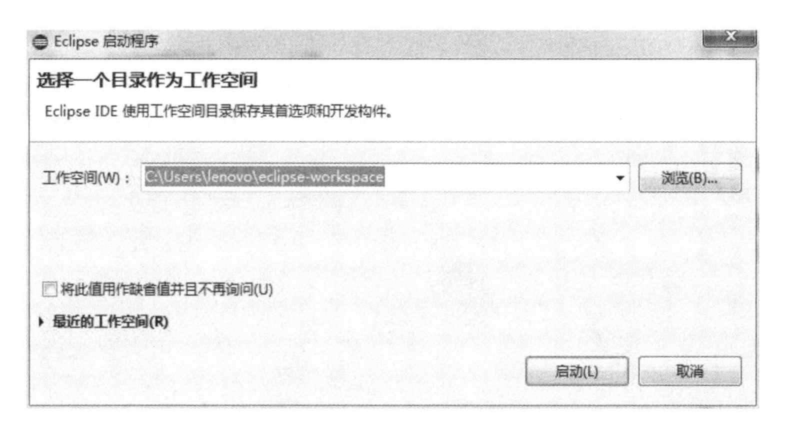

图 1-13 “启动程序”

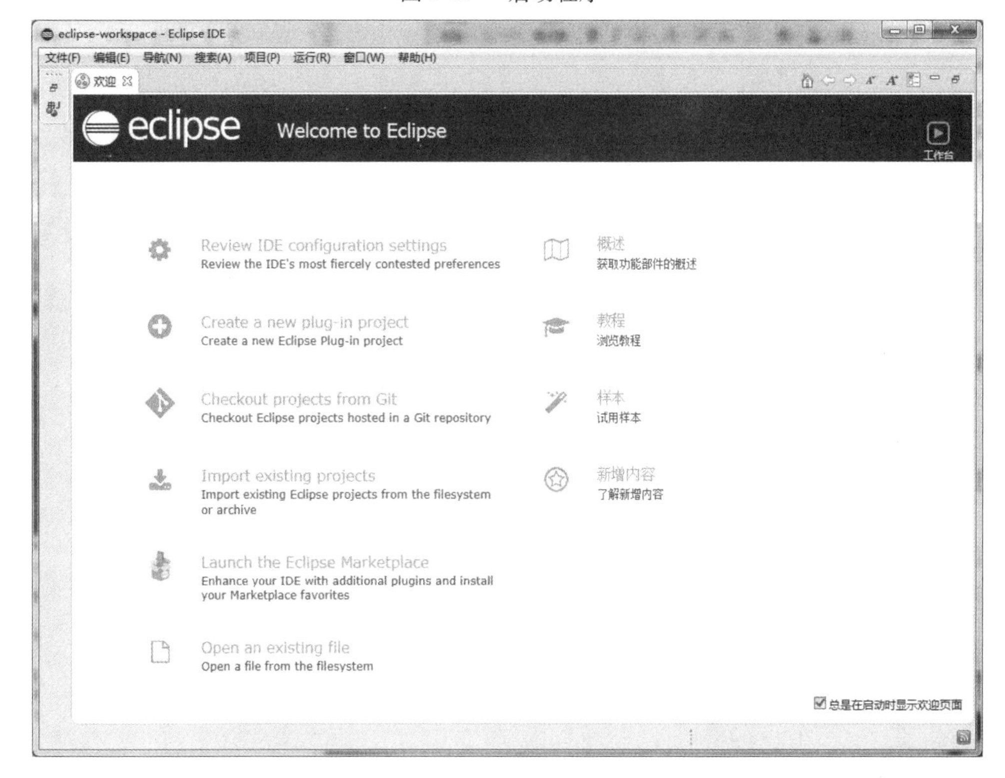

图 1-14 欢迎界面

4)使用 Eclipse 开发 Java 程序

搭建 Eclipse 开发环境并对 Eclipse 有一个基本了解后,就可以使用 Eclipse 集成开发工具来开发 Eclipse 中的 HelloWorld 程序了。在这里开发的 HelloWorld 程序看不出比使用记事本开发有什么优越的地方,但是当开发大型程序时,使用 Eclipse 集成开发工具就要比直接使用记事本容易得多。现在就来看一下使用 Eclipse 集成开发工具开发 HelloWorld 程序的步骤。

①选择菜单栏中“文件”→“新建”→“项目”命令,弹出如图 1-16 所示的“新建项目”窗口。

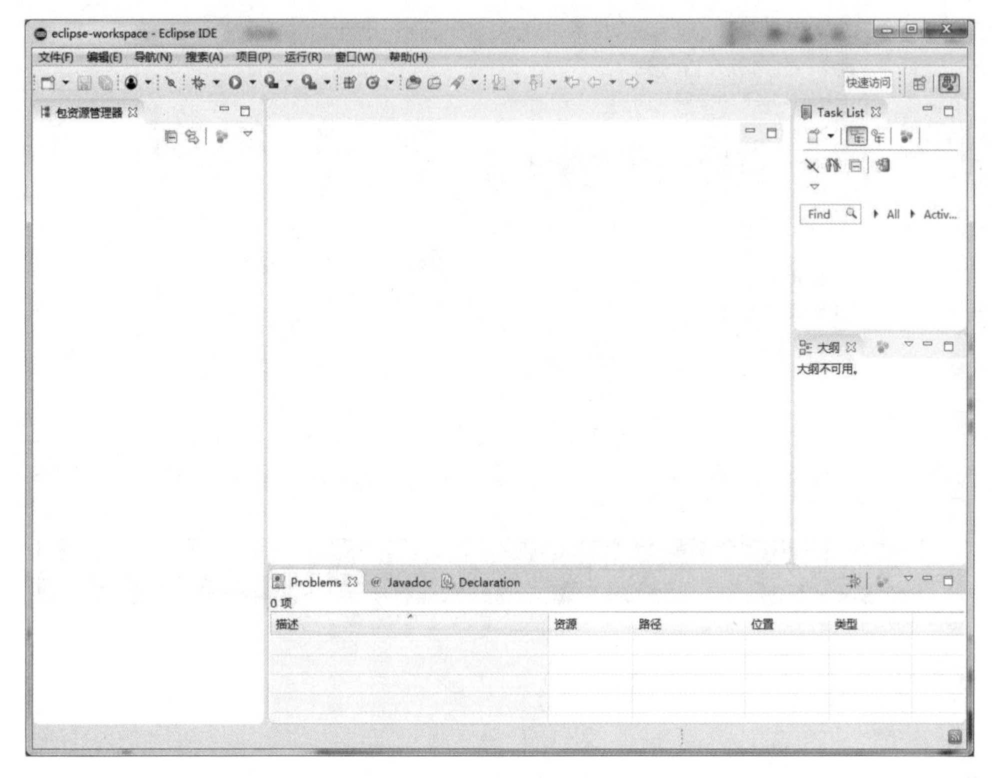

图 1-15　开发窗口

图 1-16　“新建项目”窗口

②选择“Java 项目”选项,单击“下一步”按钮,弹出如图 1-17 所示的“新建 Java 项目”窗口。

③在“新建 Java 项目”窗口的“项目名”文本框中输入用户要创建的项目名。由于这里

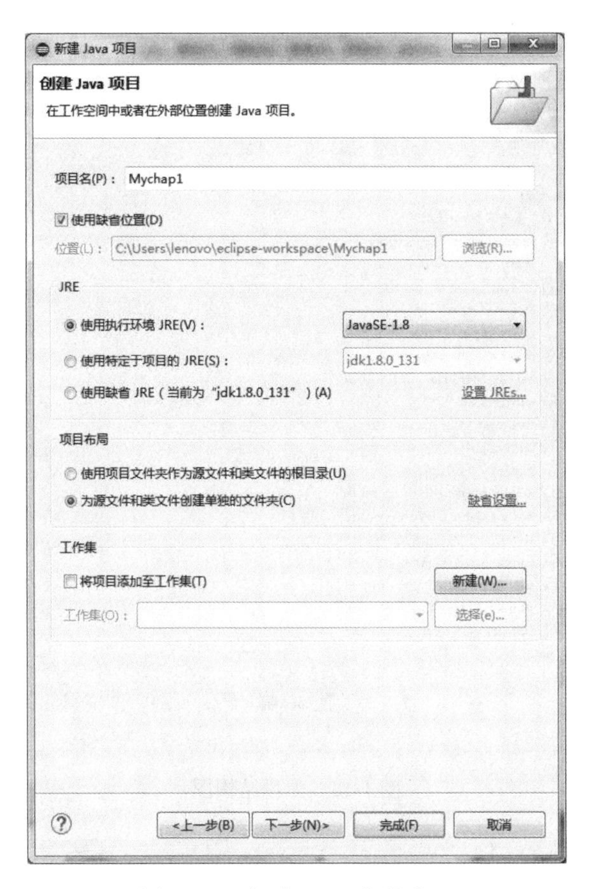

图 1-17 “新建 Java 项目”窗口

是本书的项目 1，就设置创建的项目名为“Mychap1”，单击“完成”按钮，这样就创建了一个名称为“Mychap1”的 Java 项目。此时就会在 Eclipse 开发窗口的项目结构区显示该项目，单击前面的加号，就会显示出该项目的结构，如图 1-18 所示。从项目结构图中可以看到，在 Eclipse 中自动导入 JDK 的类包，从而可以运行 Java 程序。

④在“Mychap1”项目上右击，选择“新建”→“类”命令，弹出如图 1-19 所示的“新建 Java 类”窗口。

在“新建 Java 类”窗口中有很多需要填写的选项。首先是填写包，包的概念会在后面进行讲解，如果这里不填，则采用默认值，也就是不使用包。下面需要填写的就是 Java 类的名称，在名称文本框输入“HelloWorld”。最后在“想要创建哪些方法存根”中勾选第一个复选框，也就是 main 方法，因为它是一个类的入口。设置好这些选项后，单击“完成”按钮，将会在编码区出现如下代码。

```
public class HelloWorld {
   public static void main(String[ ] args) {
        // TODO 自动生成的方法存根
   }
}
```

⑤创建程序的基本框架后，就可以添加功能程序代码。这个程序的功能是输出

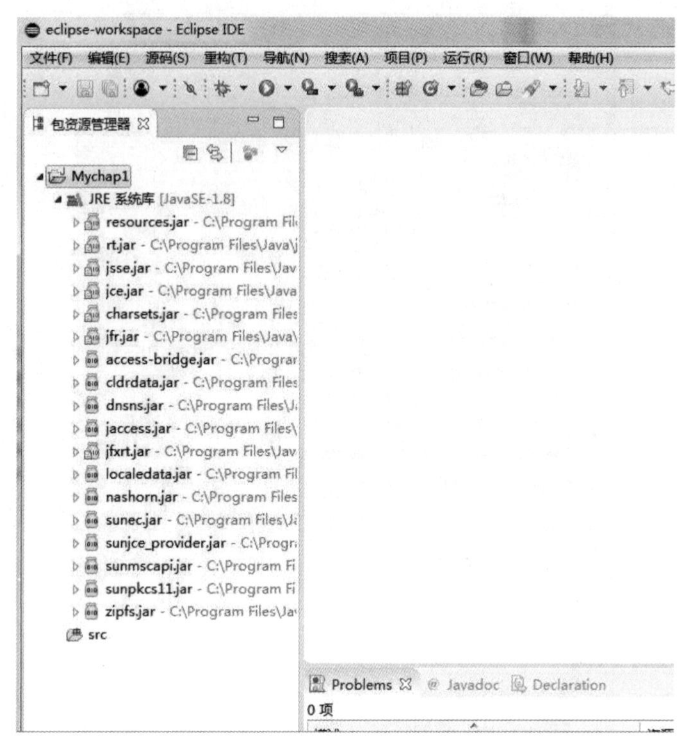

图 1-18　项目结构图

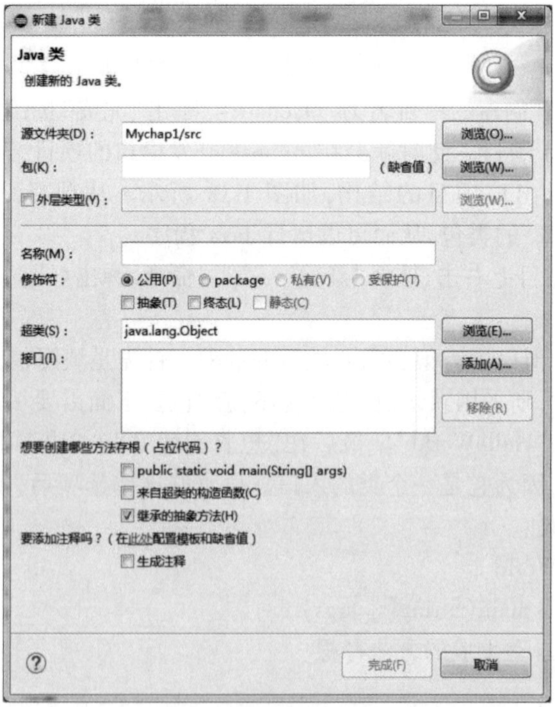

新建 Java 类
Java 类
创建新的 Java 类。
源文件夹(D)：Mychap1/src　浏览(O)...
包(K)：　（缺省值）　浏览(W)...
外层类型(Y)：　浏览(W)...
名称(M)：
修饰符：公用(P)　package　私有(V)　受保护(T)
抽象(T)　终态(L)　静态(C)
超类(S)：java.lang.Object　浏览(E)...
接口(I)：　添加(A)...
移除(R)
想要创建哪些方法存根（占位代码）？
public static void main(String[] args)
来自超类的构造函数(C)
继承的抽象方法(H)
要添加注释吗？（在此处配置模板和缺省值）
生成注释
完成(F)　取消

图 1-19　“新建 Java 类”窗口

“HelloWorld”信息,添加功能语句后的代码如下。

```
public class HelloWorld {
    public static void main(String[ ] args) {
    // TODO 自动生成的方法存根
    System.out.println(" Hello World ");    //功能语句
    }
}
```

⑥完成 Java 程序的编写后,就可以编译和运行该 Java 程序。在 Eclipse 集成开发工具中,编译和运行是一体的,不需要分别执行。选择菜单栏中的“运行”→“运行方式”→“Java 运行程序”命令,将弹出如图 1-20 所示的“保存并启动”窗口。

选择要运行的 HelloWorld.java 程序,单击“确定”按钮,即可运行 Java 程序。

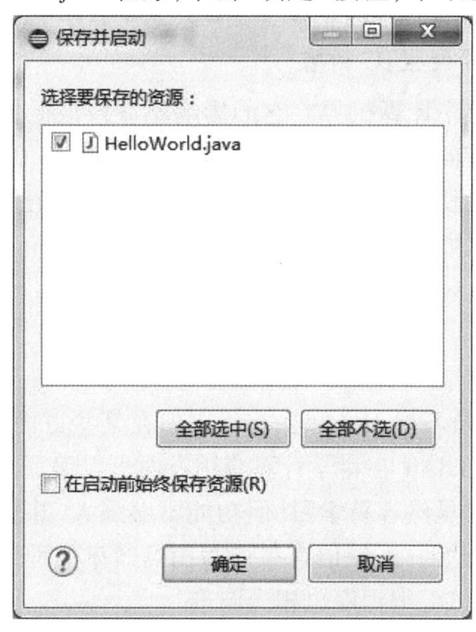

图 1-20 “保存并启动”窗口

运行 Java 程序后,在提示区出现如图 1-21 所示的运行结果。

图 1-21 运行结果

从运行结果中可以看到输出了“Hello World”信息,从而完成了该程序的开发。如果没有出现如图 1-21 所示的运行结果,读者就需要认真查一下什么地方出了问题,或者重新开发。

【技能知识】

1.1 Java 的由来

Java 总是和 C++联系在一起,而 C++则是从 C 语言派生而来的,所以 Java 语言继承了这两种语言的大部分特性。Java 的语法是从 C 语言继承来的,Java 许多面向对象的特性受到 C++的影响。事实上,Java 中几个自定义的特性都来自或可以追溯到它的前驱。而且,Java 语言的产生与过去几十年中计算机语言细致改进和不断发展密切相关。基于这些原因,本节将按顺序回顾促使 Java 产生的事件和推动力。正如你将看到的一样,每一次语言设计的革新都是因为先前的语言不能解决目前遇到的基本问题而引起,Java 也不例外。

(1)现代的编程语言的诞生:C 语言

C 语言的产生震撼了整个计算机界。它的影响不应该被低估,因为它从根本上改变了编程的方法和思路。C 语言的产生是人们追求结构化、高效率、高级语言的直接结果,可用它替代汇编语言开发系统程序。当设计一种计算机语言时,经常要从以下几个方面进行权衡:

- 易用性与功能
- 安全性和效率性
- 稳定性和可扩展性

C 语言出现以前,程序员不得不经常在有优点但在某些方面又有欠缺的语言之间做出选择。例如,尽管公认 FORTRAN 在科学计算应用方面可以编写出相当高效的程序,但它不适于编写系统程序。BASIC 虽然容易学习,但功能不够强大,并且谈不上结构化,这使它应用到大程序的有效性受到质疑。汇编语言虽能写出高效率的程序,但是学习或有效地使用它却是不容易的。而且,调试汇编程序也相当困难。

另一个复杂的问题是,早期设计的计算机语言(如 BASIC,COBOL,FORTRAN 等)没有考虑结构化设计原则,使用 GOTO 语句作为对程序进行控制的一种主要方法。这样做的结果是用这些语言编写的程序往往成了“意大利面条式的程序代码”,一大堆混乱的跳转语句和条件分支语句使得程序几乎不可能被读懂。Pascal 虽然是结构化语言,但它的设计效率比较低,而且缺少几个必需的特性,因而无法在大的编程范围内使用(特别是,给定的 Pascal 的标准语言在特定时间是可用的,但将 Pascal 作为系统级编码是不切实际的)。

因此,在 C 语言产生以前,没有任何一种语言能完全满足人们的需要,但人们对这样一种语言的需要却是迫切的。在 20 世纪 70 年代初期,计算机革命开始了,对软件的需求量日益增加,使用早期的计算机语言进行软件开发根本无法满足这种需要。学术界付出很多努力,尝试创造一种更好的计算机语言。但是,促使 C 语言诞生的另一个,也许是最重要的因素,是计算机硬件资源的富余带来了机遇。计算机不再像以前那样被紧锁在门里,程序员可以随意使用计算机,可以随意进行自由尝试,因而也就有了可以开发适合自己使用的工具的机会。所以,在 C 语言诞生的前夕,计算机语言向前飞跃的时机已经成熟。

许多人认为C语言的产生标志着现代计算机语言时代的开始。它成功地综合处理了长期困扰早期语言的矛盾属性。C语言是功能强大、高效的结构化语言,简单易学,而且它还包括一个无形的方面:它是程序员自己的语言。在C语言出现以前,计算机语言要么被作为学术实验而设计,要么由官僚委员会设计。而C语言不同,它的设计、实现、开发由真正的从事编程工作的程序员来完成,反映了现实编程工作的方法。它的特性经由实际运用该语言的人们不断去提炼、测试、思考、再思考,使得C语言成为程序员喜欢使用的语言。确实,C语言迅速吸引了许多狂热的追随者,因此很快就受到了许多程序员的青睐。简言之,C语言是由程序员设计并由他们使用的一种语言。正如你将看到的,Java继承了这个思想。

(2)Java是什么

在20世纪80年代末90年代初,使用面向对象编程的C++语言占主导地位。的确,有一段时间程序员似乎都认为已经找到了一种完美的语言。因为C++有面向对象的特征,又有C语言高效和格式上的优点,所以它是一种可以被广泛应用的编程语言。然而,就像过去一样,推动计算机语言进化的力量正在酝酿。在随后的几年里,万维网(WWW)和互联网(Internet)达到临界状态,这个事件促成了编程的另一场革命。

Java是一门计算机编程语言。Java语言作为一种编程语言,它的语法规则与C++很相似,但又避免了C++中存在的弊端,因此有其自身的优点,如简单、面向对象、分布式、解释性、可靠、安全、可移植性、高性能、多线程、动态性等。所以说Java是一种解释性、跨平台、通用的编程语言。

Java也是一种网络程序设计语言。Applet程序编译器编译成的字节码文件,将被放在WWW网页中,并在HTML做出标记,只要是用户的主机安装了Java就可以直接运行Applet。由于Java比较适合网络环境,因此,Java成为Internet中流行的编程语言之一。

如果有人认为Java只是一门语言的话,那就错了,Java还是一种计算机语言开发平台。Sun公司开发了Java语言之后,它已经从一门语言演化为一个计算机平台。Java以其独特的优势,给网络世界带来巨大的变革。Java具有"编写一次,到处运行"的特点,完全实现了不同系统之间的相互操作。Java平台包括Java虚拟机和Java应用程序界面,其中虚拟机所写的是JVM,Java应用程序界面所写的是Java API。Java所有的开发都是基于JVM和API开发的,也就是基于Java平台。

1.2 Java的产生

Java是由Sun Microsystems公司于1995年推出的一门面向对象程序设计语言。2010年Oracle公司收购Sun Microsystems公司,之后由Oracle公司负责Java的维护和版本升级。

其实Java还是一个平台。Java平台由Java虚拟机(Java Virtual Machine,JVM)和Java应用编程接口(Application Programming Interface,API)构成。Java应用编程接口为此提供了一个独立于操作系统的标准接口,可分为基本部分和扩展部分。在硬件或操作系统平台上安装一个Java平台之后,Java应用程序就可运行。

Java平台已经嵌入了几乎所有的操作系统。这样Java程序只编译一次,就可以在各种系统中运行。由于Java版本不断迭代,没几个月就冒出一个新版本。截至2021年3月16

日,JDK 16 正式发布。

Java 发展至今,就力图使之无所不能。按应用范围,Java 可分为 3 个体系,即 Java SE、Java EE 和 Java ME。下面简单介绍这 3 个体系。

(1)Java SE

Java SE(Java Platform Standard Edition,Java 平台标准版)以前称为 J2SE,它允许开发和部署在桌面、服务器、嵌入式环境和实时环境中使用的 Java 应用程序。Java SE 包含了支持 Java Web 服务开发的类,并为 Java EE 提供基础,如 Java 语言基础、JDBC 操作、I/O 操作、网络通信以及多线程等技术。

(2)Java EE

Java EE(Java Platform Enterprise Edition,Java 平台企业版)以前称为 J2EE。企业版本帮助开发和部署可移植、健壮、可伸缩且安全的服务器端 Java 应用程序。Java EE 是在 Java SE 基础上构建的,它提供 Web 服务、组件模型、管理和通信 API,可以用来实现企业级的面向服务体系结构(Service Oriented Architecture,SOA)和 Web 2.0 应用程序。

(3)Java ME

Java ME(Java Platform Micro Edition,Java 平台微型版)以前称为 J2ME,也称 K-JAVA。Java ME 可为在移动设备和嵌入式设备(比如手机、PDA、电视机顶盒和打印机)上运行的应用程序提供一个健壮且灵活的环境。

Java ME 包括灵活的用户界面、健壮的安全模型、丰富的内置网络协议以及对可以动态下载的联网和离线应用程序。基于 Java ME 规范的应用程序只需编写一次就可以用于许多设备,而且可以利用每个设备的本机功能。

在 Java 的一些细节被设计出来的同时,第二个并且也是最重要的因素出现了,该因素将对 Java 的未来起着至关重要的作用。这第二个因素就是万维网。如果万维网的成型和 Java 的实现不是同时发生的话,那么 Java 可能保持它有用、但默默无闻地用于电子消费品编程语言的状态。然而,随着万维网的出现,Java 被推到了计算机语言设计的前沿,因为万维网也需要可移植的程序。

绝大多数程序员在涉足编程领域时就知道可移植的程序像他们的理想一样难以捉摸。尽管人们对高效的、可移植的(独立于平台)编程方式的追寻几乎和编程历史一样久远,但它总是让位于其他的更为紧迫的问题。此外,因为计算机业被 Intel、Macintosh 和 UNIX 这 3 个竞争对手垄断,大多数程序员都在其中的某个领域内长期工作,所以对可移植语言的需求就不是那么迫切。但是,随着 Internet 和 Web 的出现,关于可移植性语言的旧问题又被提了出来。毕竟,Internet 由不同的、分布式的系统组成,其中包括各种类型的计算机、操作系统和 CPU。尽管许多类型的平台都可以与 Internet 连接,但用户仍希望它们能够运行同样的程序。曾经是一个令人烦恼却无须优先考虑的问题现在变成了急需解决的问题。

1993 年,Java 设计小组的成员发现他们在编制嵌入式控制器代码时经常遇到的可移植性问题,在编制 Internet 代码的过程中也出现了。事实上,开始被设计为解决小范围问题的 Java 语言同样可以被用在大范围的 Internet 上。这个认识使 Java 设计小组将 Java 的重心由电子消费品转移到 Internet 编程。因此,中立体系结构编程语言的需要是促使 Java 诞生的原动力,而 Internet 却最终促成了 Java 的成功。

正如前面提到的,Java 的大部分特性是从 C 和 C++中继承的。Java 设计人员之所以故意这么做,主要是因为他们觉得,在新语言中使用熟悉的 C 语法及模仿 C++面向对象的特性,将使他们的语言对经验丰富的 C/C++程序员有更大的吸引力。除了表面类似外,其他一些促使 C 和 C++成功的因素也帮了 Java 的忙。首先,Java 的设计、测试、精练由真正从事编程工作的人员完成,它根植于设计它的人员的需要和经验,因而也是一个程序员自己的语言。其次,Java 是紧密结合的且逻辑上是协调一致的。最后,除了那些 Internet 环境强加的约束以外,Java 给了编程人员完全的控制权。如果用户的程序编得好,用户所编写的程序就能反映出这一点。相反,如果用户的编程手法拙劣,也能在用户的程序中反映出来。换一种说法,Java 并不是训练新手的语言,而是供专业编程人员使用的语言。

由于 Java 和 C++之间的相似性,容易使人将 Java 简单地想象为"C++的版本"。但其实这是一种误解。Java 在实践和理论上都与 C++有重要的不同点。尽管 Java 受到 C++的影响,但它并不是 C++的增强版。例如,Java 与 C++既不向上兼容,也不向下兼容。当然,Java 与 C++的相似之处也是很多的,如果用户是一个 C++程序员,用户会感觉到对 Java 非常熟悉。另外一点:Java 并不是用来取代 C++的,设计 Java 是为了解决某些特定的问题,而设计 C++是为了解决另外一类完全不同的问题,两者将长期共存。

计算机语言的革新靠两个因素驱动:对计算环境改变的适应和编程艺术的进步。环境的变化促使 Java 这种独立于平台的语言注定成为 Internet 上的分布式编程语言。同时,Java 也改变了人们的编程方式,特别是 Java 对 C++使用的面向对象范例进行的增强和完善。所以,Java 不是孤立存在的一种语言,而是计算机语言多年来的演变结果,仅这个事实就足以证明 Java 在计算机语言历史上的地位。Java 对 Internet 编程的影响就如同 C 语言对系统编程的影响一样:革命的力量将改变世界。

1.3 Java 的特点

Java 语言的风格很像 C 语言和 C++ 语言,是一种纯粹的面向对象语言,它继承了 C++ 语言面向对象的技术核心,但是抛弃了 C++ 的一些缺点,比如说容易引起错误的指针以及多继承等,同时也增加了垃圾回收机制,释放掉不被使用的内存空间,解决了管理内存空间的烦恼。

Java 语言是一种分布式的面向对象语言,具有面向对象、平台无关性、简单性、解释执行、多线程、安全性等很多特点,下面针对这些特点进行逐一介绍。

(1)简单性

Java 语言的语法与 C 语言和 C++ 语言很相近,使得很多程序员学起来很容易。对 Java 来说,它舍弃了很多 C++ 中难以理解的特性,如操作符的重载和多继承等,而且 Java 语言不使用指针,加入了垃圾回收机制,解决了程序员需要管理内存的问题,使编程变得更加简单。

很多学习编程技术的人遇到的真正困难往往是编程语言的基础,例如 C 指针,甚至有些技术人员工作几年后还不能完全搞懂 C 指针是怎么回事。对于这个问题,Java 语言从设计之初就注意到了。Java 实际上就是一个 C++去掉了复杂性之后的简化版。如果读者没有编程经验，会发现 Java 并不难掌握，而如果读者有 C 语言或是 C++语言基础，则会觉得 Java 更简单，因为 Java 继承了 C 和 C++的大部分特性。

Java 语言是一门非常容易入门的语言，但是需要注意的是，入门容易不代表真正精通也容易。对 Java 语言的学习中还要多理解、多实践才能完全掌握。

(2)面向对象

Java 是一种面向对象的语言，它对对象中的类、对象、继承、封装、多态、接口、包等均有很好的支持。为了简单起见，Java 只支持类之间的单继承，但是可以使用接口来实现多继承。使用 Java 语言开发程序，需要采用面向对象的思想设计程序和编写代码。

(3)解释执行

Java 程序在 Java 平台运行时会被编译成字节码文件，可以在有 Java 环境的操作系统上运行。在运行文件时，Java 的解释器对这些字节码进行解释执行，执行过程中需要加入的类在连接阶段被载入到运行环境中。

(4)安全性

网络的发展给人们的生活带来了很多便捷之处，但也为一些不良分子提供了新的犯罪方式。目前网络中的黑客和病毒还没有得到根治，这就是由于开发的程序存在漏洞，使用的编程语言安全性不高。

Java 通常被用在网络环境中，为此，Java 提供了一个安全机制以防止恶意代码的攻击。除了 Java 语言具有许多的安全特性以外，Java 还对通过网络下载的类增加一个安全防范机制，分配不同的名字空间以防替代本地的同名类，并包含安全管理机制。

指针一直是黑客侵犯内存的重要手段，Java 对指针进行了屏蔽，从而不能直接对内存进行操作，进而大大提高了内存的安全性。Java 的安全机制还有很多，这里无法一一说到，在后面的学习中，将会进一步介绍。

(5)跨平台性

平台无关性的具体表现在于，Java 是"一次编写，到处运行（Write Once, Run any Where）"的语言，因此采用 Java 语言编写的程序具有很好的可移植性，而保证这一点的正是 Java 的虚拟机机制。在引入虚拟机之后，Java 语言在不同的平台上运行不需要重新编译。

Java 语言使用 Java 虚拟机机制屏蔽了具体平台的相关信息，使得 Java 语言编译的程序只需生成虚拟机上的目标代码，就可以在多种平台上不加修改地运行。

随着硬件和操作系统越来越多样化，编程语言的跨平台性就越来越重要。一门语言的跨平台性的优劣体现在该语言程序跨平台运行时修改代码的工作量。Java 是一门完全的跨平台语言，它的程序跨平台运行时，对程序本身不需要进行任何修改，真正做到"一次编写，到处运行"。

(6)多线程

Java 语言是多线程的，这也是 Java 语言的一大特性，它必须由 Thread 类和它的子类来创建。Java 支持多个线程同时执行，并提供多线程之间的同步机制。任何一个线程都有自己的 run( ) 方法，要执行的方法就写在 run( ) 方法体内。

(7)分布式

Java 语言支持 Internet 应用的开发,在 Java 的基本应用编程接口中就有一个网络应用编程接口,它提供了网络应用编程的类库,包括 URL、URLConnection、Socket 等。Java 的 RIM 机制也是开发分布式应用的重要手段。

(8)健壮性

Java 的强类型机制、异常处理、垃圾回收机制等都是 Java 健壮性的重要保证。对指针的丢弃是 Java 的一大进步。另外,Java 的异常机制也是健壮性的一大体现。

(9)高性能

Java 的高性能主要是相对其他高级脚本语言来说的,随着 JIT(Just in Time)的发展,Java 的运行速度也越来越高。

1.4 Java 专用语

不介绍 Java 常用语,对 Java 的总体介绍就是不完整的。尽管促使 Java 诞生的原动力是可移植性和安全性,但在 Java 语言最终成型的过程中,其他一些因素也起了重要的作用。Java 设计开发小组的成员总结了这些关键因素,称其为 Java 的专门用语,包括下面几个:

- 简单(Simple)
- 安全(Secure)
- 可移植(Portable)
- 面向对象(Object-oriented)
- 健壮(Robust)
- 多线程(Multithreaded)
- 结构中立(Architecture-neutral)
- 解释执行(Interpreted)
- 高性能(High performance)
- 分布式(Distributed)
- 动态(Dynamic)

(1)简单

Java 的设计目的是让专业程序员觉得既易学又好用。假设你有编程经历,你将不觉得 Java 难掌握。如果你已经理解面向对象编程的基本概念,学习 Java 将更容易。如果你是一个经验丰富的 C++程序员,那就最好了,学习 Java 简直不费吹灰之力。因为 Java 继承C/C++语法和许多 C++面向对象的特性,大多数程序员在学习 Java 时都不会觉得太难。另外,C++中许多容易混淆的概念,或者被 Java 弃之不用了,或者以一种更清楚、更易理解的方式实现。

除了和 C/C++类似以外,Java 的另外一个属性也使它更容易学习:设计人员努力使 Java 中不出现让人吃惊的特性。在 Java 中,很少明确地告诉用户如何才能完成一项特定的任务。

(2)面向对象

尽管受到其前辈的影响,但 Java 没有被设计成兼容其他语言源代码的程序。这允许

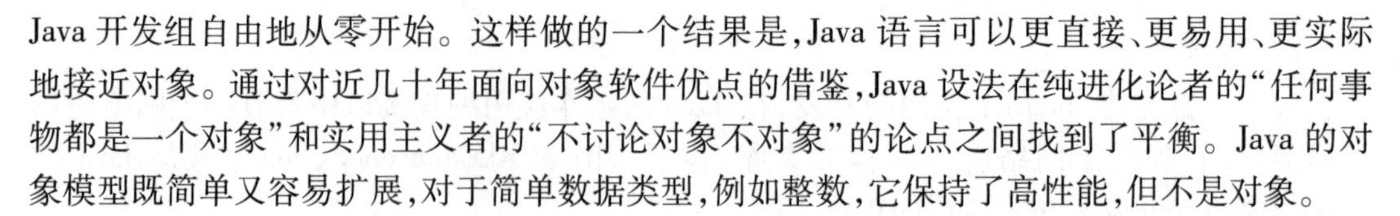

Java 开发组自由地从零开始。这样做的一个结果是，Java 语言可以更直接、更易用、更实际地接近对象。通过对近几十年面向对象软件优点的借鉴，Java 设法在纯进化论者的“任何事物都是一个对象”和实用主义者的“不讨论对象不对象”的论点之间找到了平衡。Java 的对象模型既简单又容易扩展，对于简单数据类型，例如整数，它保持了高性能，但不是对象。

(3)健壮

万维网上多平台的环境使得它对程序有特别的要求，因为程序必须在许多系统上可靠地执行。这样，在设计 Java 时，创建健壮的程序被放到了优先考虑的地位。为了获得可靠性，Java 在一些关键的地方限制用户，强迫用户在程序开发过程中及早发现错误。同时，Java 使用户不必担心引起编程错误的许多常见问题。因为 Java 是一种严格的类型语言，它不但在编译时检查代码，而且在运行时也检查代码。事实上，在运行时经常碰到的难以重现的、难以跟踪的许多错误在 Java 中几乎是不可能产生的。要知道，使程序在不同的运行环境中以可预见的方式运行是 Java 的关键特性。

为更好地理解 Java 是如何具有健壮性的，主要考虑使程序失败的两个主要原因：内存管理错误和误操作引起的异常情况(也就是运行时错误)。在传统的编程环境下，内存管理是一项困难、乏味的任务。例如，在 C/C++中，程序员必须手动分配并且释放所有的动态内存。这有时会导致问题，因为程序员可能忘记释放原来分配的内存，或者释放了其他部分程序正在使用的内存。Java 直接管理内存分配和释放，可以从根本上消除这些问题(事实上，释放内存是完全自动的，因为 Java 为闲置的对象提供内存垃圾自动收集功能)。

在传统环境下，异常情况可能经常由“被零除”或“文件未找到”这样的情况引起，而我们又必须用既繁多又难以理解的一大堆指令来对它们进行管理。Java 可以通过提供面向对象的异常处理机制来解决这个问题。一个写得好的 Java 程序，所有的运行时错误都可以并且应该被用户的程序自己进行管理。

(4)多线程

设计 Java 的目标之一是满足人们对创建交互式网上程序的需要。为此，Java 支持多线程编程，因而用户用 Java 编写的应用程序可以同时执行多个任务。Java 运行时系统在多线程同步方面具有成熟的解决方案，这使用户能够创建出运行平稳的交互式系统。Java 的多线程机制非常好用，因而用户只需关注程序细节的实现，不用担心后台的多任务系统。

(5)结构中立

Java 设计者考虑的一个主要问题是程序代码的持久性和可移植性。程序员面临的一个主要问题是，不能保证今天编写的程序明天能否在同一台机器上顺利运行。操作系统升级、处理器升级以及核心系统资源的变化，都可能导致程序无法继续运行。Java 设计者对这个问题做过多种尝试，Java 虚拟机(JVM)就是试图解决这个问题的。他们的目标是“只要写一次程序，在任何地方、任何时间该程序永远都能运行”。在很大程度上，Java 实现了这个目标。

(6)解释性和高性能

前面已提到，通过把程序编译为 Java 字节码这样一个中间过程，Java 可以产生跨平台运行的程序。字节码可以在提供 Java 虚拟机(JVM)的任何一种系统上被解释执行。早先的许多尝试解决跨平台的方案对性能要求都很高。其他解释执行的语言系统,如 BASIC,Tcl,PERL 都有无法克服的性能缺陷,然而,Java 却可以在非常低档的 CPU 上顺利运行。前面已解释过,Java 确实是一种解释性语言,Java 的字节码经过仔细设计,因而很容易便能使用 JIT 编译技术将字节码直接转换成高性能的本机代码。Java 运行时系统在提供这个特性的同时仍具有平台独立性,因而"高效且跨平台"对 Java 来说不再矛盾。

(7)分布式

Java 为 Internet 的分布式环境而设计,因为它处理 TCP/IP 协议。事实上,通过 URL 地址存取资源与直接存取一个文件的差别是不太大的。Java 原来的版本(Oak)包括了内置的地址空格消息传递(intra-address-space)特性。这允许位于两台不同的计算机上的对象可以远程执行过程。Java 发布了一个被称为远程方法调用(Remote Method Invocation,RMI)的软件包,这个特性使客户机/服务器编程达到了无与伦比的抽象级。

(8)动态

Java 程序带有多种的运行时类型信息,用于在运行时校验和解决对象访问问题。这使得在一种安全、有效的方式下动态地连接代码成为可能,对小应用程序环境的健壮性也十分重要,因为在运行时,系统中字节码内的小段程序可以动态地被更新。

【举一反三】

(1)任务需求与目标

实现欢迎界面的打印。

(2)任务实施

程序代码:

```
import java.util.HashMap;
import java.util.Map;
import java.util.Scanner;
public class Str {
    public static String userName;
    public static String pass;
    public String toString() {
    return "用户名" + this.userName + " 密码:" + this.pass;
}
public static void main(String[] args) {
    Scanner input = new Scanner(System.in);
    System.out.println("请输入用户名:");
    userName = input.next();
    System.out.println("请输入密码:");
    pass = input.next();
    Map map = new HashMap();
```

```
map.put( userName, pass);
System.out.println("请选择:1.添加用户 2.显示所有用户 3.删除指定用户 请选择(1 2 3)");
        try {
            int v = input.nextInt( );
            while (v != 1 && v != 2 && v != 3) {
                System.out.println("请选择:1.添加用户 2.显示所有用户 3.删除指定用户");
                v = input.nextInt( );
            }
            if (v == 1) {
                System.out.println("请输入用户名:");
                userName = input.next( );
                System.out.println("请输入密码:");
                pass = input.next( );
                map.put( userName, pass);
            } else if (v == 2) {
                System.out.println( map);
            } else if (v == 3) {
                System.out.println("请输入要删除的用户名:");
                userName = input.next( );
                if ( map.containsKey( userName) )
                map.remove( userName);
            }
        } catch (Exception e) {
            e.printStackTrace( );
            }
        }
    }
```

运行结果：

请输入用户名：

信息工程学院

请输入密码：

111111

请选择:1.添加用户 2.显示所有用户 3.删除指定用户 请选择(1 2 3)

2

{信息工程学院=111111}

项目 2　简易计算器

【任务需求】

简易计算器的编写。

【任务目标】

①Java 基本语法实训。
②Java 中的变量应用。
③编写一个简单的计算器。

【任务实施】

(1)Java 基本语法实训

实训一:

已知 a,b 均是整型变量,写出 a,b 两个变量中的值互换的程序(知识点:变量和运算符综合应用)

方法 1(使用中间变量):

```
public class Test01{
    public static void main(String [ ] args){
    int x=2;
    int y=3;
    int temp=x;
    x=y;
    y=temp;
    System.out.println(x+","+y);
    }
}
```

方法 2(不使用中间变量):

```
public class Test01{
    public static void main(String [ ] args){
    int x=2;
    int y=3;
    x=y-x;
    y=y-x;
```

```
        x=x+y;
        System.out.println(x+","+y);
        }
    }
    实训二:
    给定一个任意的大写字母 A—Z,转换为小写字母 a—z
    public class Test02{
    public static void main(String[ ] args){
    char x='A';
    System.out.println("转换后"+(char)(x+32));
    }
}
```

(2)Java 中的变量应用

实训一:

获取 2 个数中的最大值

获取 3 个数中的最大值

比较两个整数是否相同

```
class OperatorText{
    public static void main(String[ ] args){
        //获取两个数中的最大值
        int x = 100;
        int y = 200;
        int max = (x > y? x : y);
        System.out.println("max:"+max);
        System.out.println("----------------");
        //获取 3 个数中的最大值
        int a = 10;
        int b = 20;
        int c = 30;
        //先比较 a,b
        //拿 a,b 最大值和 c 比较
        int temp = ((a > b)? a : b);
        //System.out.println(temp);
        int max1 = (temp > c? temp : c);
        System.out.println("max1:"+max1);
        //一步搞定
    int max2 = (a > b)? ((a > c)? a : c):((b > c)? b : c);//三目运算符嵌套使用
        System.out.println("max2:"+max2);
        //比较两个整数是否相同
```

```
            int m = 100;
            int n = 200;
            boolean flag = (m == n)? true : false;
            System.out.println(flag);
            }
        }
```

实训二：

程序阅读

```
class BitLogic {
    public static void main(String args[]) {
    String binary[] = {
    "0000", "0001", "0010", "0011", "0100", "0101", "0110", "0111",
    "1000", "1001", "1010", "1011", "1100", "1101", "1110", "1111"
    };
    int a = 3; // 0 + 2 + 1 or 0011 in binary
    int b = 6; // 4 + 2 + 0 or 0110 in binary
    int c = a | b;
    int d = a & b;
    int e = a ^ b;
    int f = ( ~a & b) | (a & ~b);
    int g = ~a & 0x0f;
    System.out.println(" a = " + binary[a]);
    System.out.println(" b = " + binary[b]);
    System.out.println(" a|b = " + binary[c]);
    System.out.println(" a&b = " + binary[d]);
    System.out.println(" a^b = " + binary[e]);
    System.out.println("~a&b|a&~b = " + binary[f]);
    System.out.println(" ~a = " + binary[g]);
    }
}
```

在本例中，变量 a 与 b 对应位的组合代表了二进制数所有的 4 种组合模式：0-0，0-1，1-0和 1-1。“|”运算符和“&”运算符分别对变量 a 与变量 b 各个对应位的运算得到了变量 c 和变量 d 的值。对变量 e 和变量 f 的赋值说明了“^”运算符的功能。字符串数组 binary 代表了 0 到 15 对应的二进制的值。在本例中，数组各元素的排列顺序显示了变量对应值的二进制代码。数组之所以这样构造是因为变量的值 n 对应的二进制代码可以被正确地存储在数组对应元素 binary[n]中。例如变量 a 的值为 3，则它的二进制代码对应地存储在数组元素 binary[3]中。~a 的值与数字 0x0f（对应二进制为 0000 1111）进行按位与运算的目的是减小~a 的值，保证变量 g 的结果小于 16。因此该程序的运行结果可以用数组 binary 对应的元素来表示。

实训三:编写一个程序,输入不同类型的两个数,执行相加、相减、相乘、相除和求余后输出结果。

```
public static void main(String[] args){
    float f1=9%4;//保存取余后浮点类型的结果
    double da=9+4.5;      //双精度加法
    double db=9-3.0;      //双精度减法
    double dc=9 * 2.5;     //双精度乘法
    double dd=9/3.0;      //双精度除法
    double de=9%4;      //双精度取余
    System.out.println("\n 整数的算术运算");      //整数的加、减、乘、除和取余
    System.out.printf("9+4=%d \n",9+4);
    System.out.printf("9-4=%d \n",9-4);
    System.out.printf("9 * 4=%d \n",9 * 4);
    System.out.printf("9/4=%d \n",9/4);
    System.out.printf("9%%4=%d \n",9%4);
    System.out.println("\n 浮点数的算术运算");      //浮点数的加、减、乘、除和取余
    System.out.printf("9+4.5f=%f \n",9+4.5f);
    System.out.printf("9-3.0f=%f \n",9-3.0f);
    System.out.printf("9 * 2.5f=%f \n",9 * 2.5f);
    System.out.printf("9/3.0f=%f \n",9/3.0f);
    System.out.printf("9%%4=%f \n",f1);
    System.out.println("\n 双精度数的算术运算");      //双精度数的加、减、乘、除和取余
    System.out.printf("9+4.5=%4.16f \n",da);
    System.out.printf("9-3.0=%4.16f \n",db);
    System.out.printf("9 * 2.5=%4.16f \n",dc);
    System.out.printf("9/3.0=%4.16f \n",dd);
    System.out.printf("9%%4=%4.16f \n",de);
    System.out.println("\n 字符的算术运算");      //对字符的加法和减法
    System.out.printf("'A'+32=%d \n",'A'+32);
    System.out.printf("'A'+32=%c \n",'A'+32);
    System.out.printf("'a'-'B'=%d \n",'a'-'B');
}
```

保存文件并运行,输出的结果如下所示:

```
整数的算术运算
9+4=13
9-4=5
9 * 4=36
9/4=2
9%4=1
```

浮点数的算术运算
9+4.5f=13.500000
9-3.0f=6.000000
9 * 2.5f=22.500000
9/3.0f=3.000000
9%4=1.000000

双精度数的算术运算
9+4.5=13.5000000000000000
9-3.0=6.0000000000000000
9 * 2.5=22.5000000000000000
9/3.0=3.0000000000000000
9%4=1.0000000000000000

字符的算术运算
'A'+32=97
'A'+32=a
'a'-'B'=31

(3)编写一个简单的计算器

实现代码:

```
import java.awt.BorderLayout;
import java.awt.Container;
import java.awt.Font;
import java.awt.GridLayout;
import java.awt.event.ActionEvent;
import java.awt.event.ActionListener;
import java.util.Arrays;
import javax.swing.JButton;
import javax.swing.JFrame;
import javax.swing.JOptionPane;
import javax.swing.JPanel;
import javax.swing.JTextField;

public class Calculator extends JFrame implements ActionListener {
// 属性
    JTextField txtResult;
    boolean firstDigit = true;// 用于判断是否是数字
    String operator = "=";// 先初始化为等号,等到执行相应运算时再更改
    boolean operateValidFlag = true;// 判断除数是否为 0
```

```
        double resultNum = 0.0; // 可以暂存目前的最终结果
    // 方法
        public Calculator() {
            setTitle("计算器");
            setSize(240, 270);
            setResizable(false);
            setLocationRelativeTo(null);
            setDefaultCloseOperation(EXIT_ON_CLOSE);
            Container contentPane = this.getContentPane();
            contentPane.setLayout(new BorderLayout(1, 5));
            JPanel pnlNorth = new JPanel();
            JPanel pnlCenter = new JPanel();
            pnlNorth.setLayout(new BorderLayout());
            pnlCenter.setLayout(new GridLayout(4, 4, 3, 3));
            Font font = new Font("Times Roman", Font.BOLD, 20);
            contentPane.add(BorderLayout.NORTH, pnlNorth);
            contentPane.add(BorderLayout.CENTER, pnlCenter);
            txtResult = new JTextField();
            txtResult.setFont(font);
            txtResult.setEnabled(false);
            JButton btnClear = new JButton("C");
            btnClear.setFont(font);
            btnClear.addActionListener(this);
            pnlNorth.add(BorderLayout.CENTER, txtResult);
            pnlNorth.add(BorderLayout.EAST, btnClear);
            String[] captions = {"7","8","9","+","4","5","6","-","1","2","3","
*","0",".","/","=",};
            for (int i = 0; i < captions.length; i++) {
                JButton btn = new JButton(captions[i]);
                btn.setFont(font);
                pnlCenter.add(btn);
                btn.addActionListener(this);
            }
        }
        public static void main(String[] args) {
            JFrame frame = new Calculator();
            frame.setVisible(true);
        }
    //对按钮进行的反应
```

```
    @ Override
    public void actionPerformed( ActionEvent event) {
        String label = event.getActionCommand( );
        if (label.equals(" C ")) {
            handleC( );
        } else if ("0123456789.".indexOf( label) >= 0) {
//无论整数还是小数都一并提取出来
            handleNumber( label);
        } else {
//将当前要执行的运算的运算符赋给 operator
            handleOperator( label);
        }
    }
//提取数字
    void handleNumber( String key) {
        if (firstDigit) {
    txtResult.setText( key);// 在文本框中显示数字的字符串
        } else if ((key.equals(".")) && (txtResult.getText( ).indexOf(".") < 0)) {
    txtResult.setText( txtResult.getText( ) + ".");// 在文本框中显示整数数字的字符串
        } else if (! key.equals(".")) {
    txtResult.setText( txtResult.getText( ) + key);// 在文本框中显示整数数字的字符串
        }
        firstDigit = false;// 当数字显示完之后,即可重置为 false
}

//实现清零
    void handleC( ) {
        txtResult.setText(" 0 ");
        firstDigit = true;
        operator = "=";
    }
//进行运算
    void handleOperator( String key) {
        if (operator.equals("/")) {
//判断除数是否为 0
                if (getNumberFromText( ) = = 0.0) {
//以下代码很关键,不做多余说明,每次看都有不同的理解
                    operateValidFlag = false;
                    txtResult.setText("除数不能为零");
```

化成 Double 类型的对象,并求 double 的原始值

```
        } else {
            resultNum /= getNumberFromText();
        }
    } else if (operator.equals("+")) {

        resultNum += getNumberFromText();
    } else if (operator.equals("-")) {

        resultNum -= getNumberFromText();
    } else if (operator.equals("*")) {

        resultNum *= getNumberFromText();
    } else if (operator.equals("=")) {

        resultNum = getNumberFromText();
    }
    if  (operateValidFlag) {
        long t1;
        double t2;
        t1 = (long) resultNum;
        t2 = resultNum - t1;
        if (t2 == 0) {
            txtResult.setText(String.valueOf(t1));
        } else {
            txtResult.setText(String.valueOf(resultNum));
        }
    }
    operator = key;
    firstDigit = true;
    operateValidFlag = true;
}
double getNumberFromText() {
    double result = 0;
    try  {
        result = Double.valueOf(txtResult.getText()).doubleValue();// 把 String 转化成 Double 类型的对象,并求 double 的原始值
    } catch (NumberFormatException e) {
    }
    return result;
```

```
    }
}
```

运行结果：

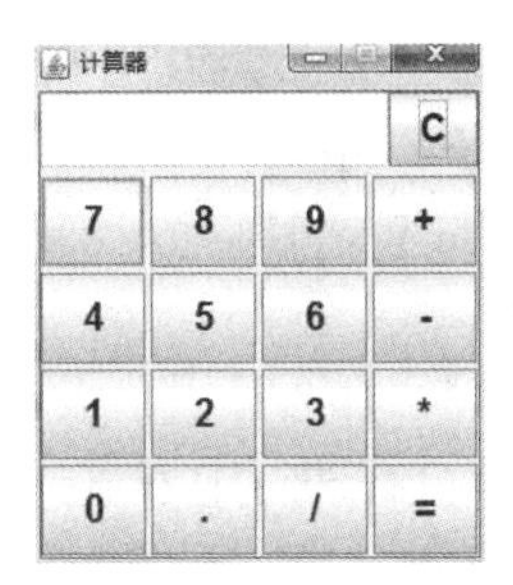

【技能知识】

2.1　Java 的基本语法

2.1.1　Java 代码的基本格式

Java 中的程序代码都必须放在一个类中，对于类来说，初学者可以简单地把它理解为一个 Java 程序。类需要使用 class 关键字定义，在 class 前面可以有一些修饰符，具体格式如下：

```
修饰符 class 类名{
    程序代码
}
```

在编写 Java 代码时，特别需要注意的几个关键之处：

①Java 中的程序代码可分为结构定义语句和功能执行语句。其中，结构定义语句用于声明一个类或方法，功能执行语句用于实现具体的功能。每条功能执行语句的最后都必须用"；"结束。举个例子：

```
System.out.println("这是第一个 Java 程序！");
```

这里需要注意的是，在程序中不要将英文的分号"；"误写成中文的分号"；"，如果写成了中文的分号，编译器会报告"Invalid character"（无效字符）这样的错误信息。

②Java 语言是严格区分大小写的。在定义类时，不能将 class 写成 Class，否则编译会报错。程序中定义一个 computer 的同时，还可以定义一个 Computer，computer 和 Computer 是两个完全不同的符号，在使用时需要注意。

③在编写 Java 代码时为了便于阅读，通常会使用一种良好的格式进行排版，但这并不是必须的，我们也可以在两个单词或者符号之间任意换行。

```
public class HelloWorld {public static void
    main(String[
] args) {System.out.println(" Hello World ");
    }
```

```
}
```

虽然 Java 没有严格要求用什么样的格式来编排程序代码,但是出于可读性的考虑,应该让自己编写的程序代码整齐美观、层次清晰。

```
public class HelloWorld {
    public static void main(String[] args) {
        System.out.println("Hello World");
    }
}
```

④Java 程序中一句连续的字符串分在两行中书写,可以先将这个字符串分成两行书写,例如:下面这条语句在编译时将会出错:

```
System.out.println("这是第一个
    Java 程序");
```

如果为了便于阅读,想将一个太长的字符串分在两行中书写,可以先将这个字符串分成两个字符串,然后用加号“+”将这两个字符串连起来,在“+”处断行。上面的语句可以修改成如下:

```
System.out.println("这是第一个"+
    "Java 程序");
```

2.1.2 Java 中的注释

Java 定义了 3 种注释的类型。单行注释和多行注释,第 3 种注释类型被称为文档注释(documentation comment)。这类注释以 HTML 文件的形式为程序作注释。文档注释以“/**”开始,以“*/”结束。

(1)// :注释单行语句

示例:

```
//定义一个值为 10 的 int 变量。
int a = 10;
```

(2)/* */ :多行注释

示例:

```
/*
这是一个注释,不会被 Java 用来运行
这是第二行注释,可以有任意多行。
*/
```

(3)/** */ :文档注释

仅放在变量、方法或类的声明之前的文档注释, 表示该注释应该被放在自动生成的文档中(由 javadoc 命令生成的 HTML 文件)以当作对声明项的描述。

示例:

```
/**
 * 这是一个文档注释的测试
```

```
* 它会通过 javadoc 生成标准的 java 接口文档
*/
```

2.1.3 Java 中的标识符

标识符是程序员为自己定义的类、方法或者变量等起的名称，例如项目 1 程序中的 HelloWorld 和 main 都是标识符，其中 HelloWorld 是类名，main 是方法名，除此之外还可以为变量名、类型名、数组名等。在 Java 语言中规定标识符由大小写字母、数字、下画线“_”和美元符号“$”组成，但是不能以数字开头。例如 HelloWorld、Hello_World、$HelloWorld 都是合法的标识符。但是如下几种就不是合法的标识符。

456HelloWorld（以数字开头）。￥HelloWorld（具有非法字符￥）。

在 Java 中标识符是严格区分大小写的，Hello 和 HELLO 是完全不同的标识符。

注意：标识符不能使用 Java 语言中的关键字，关键字的概念将在下一小节中进行讲解。

正确的标识符不一定是一个好的标识符。在一个大型的程序中，经常要定义上百个标识符，如果没有好的标识符命名习惯，就很可能造成混乱。所以标识符的命名要表达含义，例如定义一个学生类，就使用 Student 来进行命名，而不要为了省事直接定义为 SD。除此之外，还应有一些根据不同标识符定义的习惯，比如下面的一些命令习惯。

包名：使用小写字母。

类名和接口名：通常定义为由具有含义的单词组成，所有单词的首字母大写。

方法名：通常也是由具有含义的单词组成，第一个单词首字母小写，其他单词的首字母都大写。

变量名：成员变量和方法相同，局部变量全部使用小写。

常量名：全部使用大写，最好使用下画线分隔单词。

在本书中，由于前面的程序大部分都是非常简单的，所以命名是很简单的。但是读者一定要从开始就养成好的命名习惯，这样才能在后面的团队开发中适应工作要求。

2.1.4 Java 中的关键字

大家回忆一下我们在学习汉语的时候，开始学的是什么？肯定是先学一些单个的字，只有认识了单个的字后才能组成词，才能慢慢地到句子，最后到文章。

学习同计算机交流跟这个过程是一样的，首先我们得学习一些计算机看得懂的单个的字，那么这些单个字在 Java 里面就是关键字。

什么是关键字：

Java 语言保留的，Java 的开发和运行平台认识，并能正确处理的一些单词。

其实就是个约定，就好比我们约定好，我画个勾勾表示去吃饭。那好了，只要我画个勾勾，大家就知道是什么意思，并能够正确执行了。

关键字这个约定在 Java 语言和 Java 的开发和运行平台之间，我们只要按照这个约定使用了某个关键字，Java 的开发和运行平台就能够认识它，并正确地处理。

Java 关键字：

abstract	do	implements	private	throw

boolean	double	import	protected	throws
break	else	instanceof	public	transient
byte	extends	int	return	true
case	false	interface	short	try
catch	final	long	static	void
char	finally	native	super	volatile
class	float	new	switch	while
continue	for	null	synchronized	enum
default	if	package	this	assert

2.2 常量及变量

2.2.1 常量

常量值又称为字面常量,它是通过数据直接表示的,因此有很多种数据类型,像整型和字符串型等。常量值是不可以改变的标识符。对常量的定义规则:建议大家尽量全部大写,并用下画线将词分隔。如:JAVASS_CLASS_NUMBER,FILE_PATH。

这里先来看一个计算圆面积的程序。

【程序 2-1】

```
public class Area {
    public static void main(String[ ] args) {
        final double PI=3.14; //定义一个表示 PI 的常量
        int R=5; //定义一个表示半径的变量
        double y=PI * R * R; //计算圆的面积
        System.out.println("圆的面积等于"+y);
    }
}
```

在求圆面积时需要两个值,分别是 PI 和半径。其中 PI 是一个固定的值,可以使用常量来表示,也就是该程序的第 3 行代码,从而可知定义常量需要 final 这个关键字。

2.2.2 变量

变量是 Java 程序的一个基本存储单元。变量由一个标识符、类型及一个可选初始值的组合定义。此外,所有的变量都有一个作用域,定义变量的可见性、生存期。接下来讨论变量的这些元素。

在 Java 中,所有的变量必须先声明再使用。基本的变量声明方法如下:

type identifier [= value][, identifier [= value] …] ;

type 是 Java 的基本类型之一,或类及接口类型的名字。标识符(identifier)是变量的名字,指定一个等号和一个值来初始化变量。请记住初始化表达式必须产生与指定的变量类型一样(或兼容)的变量。声明指定类型的多个变量时,使用逗号将各变量分开。

以下是几个各种变量声明的例子。注意有一些包括了初始化。

```
int  a, b, c;
int  d = 3, e, f = 5;
byte  z = 22;
double pi = 3.14159;
char x = 'x';
```

Java 允许任何合法的标识符具有任何它们声明的类型。

2.2.3 变量的作用域

到目前为止,我们使用的所有变量都是在方法 main( )的后面被声明。然而,Java 允许变量在任何程序块内被声明。程序块被包括在一对大括号中。一个程序块定义了一个作用域(scope)。这样,每次开始一个新块,就创建了一个新的作用域。可能从先前的编程经验知道,一个作用域决定了哪些对象对程序的其他部分是可见的,它也决定了这些对象的生存期。

作为一个通用规则,在一个作用域中定义的变量对于该作用域外的程序是不可见(即访问)的。因此,当在一个作用域中定义一个变量时,就将该变量局部化并且保护它不被非授权访问和/或修改。实际上,作用域规则为封装提供了基础。

作用域可以进行嵌套。例如每次创建一个程序块时,就表示创建了一个新的嵌套的作用域,这样,外面的作用域包含内部的作用域,这意味着外部作用域定义的对象对于内部作用域中的程序是可见的。但是,反过来就是错误的。内部作用域定义的对象对于外部是不可见的。

变量可以在程序块内的任何地方被声明,但是只有在它们被声明以后才是合法有效的。因此,如果在一个方法的开始定义了一个变量,那么它对于在该方法以内的所有程序都是可用的。反之,如果在一个程序块的末尾声明了一个变量,它就没有任何用处,因为没有程序会访问它。

如果一个声明定义包括一个初始化,那么每次进入声明它的程序块时,该变量都要被重新初始化。例如,以下程序:

【程序 2-2】

```
class Dom1{
    public static void main(String args[ ]) {
        int x;
        for(x = 0; x < 3; x++) {
            int y = -1;
            System.out.println("y is: " + y);
            y = 100;
            System.out.println("y is now: " + y);
        }
```

```
        }
    }
```

该程序运行的输出如下：

```
y is：-1
y is now：100
y is：-1
y is now：100
y is：-1
y is now：100
```

可以看到,每次进入内部的for循环,y都要被重新初始化为-1。即使它随后被赋值为100,该值还是被丢弃了。

最后一点:尽管程序块能被嵌套,也不能将内部作用域声明的变量与其外部作用域声明的变量重名。在这一点上,Java不同于C和C++。下面的例子企图为两个独立的变量起同样的名字。在Java中,这是不合法的。但在C/C++中,它将是合法的,而且2个变量bar将是独立的。

```
class Err{
public static void main(String args[ ]) {
    int bar = 1;
        {
        int bar = 2;
        }
    }
}
```

2.3 数据类型

数据类型简单说就是对数据的分类,对数据各自的特点进行类别的划分,划分的每种数据类型都具有区别于其他类型的特征,每一类数据都有相应的特点和操作功能。例如数字类型能够进行加减乘除的操作。

在现实生活中,人们通常会对信息进行分类,从而使得我们能很容易地判断某个数据是表示一个百分数还是一个日期,人们通常是通过判断数字是否带"%",或者不是一个人们熟悉的"日期格式"。

类似的在程序中,计算机也需要以某种方式来判断某个数字是什么类型的。这通常是需要程序员显示来声明某个数据是什么类型的,Java就是这样的。Java是一种强类型的语言,凡是使用到的变量,在编译之前一定要被显示的声明。

2.3.1 Java数据类型的分类

Java里面的数据类型从大的方面分为两类,一类是基本数据类型,另一类是引用类型,基本的Java数据类型层次如下：

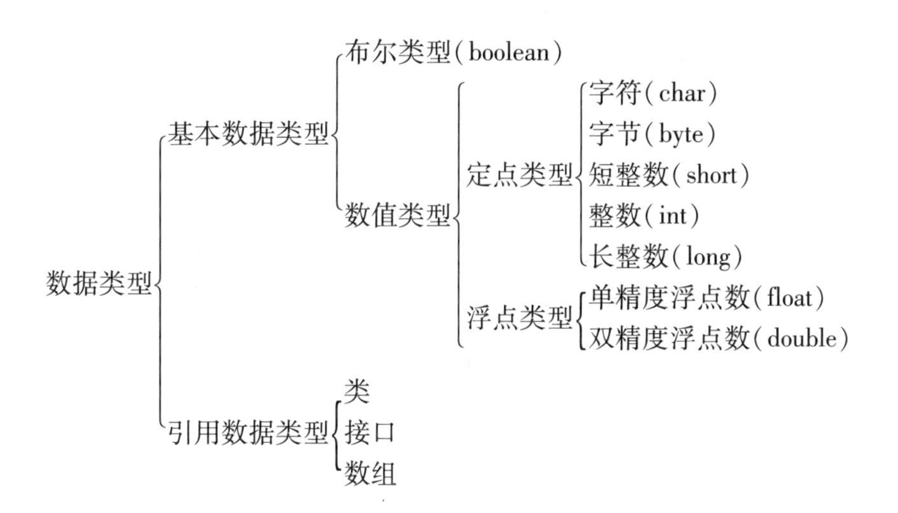

2.3.2 整数类型

什么是整数？这个问题在小学中就学过了，在 Java 中用户存放整数的数据类型称为整数。整数类型根据占用的内存空间位数不同可以分为 4 种，分别是 byte（字节型）、short（短整型）、int（整型）和 long（长整型），定义数据时默认为 int 类型。内存空间位数决定了数据类型的取值范围，表 2-1 中给出了整数类型的位数和取值范围的关系。

表 2-1　整数类型

整数类型	位数	取值范围
字节型	8	$-2^{7}\sim 2^{7}-1$
短整型	16	$-2^{15}\sim 2^{15}-1$
整型	32	$-2^{31}\sim 2^{31}-1$
长整型	64	$-2^{63}\sim 2^{63}-1$

注意：在面试或者考试中并不会直接问某一类型的取值范围，而是问具体某一实际例子该使用什么类型，例如表示全球人口该使用什么数据类型。

(1) 字节型(byte)

最小的整数类型是字节型。它是有符号的 8 位类型，数的范围是-128～127。当用户从网络或文件处理数据流时，字节类型的变量特别有用。当用户处理可能与 Java 的其他内置类型不直接兼容的未加工的二进制的数据时，它们也是有用的。

通过“byte”这个关键字的使用来定义字节变量。例如，下面定义了 2 个变量，称为 b 和 c：

```
byte b,c;
```

(2) 短整型(short)

short 是有符号的 16 位类型，数的范围是 －32 768～32 767。因为它被定义为高字节优先(称为 big-endian 格式),可能是 Java 中使用得最少的类型。这种类型主要适用于 16 位计算机,然而这种计算机现在已经很少见了。

下面是声明 Short 变量的一些例子:

```
short s;
short t;
```

注意:“Endianness”描述像 short,int 和 long 这些多字节数据类型是如何被存储在存储器中的。如果用 2 个字节代表 short,那么哪个字节在前,是高字节位(最重要的字节)还是低字节位(最不重要的字节)?说一台机器是 big-endian,那意味着这个机器中最重要的字节在前,最不重要的字节在后。例如 SPARC 和 PowerPC 的机器是 big-endian,而 Intel x86 系列是 little-endian。

(3)整型(int)

最常用的整数类型是 int。它是有符号的 32 位类型,数的范围是-2 147 483 648~2 147 483 647。int 类型的变量通常被用来控制循环及用作数组的下标。任何时候用户的整数表达式包含 byte, short, int 及常量数字,在进行计算以前,所有表达式的类型被提升(promoted)到整型。

整型是最通用并且有效的类型,当想要计数用或作数组下标或进行整数计算时,就应该使用整型。似乎使用字节型和短整型可以节约空间,但是不能保证 Java 不会内部把那些类型提升到整型。记住,类型决定行为,而不是大小(唯一的例外是数组,字节型的数据保证每个数组元素只占用一个字节,短整型使用 2 个字节,整型将使用 4 个)。

(4)长整型(long)

long 是有符号的 64 位类型,它对于那些整型不足以保存所要求的数值时是有用的。长整型数的范围是相当大的。这使得大的、整个数字都被需要时,它是非常有用的。例如,下面的程序是计算光在一个指定的天数旅行的英里数。

【程序 2-3】

```
class Light {
public static void main(String args[ ]) {
    int lightspeed;
    long days;
    long seconds;
    long distance;
    lightspeed = 186000;
    days = 1000;
    seconds = days * 24 * 60 * 60;
    distance = lightspeed * seconds;
    System.out.print(" In " + days);
    System.out.print(" days light will travel about ");
    System.out.println(distance + " miles.");
    }
```

```
}
```

这个程序运行的结果如下：

In 1000 days light will travel about 16070400000000 miles.

很清楚，计算结果超出了整型数的表达范围。

2.3.3 浮点类型

浮点类型和整数类型一样，也是用来表示数值。整数类型是表示整数，而浮点类型表示的是小数，在 Java 中不称作小数，而称之为浮点数。浮点类型就是表述 Java 中的浮点数。Java 中的浮点类型分为两种，分别是单精度浮点型和双精度浮点型。表 2-2 给出了两种浮点类型的取值范围。

表 2-2 浮点类型

类型	位数	取值范围
单精度浮点型	32	1.4e−45～3.4e+38
双精度浮点型	64	4.9e−324～1.7e+308

（1）单精度(float) 浮点型

单精度浮点型专指占用 32 位存储空间的单精度(single−precision)值。单精度在一些处理器上比双精度更快，而且只占用双精度一半的空间，但是当值很大或很小时，它将变得不精确。当需要小数部分并且对精度的要求不高时，单精度浮点型的变量是有用的。例如，当表示美元和分时，单精度浮点型是有用的。这是一些声明单精度浮点型变量的例子：

```
float hightemp,lowtemp;
```

（2）双精度(double)浮点型

双精度浮点型，正如它的关键字“double”表示的，占用 64 位的存储空间。在一些现代的被优化用来进行高速数学计算的处理器上双精度型实际上比单精度的快。所有超出人类经验的数学函数，如 sin( )，cos( )和 sqrt( )均返回双精度的值。当需要保持多次反复迭代的计算的精确性时，或在操作值很大的数字时，双精度浮点型是最好的选择。

下面的短程序用双精度浮点型变量计算一个圆的面积：

【程序 2-4】

```
class Area {
public static void main(String args[ ]) {
      double pi,r,a;
      r = 10.8;
      pi = 3.1416;
      a = pi * r * r;
      System.out.println(" Area of circle is " + a);
      }
}
```

2.3.4 字符类型

在开发中,经常要定义一些字符,例如“A”,这时候就要用到字符类型。字符类型就是用于存储字符的数据类型。在Java中,有时也会使用Unicode码来表示字符。在Unicode码中定义了至今人类语言的所有字符集,Unicode码是通过“\uxxxx”来表示的,x表示的十六进制数值。Unicode编码字符是用16位无符号整数表示的,即有216个可能值,也就是0~65535。

下面的程序示范了char变量:

【程序2-5】

```
class CharDemo {
    public static void main(String args[ ]) {
    char ch1,ch2;
    ch1 = 88;
    ch2 = 'Y';
    System.out.print("ch1 and ch2:");
    System.out.println(ch1 + " " + ch2);
    }
}
```

该程序的输出结果如下:

```
ch1 and ch2:X Y
```

注意变量ch1被赋值88,它是ASCII码(Unicode码也一样)用来代表字母X的值。前面已提到,ASCII字符集占用了Unicode字符集的前127个值。因此以前使用过的一些字符技巧在Java中同样适用。

尽管char不是整数,但在许多情况中可以对它们进行运算操作就好像它们是整数一样。这允许用户可以将2个字符相加,或对一个字符变量值进行增量操作。例如,考虑下面的程序:

【程序2-6】

```
class CharDemo2 {
public static void main(String args[ ]) {
    char ch1;
    ch1 = 'X';
    System.out.println("ch1 contains " + ch1);
    ch1++;
    System.out.println("ch1 is now " + ch1);
    }
}
```

这个程序的输出结果如下所示:

```
ch1 contains X
```

ch1 is now Y

在该程序中,ch1 首先被赋值为 X。然后变量 ch1 递增(自增量 1)。结果是 ch1 变成了代表 Y,即在 ASCII(以及 Unicode)字符集中的下一个字符。

在运行结果的显示中,会有一些内容不能显示,例如回车、换行等效果。在 Java 中为了解决这个问题,专门定义了转义字符。转义字符通常使用“\”开头,在表 2-3 中列出了 Java 中的部分转义字符。

表 2-3 转义字符

转义	说明	转义	说明
\'	单引号	\n	换行
\"	双引号	\f	换页
\\	斜杠	\t	跳格
\r	回车	\b	退格

在 Java 中,单引号和双引号都表示特定的作用,所以如果想在结果中输入这两个符号,就需要使用转义字符。由于转义字符使用的符号是斜杠,所以如果想输出斜杠时,就需要使用双斜杠。看下面使用转义字符的程序。

```
public class ZhuanYiZiFu {
    public static void main(String[ ] args) {
    System.out.println(" Hello \n World ");
    System.out.println(" Hello \\n World ");
    }
}
```

运行结果:

```
Hello
World
Hello \n World
```

从运行结果中可以看到,当把“\n”放到一个字符中输出时,并不是作为字符串输出,而是起到换行的作用。但是如果想直接输出“\n”时,同样需要使用转义字符,先输出一个“\”,然后后面跟上“n”,这样就输出了“\n”这个字符。

2.3.5 布尔类型

在 C 语言或者其他一些编程语言中,可以使用数字来表示 true 和 false。但在 Java 中,true 和 false 的待遇明显提高了,为这两个值单独定义了一种数据类型,那就是布尔类型。布尔类型是用于判断逻辑值真假的数据类型。

下面的程序说明了布尔类型的使用:

【程序 2-7】

```
class BoolTest {
```

```
        public static void main(String args[ ]) {
        boolean b;
        b = false;
        System.out.println("b is " + b);
        b = true;
        System.out.println("b is " + b);
        if(b) System.out.println("This is executed.");
        b = false;
        if(b) System.out.println("This is not executed.");
        System.out.println("10 > 9 is " + (10 > 9));
        }
}
```

这个程序的运行结果：

```
b is false
b is true
This is executed.
10 > 9 is true
```

关于这个程序有 3 件有趣的事情要注意。首先，你已经看到，当用方法 println ( )输出布尔的值时，显示的是“true”或“false”。

第二，布尔变量的值本身就足以用来控制 if 语句。

没有必要将 if 语句写成像下面这样：

if(b == true) ...

第三，关系运算符(例如<)的结果是布尔值。这就是为什么表达式 10>9 的显示值是“true”。此外，在表达式 10>9 的两边额外的加上括号是因为加号“+”运算符比运算符“>”的优先级要高。

2.3.6 数据类型常量

(1)整数常量

整数可能是在典型的程序中最常用的类型。任何一个数字的值就是一个整数常量，例如 1,2,3 和 42。这些都是十进制的值，这意味着对它们的描述基于数字 10。还有另外 2 种进制被整数常量使用，八进制(octal，基数是 8)和十六进制(hexadecimal，基数是 16)。Java 对八进制的值是通过在它的前面加一个前导 0 来表示。正常的十进制的数字不用前导 0。这样，看起来有效的值 09 将从编译器产生一个错误，因为 9 超出了八进制的范围 0~7。程序员对数字更常用的是十六进制，它清楚地与 8 的大小相匹配，如 8,16,32 和 64 位。

通过前导的 0x 或 0X 表示一个十六进制的常量。十六进制数的范围是 0~15，这样用 A~ F(或 a~f)来替代 10~15。

整数常量产生 int 值，在 Java 中它是 32 位的整数值。既然 Java 对类型要求严格，你可能会纳闷，将一个整数常量赋给 Java 的其他整数类型，如 byte 或 long 而没有产生类型不匹配的错误,怎么可能呢。庆幸的是,这个问题很好解决。当一个常量的值被赋给一个 byte 或 short 型的变量时,如果常量的值没有超过对应类型的范围时是不会产生错误,所以,一个数据类型、变量、数组常量总是可以被赋给一个 long 变量。但是,指定一个 long 常量,需要明白地告诉编译器常量的值是 long 型,可以通过在常量的后面加一个大写或小写的"L"来做到这一点。例如 0x7fffffffffffffffL 或 9223372036854775807L 就是 long 型中最大的。

(2)浮点常量

浮点数代表带小数部分的十进制值。它们可通过标准记数法或科学记数法来表示。标准记数法(standard notation)由整数部分加小数点加小数部分组成。例如 2.0,3.14159 和 0.6667 都是有效的标准记数法表示的浮点数字。科学记数法(scientific notation)是浮点数加一表明乘以 10 的指定幂次的后缀,指数是紧跟"E"或"e"的一个十进制的数字,它可以是正值或是负值。例子如 6.022E23,314159E-05,以及 2e+100。

Java 中的浮点常量默认是双精度。为了指明一个浮点常量,必须在常量后面加"F"或"f"。也可以通过在常量后面加"D"或"d"来指明一个浮点常量,这样做当然是多余的。默认的双精度类型要占用 64 位存储空间,而精确低些的浮点类型仅仅需要 32 位。

(3)布尔型常量

布尔型常量很简单。布尔型常量仅有 2 个逻辑值,真或假。真值或假值不会改变任何数字的表示。布尔型常量即布尔型的两个值 true 和 false,该常量用于区分一个事物的真与假,它们仅仅能被赋给已定义的布尔变量,或在布尔的运算符表达式中使用。

(4)字符常量

Java 用 Unicode 字符集来表示字符。Java 的字符是 16 位值,可以被转换为整数并可进行像加或减这样的整数运算。通过将字符包括在单引号之内来表示字符常量。所有可见的 ASCII 字符都能直接被包括在单引号之内,例如'a','z'和'@'。对于那些不能直接被包括的字符,有若干转义序列,这样允许输入需要的字符,例如'\'代表单个引号字符本身,'\n'代表换行符字符。为了直接得到八进制或十六进制字符的值也有一个机制,对八进制来说,使用反斜线加 3 个阿拉伯数字。例如,'\141'是字母'a'。对十六进制来说,使用反斜线和 u(\u)加 4 个十六进制阿拉伯数字。例如,'\u0061'因为高位字节是零,代表 ISO-Latin-1 字符集中的'a'。表 2-4 列出了字符转义序列。

表 2-4 字符转义序列

转义序列	说明
\ddd	八进制字符(ddd)
\uxxxx	十六进制 Unicode 码字符
\'	单引号
\"	双引号
\\	反斜杠
\r	回车键

续表

转义序列	说明
\n	换行
\f	换页
\t	水平制表符
\b	退格

(5)字符串常量

Java 中的字符串常量和其他大多数语言一样——将一系列字符用双引号括起来。字符串的例子如：

"Hello World"

"two\nlines"

"\"This is in quotes\""

为字符串定义的字符转义序列和八进制/十六进制记法在字符串内的工作方法一样。关于 Java 字符串应注意的一件重要的事情是它们必须在同一行开始和结束。不像其他语言有换行连接转义序列。

注意：你可能知道，在大多数其他语言中，包括 C/C++，字符串作为字符的数组被实现。然而，在 Java 中并非如此。在 Java 中，字符串实际上是对象类型。在这本书的后面你将看到，因为 Java 对字符串是作为对象实现的，因此，它有广泛的字符串处理能力，而且功能既强又好用。

2.3.7 类型转换

一种类型的值赋给另外类型的一个变量是相当常见的。如果这两种类型是兼容的，那么 Java 将自动地进行转换。例如，把 int 类型的值赋给 long 类型的变量，总是可行的。然而，不是所有的类型都是兼容的，因此，不是所有的类型转换都是可以隐式实现的。例如，没有将 double 型转换为 byte 型的定义。幸好，获得不兼容的类型之间的转换仍然是可能的。要达到这个目的，必须使用一个强制类型转换，它能完成两个不兼容的类型之间的显式变换。让我们看看自动类型转换和强制类型转换。

(1)Java 的自动转换

如果下列 2 个条件都能满足，那么将一种类型的数据赋给另外一种类型变量时，将执行自动类型转换(automatic type conversion)：

- 这两种类型是兼容的。
- 目的类型数的范围比来源类型的大。

当以上 2 个条件都满足时，拓宽转换(widening conversion)发生。例如，int 型的范围比所有 byte 型的合法范围大，因此不要求显式强制类型转换语句。

对于拓宽转换，数字类型，包括整数(integer)和浮点(floating-point)类型都是彼此兼容的，但是，数字类型和字符类型（char）或布尔类型（boolean）是不兼容的。字符类型（char）和布尔类型（boolean）也是互相不兼容的。

（2）不兼容类型的强制转换

尽管自动类型转换是很有帮助的，但并不能满足所有的编程需要。例如，如果需要将 int 型的值赋给一个 byte 型的变量，那该怎么办？这种转换不会自动进行，因为 byte 型的变化范围比 int 型的要小。这种转换有时称为"缩小转换"，因为肯定要将源数据类型的值变小才能适合目标数据类型。

为了完成两种不兼容类型之间的转换，就必须进行强制类型转换。所谓强制类型转换只不过是一种显式的类型变换。它的通用格式如下：

（target-type）value

其中，目标类型（target-type）指定了要将指定值转换成的类型。例如，下面的程序段将 int 型强制转换成 byte 型。如果整数的值超出了 byte 型的取值范围，它的值将会因为对 byte 型值域取模（整数除以 byte 得到的余数）而减少。

```
int a;
byte b;
// ...
b = (byte) a;
```

当把浮点值赋给整数类型时一种不同的类型转换发生了：截断（truncation）。你知道整数没有小数部分吧！这样，当把浮点值赋给整数类型时，它的小数部分会被舍去。例如，如果将值 1.23 赋给一个整数，其结果值只是 1，0.23 被丢弃了。当然，如果浮点值太大而不能适合目标整数类型，那么它的值将会因为对目标类型值域取模而减少。

下面的程序说明了强制类型转换：

【程序 2-8】

```
class Conversion {
    public static void main(String args[ ]) {
    byte b;
    int i = 257;
    double d = 323.142;
    System.out.println("\nConversion of int to byte.");
    b = (byte) i;
    System.out.println("i and b " + i + " " + b);
    System.out.println("\nConversion of double to int.");
    i = (int) d;
    System.out.println("d and i " + d + " " + i);
    System.out.println("\nConversion of double to byte.");
    b = (byte) d;
    System.out.println("d and b " + d + " " + b);
    }
```

```
}
```

该程序的输出如下：

```
Conversion of int to byte.
i and b 257 1
Conversion of double to int.
d and i 323.142 323
Conversion of double to byte.
d and b 323.142 67
```

让我们看看每一个类型转换。当值 257 被强制转换为 byte 变量时，其结果是 257 除以 256(256 是 byte 类型的变化范围)的余数 1。当把变量 d 转换为 int 型，它的小数部分被舍弃了。当把变量 d 转换为 byte 型，它的小数部分被舍弃了，而且它的值除以 256 的模，即 67。

2.4 运算符

Java 提供了丰富的运算符环境。Java 有 4 大类运算符：算术运算、位运算、关系运算和逻辑运算。Java 还定义了一些附加的运算符用于处理特殊情况。本章将描述 Java 所有的运算符。

2.4.1 算术运算符

算术运算符用在数学表达式中，其用法和功能与代数学(或其他计算机语言)中一样，Java 定义的算术运算符及含义见表 2-5。

表 2-5 算术运算符及其含义

运算符	含义
+	加法
-	减法(一元减号)
*	乘法
/	除法
%	模运算
++	递增运算
+=	加法赋值
-=	减法赋值
*=	乘法赋值
/=	除法赋值

续表

运算符	含义
%=	模运算赋值
--	递减运算

算术运算符的运算数必须是数字类型。算术运算符不能用在布尔类型上,但是可以用在 char 类型上,因为实质上在 Java 中,char 类型是 int 类型的一个子集。

(1)基本算术运算符

基本算术运算符——加、减、乘、除可以对所有的数字类型操作。减运算也用作表示单个操作数的负号。记住对整数进行"/"除法运算时,所有的余数都要被舍去。

下面这个简单例子示范了算术运算符,也说明了浮点型除法和整型除法之间的差别。

【程序 2-9】

```
class BasicMath {
    public static void main(String args[ ]) {
    System.out.println("Integer Arithmetic");
    int a = 1 + 1;
    int b = a * 3;
    int c = b / 4;
    int d = c - a;
    int e = -d;
    System.out.println("a = " + a);
    System.out.println("b = " + b);
    System.out.println("c = " + c);
    System.out.println("d = " + d);
    System.out.println("e = " + e);
    System.out.println("\nFloating Point Arithmetic");
    double da = 1 + 1;
    double db = da * 3;
    double dc = db / 4;
    double dd = dc - a;
    double de = -dd;
    System.out.println("da = " + da);
    System.out.println("db = " + db);
    System.out.println("dc = " + dc);
    System.out.println("dd = " + dd);
    System.out.println("de = " + de);
    }
```

```
}
```

运行程序输出如下：

```
Integer Arithmetic
a = 2
b = 6
c = 1
d = -1
e = 1
Floating Point Arithmetic
da = 2.0
db = 6.0
dc = 1.5
dd = -0.5
de = 0.5
```

(2)模运算符

模运算符(%)，其运算结果是整数除法的余数。它能像整数类型一样被用于浮点类型(这不同于C/C++，在C/C++中模运算符“%”仅仅能用于整数类型)。下面的示例程序说明了模运算符(%)的用法。

【程序 2-10】

```
class Modulus {
    public static void main(String args[ ]) {
    int x = 42;
    double y = 42.25;
    System.out.println("x mod 10 = " + x % 10);
    System.out.println("y mod 10 = " + y % 10);
    }
}
```

运行程序输出如下：

```
x mod 10 = 2
y mod 10 = 2.25
```

(3)算术赋值运算符

Java 提供特殊的算术赋值运算符，该运算符可用来将算术运算符与赋值结合起来。你可能知道，像下列这样的语句在编程中是很常见的：

```
a = a +4;
```

在 Java 中，你可将该语句重写如下：

```
a += 4;
```

该语句使用“+=”进行赋值操作。上面两行语句完成的功能是一样的：使变量 a 的值增加 4。下面是另一个例子：

a = a % 2;

该语句可简写为:

a %= 2;

在本例中,%=算术运算符的结果是 a/2 的余数,并把结果重新赋给变量 a。

这种简写形式对于 Java 的二元(即需要两个操作数的)运算符都适用。其语句格式为:

var= var op expression;

可以被重写为:

var op= expression;

这种赋值运算符有两个好处。第一,它们比标准的等式要紧凑。第二,它们有助于提高 Java 的运行效率。由于这些原因,在 Java 的专业程序中,经常会看见这些简写的赋值运算符。

下面的例子显示了几个赋值运算符的作用。

【程序 2-11】

```
class OpEquals {
    public static void main(String args[ ]) {
    int a = 1;
    int b = 2;
    int c = 3;
    a += 5;
    b *= 4;
    c += a * b;
    c %= 6;
    System.out.println(" a = " + a);
    System.out.println(" b = " + b);
    System.out.println(" c = " + c);
    }
}
```

该程序的输出如下:

```
a = 6
b = 8
c = 3
```

(4)递增和递减运算

"++"和"--"是 Java 的递增和递减运算符,下面将对它们进行详细讨论。它们具有一些特殊的性能,这使它们变得非常有趣。首先来复习一下递增和递减运算符的操作。

递增运算符对其运算数加 1,递减运算符对其运算数减 1。因此:

x = x + 1;

运用递增运算符可以重写为:

x++;

同样,语句:

x = x - 1;

与下面一句相同:

x--;

在前面的例子中,递增或递减运算符采用前缀(prefix)或后缀(postfix)格式都是相同的。但是,当递增或递减运算符作为一个较大的表达式的一部分,就会有所不同。如果递增或递减运算符放在其运算数前面,Java 就会在获得该运算数的值之前执行相应的操作,并将其用于表达式的其他部分。如果运算符放在其运算数后面,Java 就会先获得该操作数的值再执行递增或递减运算。例如:

x = 42 ;

y =++x ;

在这个例子中,y 将被赋值为 43,因为在将 x 的值赋给 y 以前,要先执行递增运算。这样,语句行"y =++x;"和下面两句是等价的:

x = x + 1;

y = x;

但是,当写成这样时:

x = 42;

y = x++;

在执行递增运算以前,已将 x 的值赋给了 y,因此 y 的值还是 42。当然,在这两个例子中,x 都被赋值为 43。在本例中,程序行"y =x++;"与下面两个语句等价:

y = x;

x = x + 1;

下面的程序说明了递增运算符的使用。

【程序 2-12】

```
class IncDec {
    public static void main(String args[ ]) {
    int a = 1;
    int b = 2;
    int c;
    int d;
    c = ++b;
    d = a++;
    c++;
    System.out.println("a = " + a);
    System.out.println("b = " + b);
    System.out.println("c = " + c);
    System.out.println("d = " + d);
    }
}
```

该程序的输出如下：

a = 2

b = 3

c = 4

d = 1

【程序 2-13】

```
public class selfAddMinus{
    public static void main(String[ ] args){
    int a = 5;//定义一个变量；
    int b = 5;
    int x = 2 * ++a;
    int y = 2 * b++;
    System.out.println("自增运算符前缀运算后 a="+a+",x="+x);
    System.out.println("自增运算符后缀运算后 b="+b+",y="+y);
    }
}
```

运行结果为：

自增运算符前缀运算后 a=6,x=12

自增运算符后缀运算后 b=6,y=10

2.4.2 位运算符

在计算机中,所有的整数都是通过二进制进行保存的,即由一串 0 或者 1 数字组成,每一个数字占一个比特位。位运算符就是对数据的比特位进行操作,只能用于整数类型。位运算符有如下 4 种。

与(&):如果对应位都是 1,则结果为 1,否则为 0。

或(|):如果对应位都是 0,则结果为 0,否则为 1。

异或(^):如果对应位的值相同,则结果为 0,否则为 1。

非(~):将操作数的每一位按位取反。

下面通过一个程序来演示位运算符的使用。

```
public class Wei{
    public static void main(String[  ] args) {
    int a=6; //二进制后四位为 0110
    int b=3; //二进制后四位为 0011
    int i=a&b; //执行与位运算操作
    System.out.println("执行与位运算符后的结果等于"+i);
}
```

运行程序结果：

i 的值为 2

该程序的运行顺序是,首先将 a 和 b 这两个变量转换为二进制表示,则它们的后四位分别是 0110 和 0011。然后进行与位运算符操作,则计算的结果为 0010。最后将二进制转换为十进制表示,则结果为 2,从而得到以上结果。

2.4.3 移位运算符

移位运算符和位运算符一样都是对二进制数的比特位进行操作的运算符,因此移位运算符也是只对整数进行操作。移位运算符是通过移动比特位的数值来改变数值大小的,最后得到一个新数值。移位运算符包括左移运算符(<<)、右移运算符(>>)和无符号右移(>>>)。

(1)*左移运算符*

左移运算符用于将第一个操作数的比特位向左移动第二个操作数指定的位数,右边空缺的位用 0 来补充。看下面使用左移运算符的程序。

```
public class YiWei1{
    public static void main(String[ ] args) {
    int i=6<<1; //将数值 6 左移 1 位
    System.out.println("6 左移 1 位的值等于"+i);
    }
}
```

运行该程序,运行结果 i=12。

这是一个简单使用左移运算符的程序,下面通过步骤来进行讲解。首先将数值 6 转换为二进制表示:

0000 0000 0000 0000 0000 0000 0000 0110

然后执行移位操作,向左移 1 位,则二进制表示为:

0000 0000 0000 0000 0000 0000 0000 1100

最后将该二进制转换为十进制,则数值为 12,也就是运行结果。从运行结果中也可以看出左移运算相当于执行乘 2 运算。

(2)*右移运算符*

右移运算符用于将第一个操作数的比特位向右移动第二个操作数指定的位数。在二进制中,首位是用来表示正负的,0 表示正,1 表示负。如果右移运算符的第一个操作数是正数,则填充 0;如果为负数,则填充 1,从而保存正负不变。看下面使用右移运算符的程序。

```
public class YiWei2 {
    public static void main(String[ ] args) {
    int i=7>>1; //将数值 7 右移 1 位
    System.out.println("7 右移 1 位的值等于"+i);
    }
}
```

运行该程序,i=3。

同样一步步来分析该程序的运行经过。首先将数值 7 转换为二进制表示:

0000 0000 0000 0000 0000 0000 0000 0111

然后执行移位操作，向右移 1 位，因为这是一个正数，所以前面使用 0 填充，二进制表示为：

0000 0000 0000 0000 0000 0000 0000 0011

将该二进制转换为十进制，则数值为 3，也就是运行结果。从运行方式上可以看出，当第一操作数 X 为奇数时，相当于(X-1)/2 操作；当第一操作数 X 为偶数时，相当于 X/2 操作。

2.4.4 关系运算符

关系运算符用于计算两个操作数之间的关系，其结果是布尔类型。关系运算符包括等于(==)、不等于(!=)、大于(>)、大于等于(>=)、小于(<)和小于等于(<=)。

这些关系运算符产生的结果是布尔值。关系运算符常常用在 if 控制语句和各种循环语句的表达式中。

Java 中的任何类型，包括整数、浮点数、字符，以及布尔型都可用"=="来比较是否相等，用"!="来测试是否不等。注意 Java(就像 C 和 C++一样)比较是否相等的运算符是 2 个等号，而不是一个(注意：单等号是赋值运算符)。只有数字类型可以使用排序运算符进行比较。也就是只有整数、浮点数和字符运算数可以用来比较哪个大哪个小。

2.4.5 布尔逻辑运算符

逻辑运算符用于对产生布尔类型数值的表达式进行计算，结果为一个布尔类型。逻辑运算符和位运算符很相似，它也是包括与、或和非，只是各自操作数的类型不同。逻辑运算符可以分为两大类，分别是非短路逻辑运算符和短路逻辑运算符。

(1)非短路逻辑运算符

非短路逻辑运算符包括与(&)、或(|)和非(!)。与逻辑运算符：表示当运算符两边的操作数都为 true 时，结果为 true，否则都为 false。或逻辑运算符：表示当运算符两边的操作数都为 false 时，结果为 false，否则都为 true。非逻辑运算符：表示对操作数的结果取反，当操作数为 true 时，则结果为 false；当操作数为 false 时，则结果为 true。看下面使用非短路逻辑运算符的程序。

【程序 2-14】

```
public class LuoJi {
    public static void main(String[ ] args) {
    int a=5;
    int b=3;
    boolean b1=(a>4)&(b<4);
    boolean b2=(a<4)|(b>4);
    boolean b3=!(a>4);
    System.out.println("使用与逻辑运算符的结果为"+b1);
    System.out.println("使用或逻辑运算符的结果为"+b2);
    System.out.println("使用非逻辑运算符的结果为"+b3);
    }
```

```
}
```

程序运行结果：

使用与逻辑运算符的结果为 true

使用或逻辑运算符的结果为 false

使用非逻辑运算符的结果为 false

(2)短路逻辑运算符

当使用与逻辑运算符时，当且仅当两个操作数都为 true 时，结果才为 true。要判断两个操作数，但是当得到第一个操作为 false 时，其结果就必定是 false，这时候再判断第二个操作时就没有任何意义。看下面使用短路逻辑运算符的程序。

```
public class LuoJi2 {
    public static void main(String[ ] args) {
    int a=5;
    boolean b=(a<4)&&(a++<10);
    System.out.println("使用短路逻辑运算符的结果为"+b);
    System.out.println(" a 的结果为"+a);
    }
}
```

程序运行结果：

使用短路逻辑运算符的结果为 false

a 的结果为 5

在该程序中，使用到了短路逻辑运算符(&&)。首先判断 a<4 的结果，则该结果为 false，则 b 的值肯定为 false。这时候就不再执行短路逻辑运算符后面的表达式，也就是不再执行 a 的自增操作，从而 a 的结果没有变，仍然是 5。

2.4.6 三目运算符

Java 提供一个特别的三元运算符(ternary)经常用于取代某个类型的 if-then-else 语句。这个运算符就是“?:”，并且它在 Java 中的用法和在 C/C++中的几乎一样。该符号初看起来有些迷惑，但是一旦掌握了它，用“?:”运算符是很方便高效的。“?:”运算符的通用格式如下：

expression1? expression2: expression3

其中，expression1 是一个布尔表达式。如果 expression1 为真，那么 expression2 被求值；否则，expression3 被求值。整个“?:”表达式的值就是被求值表达式(expression2 或 expression3)的值。expression2 和 expression3 是除了 void 以外的任何类型的表达式，且它们的类型必须相同。

下面是一个利用“?:”运算符的例子：

```
ratio = denom == 0 ? 0 : num / denom;
```

当 Java 计算这个表达式时，它首先看问号左边的表达式。如果 denom 等于 0，那么在问号和冒号之间的表达式被求值，并且该值被作为整个“?:”表达式的值。如果 denom 不等于零,那么在冒号之后的表达式被求值,并且该值被作为整个“?:”表达式的值。然后将整个“?:”表达式的值赋给变量 ratio。

下面的程序说明了“?:”运算符,该程序得到一个变量的绝对值。

【程序 2-15】

```
class Ternary {
    public static void main(String args[ ]) {
    int i, k;
    i = 10;
    k = i < 0 ? -i : i;
    System.out.print(" Absolute value of ");
    System.out.println(i + " is " + k);
    i = -10;
    k = i < 0 ? -i : i;
    System.out.print(" Absolute value of ");
    System.out.println(i + " is " + k);
    }
}
```

该程序的输出结果如下所示:

Absolute value of 10 is 10

Absolute value of -10 is 10

2.4.7 运算符的优先级

表 2-6 显示了 Java 运算符从最高到最低的优先级。注意第一行显示的项通常不能把它们作为运算符:圆括号、方括号、点运算符。圆括号被用来改变运算的优先级。

表 2-6 Java 运算符优先级

优先级	运算符	结合性
1	( )、[ ]、.(点运算符)	从左向右
2	!、+、-、~、++、--	从右向左
3	*、/、%	从左向右
4	+、-	从左向右
5	<<、>>、>>>	从左向右
6	<、<=、>、>=、instanceof	从左向右
7	==、!=	从左向右
8	&	从左向右

续表

<table>
<tr><th>优先级</th><th>运算符</th><th>结合性</th></tr>
<tr><td>9</td><td>^</td><td>从左向右</td></tr>
<tr><td>10</td><td>|</td><td>从左向右</td></tr>
<tr><td>11</td><td>&&</td><td>从左向右</td></tr>
<tr><td>12</td><td>||</td><td>从左向右</td></tr>
<tr><td>13</td><td>?:</td><td>从右向左</td></tr>
<tr><td>14</td><td>=、+=、-=、*=、/=、&=、|=、^=、~=、<<=、>>=、>>>=</td><td>从右向左</td></tr>
</table>

【举一反三】

(1)三角形面积的计算

程序代码:

```
import java.util.Scanner;
public class Triangular_area{
    public static void main(String[] args) {
        Scanner scan =new Scanner(System.in);
        System.out.println("输入三角形的三边");
        int a = scan.nextByte();
        int b = scan.nextByte();
        int c = scan.nextByte();
        float s =(a+b+c)/2f;
        float S = (float) Math.sqrt(s * (s-a) * (s-b) * (s-c));
        if (a+b>c && b+c>a && a+c>b){
            System.out.println(S);
        }
        else{
            System.out.println("不成立三角形");
        }
    }
}
```

运行结果1:

输入三角形的三边

1

2
3
不成立三角形
运行结果 2:
输入三角形的三边
3
4
5
6.0

(2)圆面积的计算

```
import java.util.*;
public class Circle {
    public static void main(String[] args) {
    double r;
    System.out.print("输入圆的半径:");
    Scanner s = new Scanner(System.in);
    r = s.nextDouble();
    double S = Math.PI * r * r;
    System.out.print("面积为:" + S);
    }
}
```

运行结果:
输入圆的半径:3
面积为:28.274333882308138

项目3　猜数字游戏

【任务需求】

①设计一个猜数字游戏，系统随机产生一个100以内的整数，然后由玩家猜测该数字，如果没猜中，系统提示玩家数字过大或过小，玩家根据提示继续猜，如果5次均没有猜中，游戏自动结束。

②系统随机生成0~9中的不重复四位数字，然后用户输入4个数字，如果数字对了，位置不对，则显示nB，n是有几个是位置对的。如果数字对了，位置也是对的，则显示mA，m代表有几个数字是正确位置上的。例如：生成的是0369，用户输入的是0396，则显示2A2B，两个位置是正确并且数字正确的，另外两个是数字正确，位置不正确的。

【任务目标】

①使用选择结构编程。
②使用循环结构编程。
③猜数字游戏的编码。

【任务实施】

(1)程序代码

```
import java.util.Random;
import java.util.Scanner;
public class ddd {
    public static void main(String[ ] args) {
      Random rn=new Random( );
        int n=rn.nextInt(100)+1,m,count=1;
        Scanner sc=new Scanner(System.in);
        while(true)
        {
            System.out.println("输入您猜的数:");
            m=sc.nextInt( );
            if(m==n)
            {
              System.out.printf("您猜了%d 次,要猜的数:%d ",count,m);
              sc.close( );
```

```
                break;
            }
            if(count>5)
            {
            System.out.println("游戏结束! ");
            sc.close();
            break;
            }
            if(m<n) System.out.println("您猜的数比原数小");
            if(m>n) System.out.println("您猜的数比原数大");
            count++;
        }
    }
}
```

运行结果:

输入您猜的数:

23

您猜的数比原数小

输入您猜的数:

33

您猜的数比原数小

输入您猜的数:

77

您猜的数比原数大

输入您猜的数:

55

您猜的数比原数大

输入您猜的数:

44

您猜的数比原数大

输入您猜的数:

33

游戏结束!

(2)程序代码

```
import java.util.Random;
import java.util.Scanner;
public class NumberCode {
    int[] Nums = new int[4];
```

```
    int[ ] inputNumsArray = new int[4];
    int difficultyLevel;
    int difficulty;
    int aA = 0;
    int bB = 0;
    String numberStr = "";
    String str = "";
    /**
     * 生成随机数
     */
    public int[ ] randNums(int n) {
        for (int i = 0; i < Nums.length; i++) {
            Random ran = new Random();
            int a = ran.nextInt(10);
            if (i - 1 != -1) {
                for (int j = 0; j < i; j++) {
                    if (a == Nums[j]) {
                        i--;
                        break;
                    } else {
                        Nums[i] = a;
                    }
                }
            } else {
                Nums[i] = a;
            }
        }
        return Nums;
    }
/**
 * 选择游戏难度
 */
public int selectLevel() {
    // 接受一个数字
    // 1:Easy 可以猜 12 次
    // 2:Common 可以猜 9 次
    // 3:Hard 可以猜 7 次
    @SuppressWarnings("resource")
```

```
        Scanner scan = new Scanner(System.in);
        System.out.println("请选择难度系数(输入数字),1:Easy 可以猜 12 次;2:Common 可以猜 9 次;3:Hard 可以猜 7 次");
        difficulty = scan.nextInt();
        switch (difficulty) {
        case 1:
            difficultyLevel = 12;
            break;
        case 2:
            difficultyLevel = 9;
            break;
        case 3:
            difficultyLevel = 7;
            break;
        default:
            break;
        }
        return difficultyLevel;
    }
    /**
     * 接受用户输入的数字
     */
    public int[] inputNums(int n) {
        @SuppressWarnings("resource")
        Scanner scan = new Scanner(System.in);
        int b = scan.nextInt();
        for (int i = 0; i < inputNumsArray.length; i++) {
            int c = (int) ((int) b / Math.pow(10, 3 - i));
            inputNumsArray[i] = c;
            b = (int) (b - c * Math.pow(10, (3 - i)));
        }
        return inputNumsArray;
    }
    /**
     * 数字比对的方法
     */
    public String compare(int[] answer, int[] inputs) {
        for (int i = 0; i < answer.length; i++) {
```

```
            if (inputs[i] == answer[i]) {
                aA += 1;
                continue;
            } else {
                for (int j = 0; j < answer.length; j++) {
                    if (inputs[i] == answer[j]) {
                        bB += 1;
                    }
                }
            }
        }
        str = "" + aA + "A " + bB + "B ";
        return str;
    }
    /**
     * 整个游戏过程代码
     */
    public void play() {
        randNums(4);
        for (int i = 0; i < Nums.length; i++) {
            numberStr = numberStr + Nums[i];
        }
        selectLevel();
System.out.println("你选择了难度系数:" + difficulty + " 共有:" + difficultyLevel + "次机会。");
        for (int i = 0; i < difficultyLevel; i++) {
            inputNums(4);
            int chanceNums = difficultyLevel - i - 1;
            compare(Nums, inputNumsArray);
            if (aA != 4) {
                if (chanceNums == 0) {
                    System.out.println("机会用完了,答案是:" + numberStr);
                    break;
                } else {
                    System.out.println(str + " 你还有" + chanceNums + "次机会");
                }
                aA = 0;
                bB = 0;
            } else if (aA == 4) {
```

```
                System.out.println("恭喜你,答对了");
                break;
            }
        }
    }
    public static void main(String[] args) {
        NumberCode a = new NumberCode();
        a.play();
    }
}
```

运行结果:

请选择难度系数(输入数字),1:Easy 可以猜 12 次;2:Common 可以猜 9 次;3:Hard 可以猜 7 次

1

你选择了难度系数:1 共有:12 次机会。

0123

0A 2B 你还有 11 次机会

2345

2A 0B 你还有 10 次机会

5678

2A 0B 你还有 9 次机会

7890

0A 2B 你还有 8 次机会

2378

恭喜你,答对了

【技能知识】

3.1 Java 的选择语句

3.1.1 if 条件语句

(1)基本 if 语句

if 条件语句是最简单的条件语句,作为条件分支语句,它可以控制程序在两个不同的路径中执行。if 语句的一般形式如下。

```
if(condition) statement1;
else statement2;
```

条件(condition)可以是一个 boolean 值,也可以是一个 boolean 类型的变量,也可以是一个返回值为 boolean 类型的表达式。当需要必须执行该语句的时候,可以把条件设为 true,虽然这样做可能失去了其原来的功能,但是有时候确实需要这样。当条件为真或其值为真的时候执行 statement1 的内容,否则执行 statement2 的内容。

考虑下面的例子:

```
int a,b;
if(a<b) a=0;
else b=0;
```

本例中,如果 a 小于 b,那么 a 被赋值为 0;否则, b 被赋值为 0。任何情况下都不可能使 a 和 b 都被赋值为 0。

【程序 3-1】

```
public class IfDemo1{
    public static void main(String[] args){
        int i=5;
        if(i==5){
        System.out.println("if 中的条件为 true");
        i++;
        }
        System.out.println(i);
    }
}
```

程序输出结果为:

```
if 中的条件为 true
6
```

【程序 3-2】

```
import java.util.Scanner;
public class IfDemo{
    public static void main(String[] args){
    Scanner sc = new Scanner(System.in);
    int j = sc.nextInt();
    //判断变量是奇数还是偶数,除以 2,看余数
    if(j%2==0){
       System.out.println(j+"是偶数");
       }else{
       System.out.println(j+"是奇数");
       }
    }
```

```
}
```

运行结果:

4

4 是偶数

(2)嵌套 if 语句

嵌套 if 语句是指该 if 语句为另一个 if 或者 else 语句的对象。在编程时经常要用到嵌套 if 语句。当使用嵌套 if 语句时,需记住的要点就是:一个 else 语句总是对应着和它在同一个块中的最近的 if 语句,而且该 if 语句没有与其他 else 语句相关联。下面是一个例子:

```
if(i ==10){
    if(j<20) a=b;
    if(k>100) c=d;
    else a=c;
}
else a=d;
```

最后一个 else 语句没有与 if(j<20)相对应,因为它们不在同一个块(尽管 if(j<20)语句是与 else 配对最近的 if 语句),最后一个 else 语句对应着 if(i==10)。内部的 else 语句对应着 if(k>100),因为它是同一个块中最近的 if 语句。

【程序 3-3】

```
public class RunningMatch {
    public static void main(String[ ] args) {
        int score = 94;
        String sex = "女";
        if (score > 80) {
            if (sex.equals("女")) {
              System.out.println("进入女子组决赛");
            } else {
                System.out.println("进入男子组决赛");
            }
        } else {
            System.out.println("未进入决赛");
        }
    }
}
```

运行结果:

进入女子组决赛

注意:equals()用于判断字符串内容是否相同,相同则返回 true,不同则返回 false。

当条件有多个运行结果的时候,上面的两种形式就不能满足要求了,可以使用 if...else

阶梯的形式来进行多个条件选择,格式如下。

```
if(条件 1) {//语句块 1 }
else if(条件 2) {//语句块 2 }
else if(条件 3) {//语句块 3 }
else if(条件 4) {//语句块 4 }
else{//语句块 5}
```

上面的程序执行过程是首先判断条件 1 的值,如果为 true,执行语句块 1,跳过下面的各个语句块。如果为 false,执行条件 2 的判断,如果条件 2 的值为 true,就会执行语句块 2,跳过下面的语句,依此类推,如果所有的 4 个条件都不能满足就执行语句块 5 的内容。下面的程序就是使用了这种结构进行成绩判断的,代码如下。

```
public class Demo1{
    public static void main(String[ ] args) {
        //用 k 表示成绩
        int k=87;
        //用 str 存放成绩评价
        String str=null;
        if(k<0|k>100)
            str="成绩不合法";
        else if(k<60)
            str="成绩不及格";
        else if(60<k&k<75)
            str="成绩合格";
        else if(k>=75&k<85)
            str="成绩良好";
        else
            str="成绩优秀";
        System.out.println("分数:"+k+str);
    }
}
```

程序首先声明了一个 int 型的变量 k 来存放成绩,String 类型的变量 str 是用来存放对其评价的,然后通过 if...else 阶梯的形式来判断成绩是优秀、良好、及格还是其他,最后把成绩评定打印出来。程序的运行结果如下。

分数:87 成绩优秀

【程序 3-4】

使用 if...else...if 阶梯来确定某个月是什么季节。

```
public class IfElse {
    public static void main(String args[ ]) {
        int month = 4;
```

```
        String season;
        if(month == 12 || month == 1 || month == 2)
            season = "Winter";
        else if(month == 3 || month == 4 || month == 5)
            season = "Spring";
        else if(month == 6 || month == 7 || month == 8)
            season = "Summer";
        else if(month == 9 || month == 10 || month == 11)
            season = "Autumn";
        else
            season = "Bogus Month";
        System.out.println("April is in the " + season + ".");
    }
}
```

该程序产生如下输出：

April is in the Spring.

可以看到，不管给 month 什么值，该阶梯中有而且只有一个语句执行。

【程序 3-5】

编写一个 Java 程序，允许用户从键盘输入一个数字，再判断该数是否大于 100。使用 if 语句的实现代码如下：

```
import java.util.Scanner;
public class Test
{
    public static void main(String[] args)
    {
        System.out.println("请输入一个数字:");
        Scanner input=new Scanner(System.in);
        int num=input.nextInt(); // 接收键盘输入数据
        if(num>100)      //判断用户输入的数据是否大于 100
            System.out.println("输入的数字大于 100");
        if(num==100)     //判断用户输入的数据是否等于 100
            System.out.println("输入的数字等于 100");
        if (num<100)     //判断用户输入的数据是否小于 100
            System.out.println("输入的数字小于 100");
    }
}
```

运行该程序，分别使用键盘输入 99、100 和 105，结果如下所示：

请输入一个数字：

99
输入的数字小于 100
请输入一个数字:
100
输入的数字等于 100
请输入一个数字:
105
输入的数字大于 100

【程序 3-6】

假设某航空公司为吸引更多的顾客推出了优惠活动。原来的飞机票价为 60000 元,活动时,4—11 月旺季,头等舱 9 折,经济舱 8 折;1—3 月、12 月淡季,头等舱 5 折,经济舱 4 折,求机票的价格。

```
public static void main(String[] args)
{
    Scanner sc=new Scanner(System.in);
    System.out.println("请输入出行的月份:");
    int month=sc.nextInt();
    System.out.println("选择头等舱还是经济舱? 数字 1 为头等舱,数字 2 为经济舱");
    int kind=sc.nextInt();
    double result=60000;      //原始价格
    //旺季的票价计算
    if(month<=11&&month>=4)
    {
        if(kind==1)
        {     //旺季头等舱
            result=result * 0.9;
        }
        else if(kind==2)
        {     //旺季经济舱
            result=result * 0.8;
        }
        else
        {
            System.out.println("选择种类有误,请重新输入! ");
        }
    }
    // 淡季的票价计算
    else if((month>=1&&month<=3)||month==12)
```

```
    {
        if(kind==1)
        {    //淡季头等舱
            result=result * 0.5;
        }
        else if(kind==2)
        {    //淡季经济舱
            result=result * 0.4;
        }
        else
        {
            System.out.println("选择种类有误,请重新输入!");
        }
    }
    else
    {
        System.out.println("日期选择有误,请重新输入!");
    }
    System.out.println("您选择的机票价格为:"+result);
}
```

上面代码将用户输入的月份保存到 month 变量,将机票种类保存到 kind 变量。接下来判断变量 month 和 kind 的范围。如果变量 month 在 4—11,kind 为 1 则执行 result=result * 0.9,为 2 则执行 result=result * 0.8;变量 month 在 1—3、12,kind 为 1 则执行 result=result * 0.5,为 2 则执行 result=result * 0.4。当用户输入有误时,根据错误情况给予不同的提示。

旺季经济舱出行的输出结果如下所示:

请输入出行的月份:

6

选择头等舱还是经济舱?数字 1 为头等舱,数字 2 为经济舱

2

您选择的机票价格为:48000.0

淡季头等舱的输出结果如下所示:

请输入出行的月份:

2

选择头等舱还是经济舱?数字 1 为头等舱,数字 2 为经济舱

1

您选择的机票价格为:30000.0

3.1.2 switch 条件语句

switch 语句是 Java 的多路分支语句。它提供了一种基于一个表达式的值来使程序执行不同部分的简单方法。因此,它提供了一个比一系列 if...else if 语句更好的选择。switch 语句的通用形式如下:

```
switch(表达式){
case value1:
        //程序语句
        break;
case value2:
        //程序语句
        break;
case value3:
        //程序语句
        break;
case value4:
        //程序语句
        break;
default:
        //程序语句
}
```

其中表达式必须是 byte、short、int 或者是 char 类型。在 case 后边的 value 值必须是跟表达式类型一致的类型或者是可以兼容的类型,不能出现重复的 value 值。

switch 语句的执行过程是这样的,首先它计算表达式的值,然后根据值来匹配每个 case,找到匹配的 case 值,就执行该 case 的程序语句;如果没有匹配的 case 值,就执行 default 的语句块。

执行完该 case 的语句块后,使用 break 语句跳出 switch 语句,如果没有 break 语句,程序会执行下一个 case 的语句块,直到碰到 break 语句为止。下面是一个将数字的汉字表达形式找出来的程序,使用 switch 结构的实例。

【程序 3-7】

```
public class Demo2 {
    public static void main(String[ ] args){
    int k=6;
    String str="k="+k+"的汉字形式是:";
    switch(k){
    case 1:
        str+="一"; break;
```

```
        case 2:
            str+="二"; break;
        case 3:
            str+="三"; break;
        case 4:
            str+="四"; break;
        case 5:
            str+="五"; break;
        case 6:
            str+="六"; break;
        case 7:
            str+="七"; break;
        case 8:
            str+="八"; break;
        case 9:
            str+="九"; break;
        case 0:
            str+="零"; break;
        default:
            str="数字超出 10 "; break;
        }
    System.out.println(str);
    }
}
```

程序的功能是根据数字来判断其汉字表达形式,如果数字大于 10 就表示非法,执行 default 语句。程序的运行结果如下:

k=6 的汉字形式是:六

break 语句是可选的。如果省略了 break 语句,程序将继续执行下一个 case 语句。有时需要在多个 case 语句之间没有 break 语句。例如下面的实例:

【程序 3-8】

```
public class MissingBreak {
    public static void main(String args[ ]) {
        for(int i=0; i<12; i++)
        switch(i) {
        case 0:
        case 1:
        case 2:
        case 3:
```

```
            case 4:
                System.out.println("i 小于 5");
                break;
            case 5:
            case 6:
            case 7:
            case 8:
            case 9:
                System.out.println("i 小于 10");
                break;
            default:
                System.out.println("i 为 10 或者其他");
            }
        }
    }
```

该程序产生的输出如下：

```
i 小于 5
i 小于 5
i 小于 5
i 小于 5
i 小于 5
i 小于 10
i 小于 10
i 小于 10
i 小于 10
i 小于 10
i 为 10 或者其他
i 为 10 或者其他
```

正如该程序所演示的那样，如果没有 break 语句，程序将继续执行下面的每一个 case 语句，直到遇到 break 语句(或 switch 语句的末尾)。

当然该例子是为了示例而人为构造的，省略 break 语句在真实的程序中有许多实际的应用。为了说明它更现实的用法，让我们考虑下对以前显示季节例子的重写。这个重写的版本使用 switch 语句来使程序的执行更高效。

【程序 3-9】

```
public class Switch {
    public static void main(String args[]) {
        int month = 4;
        String season;
```

```
        switch (month) {
            case 12:
            case 1:
            case 2:
                season = "Winter";
                break;
            case 3:
            case 4:
            case 5:
                season = "Spring";
                break;
            case 6:
            case 7:
            case 8:
                season = "Summer";
                break;
            case 9:
            case 10:
            case 11:
                season = "Autumn";
                break;
            default:
                season = "Bogus Month";
            }
        System.out.println("April is in the " + season + ".");
    }
}
```

可以将一个 switch 语句作为一个外部 switch 语句的语句序列的一部分,这称为嵌套 switch 语句。因为一个 switch 语句定义了自己的块,外部 switch 语句和内部 switch 语句的 case 常量不会产生冲突。例如,下面的程序段是完全正确的:

```
switch(count) {
case 1:
    switch(target) { // 内嵌 switch
        case 0:
            System.out.println("target 为 0");
            break;
        case 1:
            System.out.println("target 为 1");
```

```
            break;
        }
        break;
    case 2: // ...
```

本例中,内部 switch 语句中的“case 1:”语句与外部 switch 语句中的“case 1:”语句不冲突。变量 count 仅与外层的 case 语句相比较。如果变量 count 为 1,则变量 target 与内层的 case 语句相比较。

概括起来说,switch 语句有 3 个重要的特性需注意:

①switch 语句不同于 if 语句的是 switch 语句仅能测试相等的情况,而 if 语句可计算任何类型的布尔表达式。也就是 switch 语句只能寻找 case 常量间某个值与表达式的值相匹配。

②在同一个 switch 语句中没有两个相同的 case 常量。当然,外部 switch 语句中的 case 常量可以和内部 switch 语句中的 case 常量相同。

③switch 语句通常比一系列嵌套 if 语句更有效。

最后一点尤其有趣,因为它使我们知道 Java 编译器如何工作。当编译一个 switch 语句时,Java 编译器将检查每个 case 常量并且创造一个“跳转表”,这个表将用来在表达式值的基础上选择执行路径。因此,如果需要在一组值中做出选择,switch 语句将比与之等效的 if...else 语句快得多。编译器可以这样做是因为它知道 case 常量都是同类型的,所要做的只是将它与 switch 表达式相比较看是否相等。对于一系列的 if 表达式,编译器就无此功能。

3.2 循环语句

Java 的循环语句有 while、do...while 和 for。这些语句创造了我们通常所称的循环(loops)。大家可能知道,一个循环重复执行同一套指令直到一个结束条件出现。将会看到,Java 有适合任何编程所需要的循环结构。

3.2.1 while 循环语句

while 语句是 Java 最基本的循环语句。当它的控制表达式是真时,while 语句重复执行一个语句或语句块。它的通用格式如下:

```
while(条件) {
   //循环体
}
```

当条件为真的时候会一直执行循环体的内容,直到条件的值为假为止。其中条件可以是 boolean 值、boolean 变量、表达式,也可以是一个能获得布尔类型结果的方法。如果条件为假,则会跳过循环体执行下面的语句。下面的 while 循环从 10 开始进行减计数,打印出 10 行“tick”。

【程序 3-10】

```
public class WhileDemo {
```

```
    public static void main(String args[]) {
        int n = 10;
        while(n > 0) {
            System.out.println("tick " + n);
            n--;
        }
    }
}
```

当你运行这个程序,它将“tick”10次:

```
tick 10
tick 9
tick 8
tick 7
tick 6
tick 5
tick 4
tick 3
tick 2
tick 1
```

因为 while 语句在循环一开始就计算条件表达式,若开始时条件为假,则循环体一次也不会执行。例如,下面的程序中,对 println()的调用从未被执行过:

```
int a = 10, b = 20;
while(a > b)
    System.out.println("这部分不可能执行!");
```

3.2.2 do...while 语句

如果 while 循环一开始条件表达式就是假的,那么循环体就根本不被执行。然而,有时需要在开始时条件表达式即使是假的情况下,while 循环至少也要执行一次。换句话说,有时需要在一次循环结束后再测试中止表达式,而不是在循环开始时。幸运的是, Java 就提供了这样的循环: do...while 循环。do...while 循环总是执行它的循环体至少一次,因为它的条件表达式在循环的结尾。它的通用格式如下:

```
do{
    //循环体
}
while(条件);
```

do...while 循环首先会执行循环体,然后计算条件,如果该条件为真就继续执行循环体,否则就终止循环。下面是一个重写的“tick”程序,用来演示 do...while 循环。它的输出与先前程序的输出相同。

```
public class DoWhileDemo {
    public static void main(String args[ ]) {
        int n = 10;
        do {
            System.out.println(" tick " + n);
            n--;
        } while(n > 0);
    }
}
```

该程序中的循环虽然在技术上是正确的,但像如下这样编写更为高效:

```
do {
   System.out.println(" tick " + n);
} while(--n > 0);
```

在本例中,表达式“ --n > 0”将 n 值的递减与测试 n 是否为 0 组合在一个表达式中。它的执行过程是这样的。首先,执行--n 语句,将变量 n 递减,然后返回 n 的新值。这个值再与 0 比较,如果比 0 大,则循环继续;否则结束。

do...while 循环在处理简单菜单时很有用,菜单会被至少打印一次,然后根据后边的选择看是否会继续使用菜单。看下面的示例程序。

【程序 3-11】

```
import java.io.IOException;
public class Demo6{
    public static void main(String[ ] args) throws IOException{
        char n=0; //定义一个字符变量
        do { //使用 do...while 循环语句
            //打印出菜单
            System.out.println("1:选择 1");
            System.out.println("2:选择 2");
            System.out.println("3:选择 3");
            System.out.println("4:选择 4");
            System.out.println("5:选择 5");
            System.out.println("请输入选择:");
            n=(char)System.in.read(); //将输入的内容转换为字符类型
            switch (n) {
                case '1': //判断用户输入的内容
                    System.out.println("选择 1"); break;
                case '2':
                    System.out.println("选择 2"); break;
                case '3':
```

```
                    System.out.println("选择 3 "); break;
                case '4':
                    System.out.println("选择 4 "); break;
                case '5':
                    System.out.println("选择 5 ");
                break; default:
                    System.out.println("输入非法");
                    break;
                    }
            } while (n<'1'||n>'5'); //循环的条件
        }
}
```

程序首先把菜单打印出来,然后根据条件选择打印出结果。程序中使用 System.in.read()读取用户的输入,这属于后边才要讲解的内容,但是这里需要暂且先用一下。程序的运行结果如下。

```
1:选择 1
2:选择 2
3:选择 3
4:选择 4
5:选择 5
请输入选择:
3 选择 3
```

该程序不管 while 后面的表达式是否为 true,都将最少执行一次方法体。

【程序 3-12】

在一个图书系统的推荐图书列表中保存了 50 条信息,现在需要让它每行显示 10 条,分 5 行进行显示。下面使用 do...while 循环语句来实现这个效果,其具体代码如下所示。

```
public static void main(String[] args)
{
    int bookIndex=1;
    do
    {
        System.out.print(bookIndex+"\t");
        if(bookIndex%10==0)
            System.out.println();
        bookIndex++;
    }while(bookIndex<51);
}
```

在上述代码中,声明一个变量 bookIndex 用来保存图书的索引,该变量赋值为 1,表示从第一本开始。在 do...while 循环体内,首先输出了 bookIndex 的值,然后判断 bookIndex 是否能被 10 整除,如果可以则说明当前行已经输出 10 条,用 System.out.println( )语句输出了一个换行符。之后使 bookIndex 加 1,相当于更新当前的索引。最后在 while 表达式中判断是否超出循环的范围,即 50 条以内。

运行程序,执行的结果如下所示。

```
1  2  3  4  5  6  7  8  9  10
11 12 13 14 15 16 17 18 19 20
21 22 23 24 25 26 27 28 29 30
31 32 33 34 35 36 37 38 39 40
41 42 43 44 45 46 47 48 49 50
```

3.2.3 for 语句

有时在使用 while 循环和 do...while 循环时会感觉到其功能不够强大。Java 中还提供了 for 循环来增强循环语句的功能。for 循环的一般格式如下。

```
for(初始化; 条件; 迭代运算) {
    //循环体
}
```

当执行 for 循环时,第一次先执行循环的初始化,通过它设置循环控制变量值,接下来计算条件,条件必须是一个布尔表达式,如果为真,就继续执行循环,否则跳出循环。然后执行的是迭代运算,通常情况下迭代运算是一个表达式,可以增加或者减小循环控制变量。最后再根据计算结果判断是否执行循环体,如此往复直到条件为假为止。下面使用 for 循环来计算 1 到 100 各个整数的和,程序的具体实现如下。

【程序 3-13】

```
public class Demo{
    //本程序用于计算 1 到 100 各个整数的和
    public static void main(String[ ] args){
        //循环控制变量
        int n;
        //sum 保存和
        int sum=0;
        //利用 for 循环求和
        for(n=100; n>0; n--){
            sum+=n;
        }
        System.out.println("1 到 100 各个整数的和:"+sum);
    }
}
```

程序的运行结果如下。

1 到 100 各个整数的和:5050

注意:for 语句里面的 3 个部分都可以省略,但是我们不建议这么做。示例如下:

示例 1:就是一个无限循环

```
public class Test {
    public static void main(String[] args) {
        for(;;){
            System.out.println("Java 无限循环");
        }
    }
}
```

示例 2:可以省略部分

```
public class Test {
    public static void main(String[] args) {
        for(int i=0;;){
            System.out.println("Java 无限循环"+i);
        }
    }
}
```

示例 3:可以省略部分

```
public class Test {
    public static void main(String[] args) {
        for(int i=0; i<3;){
            System.out.println("Java 无限循环"+i);
        }
    }
}
```

示例 4:可以省略部分

```
public class Test {
    public static void main(String[] args) {
        for(int i=0;;i++){
            System.out.println("Java 无限循环"+i);
        }
    }
}
```

当然还有其他的组合方式,都是可以的。

3.2.4 循环嵌套

和其他编程语言一样，Java 允许循环嵌套。也就是，一个循环在另一个循环之内。例如，下面的程序就是循环嵌套。

【程序 3-14】

```
public class Nested {
    public static void main(String args[]) {
    int i, j;
    for(i=0; i<10; i++) {
        for(j=i; j<10; j++)
            System.out.print("*");
        System.out.println();
    }
  }
}
```

该程序产生的输出如下所示：

```
**********
*********
********
*******
******
*****
****
***
**
*
```

【程序 3-15】

编写一个 Java 程序，统计某超市上半年的总销售量，要求由用户输入每月的销量。使用 for 循环的实现代码如下。

```
public static void main(String[] args)
{
    int sum=0;
    int num=0;
    Scanner sc=new Scanner(System.in);
    for(int i=1; i<=6; i++)
    {
        System.out.println("请输入第"+i+" 个月的销售数量:");
```

```
            num=sc.nextInt();
            sum+=num;
        }
        System.out.println("上半年的销售总量为:"+sum);
    }
```

在该程序中，声明循环变量 i 控制循环的次数，它被初始化为 1。每执行一次循环，都要对 i 进行判断，看其值是否小于等于 6，条件成立则继续累加成绩，否则退出循环。每执行完一次循环体，都会对 i 累加 1。如此循环重复，直到 i 的值大于 6 时停止循环。此时退出 for 循环体，执行最下方的语句输出累加的销售总量。

运行程序，执行结果如下所示。

```
请输入第 1 个月的销售数量:
6840
请输入第 2 个月的销售数量:
5449
请输入第 3 个月的销售数量:
6546
请输入第 4 个月的销售数量:
2400
请输入第 5 个月的销售数量:
908
请输入第 6 个月的销售数量:
8048
上半年的销售总量为:30191
```

3.2.5 foreach 语句

foreach 循环语句是 Java 1.5 的新特征之一，在遍历数组、集合方面，foreach 为开发者提供了极大方便。foreach 循环语句是 for 语句的特殊简化版本，主要用于执行遍历功能的循环。

foreach 循环语句的语法格式如下：

```
for(类型 变量名:集合)
{
    语句块;
}
```

其中，“类型”为集合元素的类型，“变量名”表示集合中的每一个元素，“集合”是被遍历的集合对象或数组。每执行一次循环语句，循环变量就读取集合中的一个元素。

【程序 3-16】

在一个字符串数组中存储了几种编程语言，现在将这些编程语言遍历输出。

```
public static void main(String[ ] args)
{
    String[ ] languages = {"Java","ASP.NET","Python","C#","PHP"};
    System.out.println("现在流行的编程语言有:");
    //使用 foreach 循环语句遍历数组
    for(String lang:languages)
    {
        System.out.println(lang);
    }
}
```

在循环体执行的过程中,每循环一次,会将 languages 数组中的一个元素赋值给 lang 变量,直到遍历 languages 数组中所有元素,循环终止。该程序运行后的结果如下所示。

```
现在流行的编程语言有:
Java
ASP.NET
Python
C#
PHP
```

3.3 跳转语句

跳转语句是指打破程序的正常运行,跳转到其他部分的语句。在 Java 中支持 3 种跳转语句:break 语句、continue 语句和 return 语句。这些语句将程序从一部分跳到程序的另一部分,这对于程序的整个流程是十分重要的。

注意:除了这里讨论的跳转语句,Java 还支持另一种能改变程序执行流程的方法:通过异常处理。异常处理提供了一种结构化的方法,通过该方法可以使程序捕获并处理运行时刻错误。它由下列 5 个关键字来控制:try, catch, throw,throws 和 finally。实质上,异常处理机制允许程序完成一个非局部的分支跳转。

3.3.1 使用 break 语句

在 Java 中,break 语句有 3 种作用。第一,在 switch 语句中,它被用来终止一个语句序列。第二,它能被用来退出一个循环。第三,它能作为一种“先进”的 goto 语句来使用。下面对最后 2 种用法进行解释。

可以使用 break 语句直接强行退出循环,忽略循环体中的任何其他语句和循环的条件测试。在循环中遇到 break 语句时,循环被终止,程序控制在循环后面的语句重新开始。下面是一个简单的例子。

【程序 3-17】

```
public class BreakLoop {
```

```
    public static void main(String args[ ]) {
        for(int i=0; i<100; i++) {
            if(i == 10) break;
            System.out.println("i: " + i);
        }
        System.out.println("循环结束");
    }
}
```

该程序产生如下的输出：

```
i: 0
i: 1
i: 2
i: 3
i: 4
i: 5
i: 6
i: 7
i: 8
i: 9
循环结束
```

在一系列嵌套循环中使用 break 语句时，它将仅仅终止最里面的循环。例如：

【程序 3-18】

```
public class BreakLoop2 {
    public static void main(String args[ ]) {
        for(int i=0; i<3; i++) {
            System.out.print("i " + i + ": ");
            for(int j=0; j<100; j++) {
                if(j == 10) break;
            System.out.print(j + " ");
            }
            System.out.println( );
        }
        System.out.println("循环结束");
    }
}
```

该程序产生如下的输出：

```
i 0: 0 1 2 3 4 5 6 7 8 9
i 1: 0 1 2 3 4 5 6 7 8 9
```

i 2：0 1 2 3 4 5 6 7 8 9
循环结束

从中可以看出，在内部循环中的 break 语句仅仅终止了该循环，外部的循环不受影响。

【程序 3-19】

小明参加 1000 米的长跑比赛，在 100 米的跑道上，他循环地跑，每跑一圈，剩余路程就会减少 100 米，要跑的圈数就是循环的次数。但是，在每跑完一圈时，教练会问他是否要坚持下去，如果回答 y，则继续跑，否则表示放弃。

使用 break 语句直接强行退出循环的示例如下：

```
import java.util.Scanner;
public class Test
{
    public static void main(String[ ] args)
    {
        Scanner input=new Scanner(System.in);      //定义变量存储小明的回答
        String answer=" ";      //一圈 100 米，1000 米为 10 圈，即为循环的次数
        for(int i=0; i<10; i++)
        {
            System.out.println("跑的是第"+(i+1)+"圈");
            System.out.println("还能坚持吗？");//获取小明的回答
            answer=input.next();//判断小明的回答是否为 y？如果不是，则跳出循环
            if(! answer.equals(" y "))
            {
                System.out.println("放弃");
                break;
            }
            // 循环之后的代码
            System.out.println("加油！继续！");
        }
    }
}
```

该程序运行后的效果如下所示：

跑的是第 1 圈
还能坚持吗？
y
加油！继续！
跑的是第 2 圈
还能坚持吗？
y

加油！继续！

跑的是第 3 圈

还能坚持吗?

n

放弃

关于 break,在这里要记住两点。第一,一个循环中可以有一个以上的 break 语句。但要小心,太多的 break 语句会破坏你的代码结构。第二,switch 语句中的 break 仅仅影响该 switch 语句,而不会影响其中的任何循环。

注意:break 不是被设计来提供一种正常的循环终止的方法。循环的条件语句是专门用来终止循环的。只有在某类特殊的情况下,才用 break 语句来取消一个循环。

3.3.2 使用 continue 语句

有时强迫一个循环提早反复是有用的。也就是,可能想要继续运行循环,但是要忽略这次重复剩余的循环体的语句。实际上,goto 只不过是跳过循环体,到达循环的尾部。continue 语句是 break 语句的补充。在 while 和 do...while 循环中,continue 语句使控制直接转移给控制循环的条件表达式,然后继续循环过程。在 for 循环中,循环的反复表达式被求值,然后执行条件表达式,循环继续执行。

下例使用 continue 语句,使每行打印 2 个数字:

【程序 3-20】

```
public class Continue {
    public static void main(String args[]) {
        for(int i=0; i<10; i++) {
            System.out.print(i + " ");
            if (i%2 == 0) continue;
            System.out.println("");
        }
    }
}
```

该程序使用%(模)运算符来检验变量 i 是否为偶数,如果是,循环继续执行而不输出一个新行。该程序的结果如下:

0 1

2 3

4 5

6 7

8 9

对于 break 语句, continue 可以指定一个标签来说明继续哪个包围的循环。下面的例子运用 continue 语句来打印 0 到 9 的三角形乘法表。

【程序 3-21】

```
public class ContinueLabel {
    public static void main(String args[]) {
        outer: for (int i=0; i<10; i++) {
            for(int j=0; j<10; j++) {
                if(j > i) {
                    System.out.println();
                    continue outer;
                }
                System.out.print(" " + (i * j));
            }
        }
        System.out.println();
    }
}
```

在本例中的 continue 语句终止了计数 j 的循环而继续计数 i 的下一次循环反复。该程序的输出如下：

```
0
0 1
0 2 4
0 3 6 9
0 4 8 12 16
0 5 10 15 20 25
0 6 12 18 24 30 36
0 7 14 21 28 35 42 49
0 8 16 24 32 40 48 56 64
0 9 18 27 36 45 54 63 72 81
```

3.3.3 使用 return 语句

最后一个控制语句是 return。return 语句用来明确地从一个方法返回。即是 return 语句使程序控制返回到调用它的方法。因此,将它分类为跳转语句。

在一个方法的任何时间,return 语句可被用来使正在执行的分支程序返回到调用它的方法。下面的例子说明这一点,由于是 Java 运行系统调用 main(),因此, return 语句使程序执行返回到 Java 运行系统。

【程序 3-22】

```
public class Return {
    public static void main(String args[]) {
```

```
            boolean t = true;
            System.out.println(" return 之前");
            if(t) return;
            System.out.println("这个没有执行");
        }
    }
```

该程序的结果如下：

return 之前

正如你看到的一样，最后的 println( )语句没有被执行。一旦 return 语句被执行，程序控制传递到它的调用者。

最后一点：在上面的程序中，if(t)语句是必要的。没有它，Java 编译器将标记"执行不到的代码"(unreachable code)错误，因为编译器知道最后的 println( )语句将永远不会被执行。为阻止这个错误，为了这个例子能够执行，在这里使用 if 语句来"蒙骗"编译器。

【举一反三】

实训一：幸运会员随机抽取机。

要求会员号的百位数字等于产生的随机数字即为幸运会员，实现思路，产生随机数、从控制台接收一个 4 位会员号、分解获得百位数、判断是否是幸运会员。

程序：

```
import java.util.Scanner;
public class ForturnMember
{
    public static void main(String[ ] args) {
        //用户输入一个 4 位的会员号，比如 9527
        //如果，会员号的百位数字等于系统产生的随机数字，即为幸运会员
        //否则，输出谢谢惠顾
        //接收用户输入的会员号
        Scanner scanner = new Scanner(System.in);
        int no = scanner.nextInt( );//9527
        //提取会员号的百位数字
        //将百位的 5 变为个位的
        no = no / 100;
        //提取个位上的数，方法就是%10
        no = no % 10;
        //系统产生一个随机数字(0-10)，不包括 10
        int randomNum = (int)(Math.random( ) * 10);
        System.out.println("随机产生的数字是" + randomNum);
        //比较百位数是否等于随机数
```

```
            if( no == randomNum) {
                System.out.println("幸运会员");
            } else {
                System.out.println("谢谢惠顾");
            }
        }
    }
```

实训二:实现商品换购。

```
import java.util.Scanner;
public class JavaDemo{
    public static void main(String[ ] args) {
        Scanner a = new Scanner(System.in);
        System.out.print("请输入消费金额:");
        int je = a.nextInt( );
        if (je >= 200) {
            System.out.println("是否参加优惠换购活动:");
            System.out.println(" 1:满 50 元,加 2 元换购百事可乐饮料 1 瓶");
            System.out.println(" 2:满 100 元,加 3 元换购 500 mL 可乐 1 瓶");
            System.out.println(" 3:满 100 元,加 10 元换购 5 kg 面粉");
            System.out.println(" 4:满 200 元,加 10 元可换购 1 个苏泊尔炒菜锅");
            System.out.println(" 5:满 200 元,加 20 元可换购欧莱雅爽肤水一瓶");
            System.out.println(" 0:不换购");
            System.out.print("请选择:");
            int num = a.nextInt( );
            switch (num) {
            case 1:
            System.out.println("本次消费的总金额:" + (je + 2));
            System.out.println("成功换购:百事可乐 1 瓶");
            break;
            case 2:
            System.out.println("本次消费的总金额:" + (je + 3));
            System.out.println("成功换购:500 mL 可乐 1 瓶");
            break;
            case 3:
            System.out.println("本次消费的总金额:" + (je + 10));
            System.out.println("成功换购:5 kg 面粉");
            break;
            case 4:
```

```
                System.out.println("本次消费的总金额:" + (je + 10));
                System.out.println("成功换购:1 个苏泊尔炒菜锅");
                break;
                case 5:
                System.out.println("本次消费的总金额:" + (je + 20));
                System.out.println("成功换购:欧莱雅爽肤水一瓶");
                break;
                case 0:
                System.out.println("本次消费的总金额:" + je);
                System.out.println("你什么都没有得到");
                break;
                default:
                System.out.println("没有这个选项");
                }
            }
        }
    }
```

运行结果:

请输入消费金额:300

是否参加优惠换购活动:

1:满 50 元,加 2 元换购百事可乐饮料 1 瓶

2:满 100 元,加 3 元换购 500 mL 可乐 1 瓶

3:满 100 元,加 10 元换购 5 kg 面粉

4:满 200 元,加 10 元可换购 1 个苏泊尔炒菜锅

5:满 200 元,加 20 元可换购欧莱雅爽肤水一瓶

0:不换购

请选择:1

本次消费的总金额:302

成功换购:百事可乐 1 瓶

实训三:某电信公司的市内通话费计算标准如下:

三分钟内 0.2 元,三分钟后每增加一分钟增加 0.1 元,不足一分钟的按一分钟计算。要求编写程序,给定一个通话时间(单位:s),计算出应收费金额。

```
import java.util.Scanner;
public class Test{
    public static void main(String[ ] args){
        Scanner sc=new Scanner(System.in);
        System.out.print("请输入 i:");
        int i=sc.nextInt( );
```

```
            System.out.println("通话时间为:"+i+" s ");
            double w=0.0;
            if (i>=0.0&&i<=180.0)
            {
                w=0.2 * i/60;
            }else if((i-180)==0)
            {
                w=0.6+(i-180)/60 * 0.1;
            }else
            {
                w=0.6+((i-180)/60+1) * 0.1;
            }
            System.out.println("您的收费金额为:"+w+"元");
        }
    }
```

实训四:某市的出租车计费标准为:3 km 以内 10 元,3 km 以后每加 0.5 km 加收 1 元;每等待 2.5 min 加收 1 元;超过 15 km 的加收原价的 50%为空驶费。要求编写程序,对于任意给定的里程数(单位:km)和等待时间(单位:s)计算出应付车费,车费直接截去小数位,只取整数。

```
import java.util.Scanner;
public class Test{
        public static void main(String[ ] args){
        Scanner sc = new Scanner(System.in);
        System.out.print("请输入里程数:");
        double lichen = sc.nextDouble();
        System.out.print("请输入等待时间:");
        int time = sc.nextInt();
        double money=0.0;
        if (lichen<=3.0)
        {
            money = 10;
        }else if (lichen > 3.0 && lichen <= 15.0)
        {
            money = 10 + (lichen - 3.0) * 2;
        }else{
            money = (10 + (lichen - 3.0) * 2) * 1.5;
        }
        if(time > 150)
```

```
        {
            money = money + time/150;
        }
        System.out.println("您应付金额:"+(int)money+"元");
    }
}
```

实训五:编写程序,判断给定的某个年份是否是闰年。

闰年的判断规则如下:

①若某个年份能被4整除但不能被100整除,则是闰年。

②若某个年份能被400整除,则也是闰年。

```
import java.util.Scanner;
public class Test{
    public static void main(String[] args){
        Scanner sc=new Scanner(System.in);
        System.out.println("请输入年份:");
        int i=sc.nextInt();
        System.out.println("您输入的年份为:"+i+"年");
        if ((i%400==0)||(i%4==0&&i%100!=0))
        {
            System.out.println(i+"年为闰年");
        }else
            System.out.println(i+"年不为闰年");
        }
    }
}
```

实训六:求某一年的某一月有多少天。

```
import java.util.*;
public class Demo {
    public static void main(String[] args){
        int days = 0;
        // 获取用户输入
        Scanner sc = new Scanner(System.in);
        System.out.print("输入年份:");
        int year = sc.nextInt();
        System.out.print("输入月份:");
        int month = sc.nextInt();
        switch(month){
            case 1:
```

```
                case 3:
                case 5:
                case 7:
                case 8:
                case 10:
                case 12:
                    days=31;
                    break;
                case 4:
                case 6:
                case 9:
                case 11:
                    days=30;
                    break;
                case 2:
                    // 判断闰年
                    if(year%4==0 && year%100!=0 || year%400==0)
                        days=29;
                    else
                        days=28;
                    break;
                default:
                    System.out.println("月份输入错误! ");
                    System.exit(0);    // 强制结束程序
            }
            System.out.printf("天数:%d\n", days);
        }
}
```

运行结果:

输入年份:2014

输入月份:02

天数:28

实训七:编写程序求 1+3+5+7+…+99 的和值。

```
public class Test{
    public static void main(String[] args){
        int sum=0;
        for(int i=1; i<100; i+=2){
            sum=sum+i;
```

```
        }
        System.out.println(" sum ="+sum);
    }
}
```

实训八:编写程序输出 1~100 所有能被 7 整除的偶数。

```
public class Test{
    public static void main(String[ ] args){
        for(int i=1; i<101; i++){
            if(i%2==0&&i%7==0){
                System.out.print(i+"\t ");
            }
        }
    }
}
```

实训九:求所有满足如下条件的四位数:

千位上的数字大于百位数字,百位数字大于十位数字,十位数字大于个位数字,并且千位数字是其他三位数字的和。

```
public class Test{
    public static void main(String[ ] args){
        for(int i=1000; i<10000; i++){
            int qian=i/1000;
            int bai=i/100;
            int shi=i/10;
            int ge=i;
            if(qian>bai&&bai>shi&&shi>ge&&qian==bai+shi+ge){
                System.out.print(i+"\t ");
            }
        }
    }
}
```

实训十:编写程序求下列多项式的前 50 项的和。

1-1/3+1/5-1/7+1/9-…

```
public class Test{
    public static void main(String[ ] args){
        double sum=0.0;
        int j=-1;
        for(int i=0; i<50; i++){
            j=j*(-1);
```

```
            sum+=j * 1.0/(2 * i+1);
        }
        System.out.println(" sum ="+sum);
    }
}
```

实训十一:求斐波那契数列前 n 项的和值,斐波那契数列如下:
1,1,2,3,5,8,13,21…前两位数是 1,从第三位开始每位数都是前两位数之和

```
import java.util.Scanner;
public class Test{
    public static void main(String[ ] args) {
        Scanner sc=new Scanner(System.in);
        System.out.print("请输入 n 的值:");
        int n=sc.nextInt( );
        int[ ] a=new int[n];
        a[0]=1;
        a[1]=1;
        int sum=2;
        for(int i=2; i<n; i++) {
            a[i]=a[i-1]+a[i-2];
            sum+=a[i];
        }
        System.out.println(" sum ="+sum);
    }
}
```

实训十二:模拟验证用户登录信息。

```
import java.util.Scanner;
public class UserLogin {
    /**
     * @param args
     * 用户登录 3 次机会。
     */
    public static void main(String[ ] args) {
        String user = " ";
        int pwd = 123456;
        Scanner input = new Scanner(System.in);
        for (int num = 1; num <= 3; num++) {
            System.out.println("请输入用户名:");
            user = input.next( );
```

```
                System.out.println("请输入密码:");
                pwd = input.nextInt();
                if ((user.equals("jim")) && pwd == 123456) {
                    System.out.println("欢迎使用SHopping系统");
                    break;
                } else {
                    System.out.println("您输入有误,还有" + (3 - num) + "次机会");
                    if (num == 3) {
                        System.out.println("对不起,您3次均输入错误");
                    }
                    continue;
                }
            }
        }
}
```

实训十三:九九乘法表的打印。

①方形

```
public class ddd {
    public static void main(String[] args) {
        //方形
        for (int i = 1; i <=9; i++) {
            for (int j = 1; j <=9; j++) {
                System.out.print(j+"*"+i+"="+(i*j)+"\t");
            }
            System.out.println();
        }
    }
}
```

运行结果:

```
1*1=1	2*1=2	3*1=3	4*1=4	5*1=5	6*1=6	7*1=7	8*1=8	9*1=9
1*2=2	2*2=4	3*2=6	4*2=8	5*2=10	6*2=12	7*2=14	8*2=16	9*2=18
1*3=3	2*3=6	3*3=9	4*3=12	5*3=15	6*3=18	7*3=21	8*3=24	9*3=27
1*4=4	2*4=8	3*4=12	4*4=16	5*4=20	6*4=24	7*4=28	8*4=32	9*4=36
1*5=5	2*5=10	3*5=15	4*5=20	5*5=25	6*5=30	7*5=35	8*5=40	9*5=45
1*6=6	2*6=12	3*6=18	4*6=24	5*6=30	6*6=36	7*6=42	8*6=48	9*6=54
1*7=7	2*7=14	3*7=21	4*7=28	5*7=35	6*7=42	7*7=49	8*7=56	9*7=63
1*8=8	2*8=16	3*8=24	4*8=32	5*8=40	6*8=48	7*8=56	8*8=64	9*8=72
1*9=9	2*9=18	3*9=27	4*9=36	5*9=45	6*9=54	7*9=63	8*9=72	9*9=81
```

②正三角

```
public class ddd {
    public static void main(String[ ] args) {
        //正三角
        for (int i = 1; i <=9; i++) {
            for (int j = 1; j <=i; j++) {
                System.out.print(j+"*"+i+"="+(i*j)+"\t");
            }
            System.out.println();
        }
    }
}
```

运行结果：

```
1*1=1
1*2=2 2*2=4
1*3=3 2*3=6 3*3=9
1*4=4 2*4=8 3*4=12 4*4=16
1*5=5 2*5=10 3*5=15 4*5=20 5*5=25
1*6=6 2*6=12 3*6=18 4*6=24 5*6=30 6*6=36
1*7=7 2*7=14 3*7=21 4*7=28 5*7=35 6*7=42 7*7=49
1*8=8 2*8=16 3*8=24 4*8=32 5*8=40 6*8=48 7*8=56 8*8=64
1*9=9 2*9=18 3*9=27 4*9=36 5*9=45 6*9=54 7*9=63 8*9=72 9*9=81
```

项目 4　在线抽奖

【任务需求】

实现一个抽奖系统,并实现注册、登录、抽奖等功能,必须先注册,再登录,最后抽奖。系统随机产生 4 个随机数作为幸运卡号,用户注册后,登录时,用户名密码输入判断只有 3 次机会,并提示还有 2 次,还有 1 次,3 次输入错误,不能再登录等,产生 10 个随机数,将用户注册得到的随机数作为判断条件。

【任务目标】

使用二维数组存放用户注册信息,并使用随机函数实现判断。

【任务实施】

程序代码:

```
import java.util. * ;
public class Homeworktest {
    public static void main(String[ ] args) {
        Scanner cin = new Scanner(System.in);
        Random rand = new Random( );
        int num, i, Key, j, before = 0, count, len = 0, L = 0;
        int[ ] data = new int[10];
        String[ ][ ] book = new String[10][2]; // 存储用户注册信息
        String ID, Temp;
        System.out.println("**********");
        System.out.println("0 退出\n1 注册\n2 登录\n3 抽奖");
        System.out.println("**********");
        while (true) {
            System.out.println("请输入 Key:");
            Key = cin.nextInt( );
            cin.nextLine( );
            if (Key == 0) {
                System.out.println("抽奖系统已退出,欢迎您再次使用! ");
                break;
            } else if (Key == 1) {
```

```
                    before = 0;
                    System.out.println("请输入您要建立的账号:");
                    ID = cin.nextLine();
                    i = len++;
                    book[i][0] = ID;
                    while (true) {
                    System.out.println("请设置您的密码:");
                    ID = cin.nextLine();
                    book[i][1] = ID;
                    System.out.println("请确认您的密码:");
                    for (j = 3; j > 0; j--) {
                        ID = cin.nextLine();
                        if (book[i][1].equals(ID)) {
                            System.out.println("恭喜您注册成功!");
                            System.out.println("您的账号是:" + book[i][0] + "\n 您的密码
是:" + book[i][1] + "\n 请妥善保管!");
                            break;
                        } else if (j > 1)
                            System.out.println("对不起,两次输入密码不符,您还有" + (j -
1) + "次机会!请重新输入:");
                        else
                            System.out.println("该密码已重置!");
                    }
                    if (j != 0)
                        break;
                }
            } else if (Key == 2) {
                before = 0;
                for (i = 3; i > 0; i--) {
                    System.out.println("请输入您的账号:");
                    ID = cin.nextLine();
                    System.out.println("请输入您的密码:");
                    Temp = cin.nextLine();
                    for (j = 0; j < len; j++) {
                        if (ID.equals(book[j][0]) && Temp.equals(book[j][1]))
                          break;
                    }
                    if (j == book.length) {
```

```
            if (i > 1)
        System.out.println("对不起,登录失败！你还有" + (i - 1) + "次机会.");
            else {
                num = 0;
                for (int k = 0; k < book.length - 1; k++) {
                    if (num == 0 && ID.equals(book[k][0]))
                        num = 1;
                    if (num == 1) {
                        book[k][0] = book[k + 1][0];
                        book[k][1] = book[k + 1][1];
                    }
                }
                System.out.println("账号:" + ID + "已被冻结,不能继续使用！");
            }
        } else {
            System.out.println("恭喜您登录成功！");
            before = 1;
            L = j;
            break;
        }
    }
} else if (Key == 3) {
    if (before == 1) {
        for (i = 0; i < data.length; i++)
            data[i] = rand.nextInt(9) + 1;
        System.out.println("您的号码分别是:");
        for (i = count = 0; i < 4; i++) {
            num = rand.nextInt(9) + 1;
            System.out.print(num + " ");
            for (j = 0; j < data.length; j++)
                if (data[j] == num) {
                    count++;
                    break; // 可能有多个相同
                }
        }
        System.out.println(" ");
        System.out.println(book[L][0] + ":");
        switch (count) {
```

```
                    case 4：
                        System.out.println("恭喜您中特等奖！");
                        break;
                    case 3：
                        System.out.println("恭喜您中一等奖！");
                        break;
                    case 2：
                        System.out.println("恭喜您中二等奖！");
                        break;
                    case 1：
                        System.out.println("恭喜您中三等奖！");
                        break;
                    default：
                        System.out.println("很遗憾,您未中奖！");
                        break;
                    }
                } else
                System.out.println("对不起,您尚未登录账号,不能参与抽奖活动！");
            }
        }
    }
}
```

运行结果：

```
**********
0 退出
1 注册
2 登录
3 抽奖
**********
请输入 Key：

1
请输入您要建立的账号：
gsly
请设置您的密码：
111111
请确认您的密码：
111111
```

恭喜您注册成功!
您的账号是:gsly
您的密码是:111111
请妥善保管!
请输入 Key:
2
请输入您的账号:
gsly
请输入您的密码:
111111
恭喜您登录成功!
请输入 Key:
3
您的号码分别是:
4 9 8 9
gsly:
恭喜您中二等奖!
请输入 Key:
0
抽奖系统已退出,欢迎您再次使用!

【技能知识】

4.1 数组

数组(array)是相同类型变量的集合,可以使用共同的名字引用它。数组可被定义为任何类型,可以是一维或多维。数组中的一个特别要素是通过下标来访问它。数组提供了一种将有联系的信息分组的便利方法。数组保存的是一组有顺序的、具有相同类型的数据。在一个数组中,所有数据元素的数据类型都是相同的。可以通过数组下标来访问数组,数据元素根据下标的顺序在内存中按顺序存放。

4.1.1 一维数组

(1)数组的创建与访问

Java 的数组可以看作一种特殊的对象,准确地说是把数组看作同种类型变量的集合。在同一个数组中的数据都有相同的类型,用统一的数组名,通过下标来区分数组中的各个元素。数组在使用前需要对它进行声明,然后对其进行初始化,最后才可以存取元素。下面是声明数组的两种基本形式。

ArrayType ArrayName[ ];

ArrayType [ ] ArrayName;

符号“[ ]”说明声明的是一个数组对象。这两种声明方式没有区别,但是第二种可以同时声明多个数组,使用起来较为方便,所以程序员一般习惯使用第二种方法。下面声明 int 类型的数组,格式如下。

int array1[ ];

int [ ] array2,array3;

在第一行中,声明了一个数组 array1,它可以用来存放 int 类型的数据。第二行中,声明了两个数组 array2 和 array3,效果和第一行的声明方式相同。上面的语句只是对数组进行了声明,还没有对其分配内存,所以不可以存放,也不能访问它的任何元素。这时候,可以用 new 对数组分配内存空间,格式如下。

array1=new int [5];

这时候数组就有了以下 5 个元素。

array[0]

array[1]

array[2]

array[3]

array[4]

注意:在 Java 中,数组的下标是从 0 开始的,而不是从 1 开始。这意味着最后一个索引号不是数组的长度,而是比数组的长度小 1。

数组是通过数组名和下标来访问的。例如下面的语句,把数组 array1 的第一个元素赋值给 int 型变量 a。

int a=array1[1];

Java 数组下标从 0 开始,到数组长度-1 结束,如果下标值超出范围,小于下界或大于上界,程序也能通过编译,但是在访问时会抛出异常。下面是一个错误的示例。

```
public class ArrayException {
    public static void main(String args[ ]) {
        //创建一个容量为 5 的数组
        int[ ] array1=new int[5]; //访问 array1[5]
         System.out.println(array1[5]);
        }
}
```

程序首先声明了一个大小为 5 的 int 类型数组,前面已经讲到,它的下标最大只能是 4。但在程序中却尝试访问 array1[5],显然是不正确的。程序会正常通过编译,但是在执行时会抛出异常。程序的运行结果如下:

```
Exception in thread "main" java.lang.ArrayIndexOutOfBoundsException: 5
  at ArrayException.main(ArrayException.java:4)
```

异常是 Java 中一种特殊的处理程序错误的方式,本书在后面章节会详细讲解该内容。

读者这里只需要知道访问数组下标越界时会产生 ArrayIndexOutOfBoundsException 的异常即可。

(2)数组初始化

数组在声明创建之后,数组中的各个元素就可以访问了,这是因为在数组创建时,自动给出了相应类型的默认值,默认值根据数组类型的不同而有所不同。下面的程序可以看到各类数组的默认值。

【程序 4-1】

```
public class ArrayDefaultValue{
    public static void main(String args[ ]){
        //创建一个 byte 类型的数组
        byte [ ] byteArray=new byte[1];
        //创建一个 char 类型的数组
        char [ ] charArray=new char[1];
        //创建一个 int 类型的数组
        int [ ] intArray=new int[1];
        //创建一个 long 类型的数组
        long [ ] longArray=new long[1];
        //创建……
        float [ ] floatArray=new float[1];
        double[ ] doubleArray=new double[1];
        String [ ] stringArray=new String[1];
        System.out.println("byte="+byteArray[0]);//打印出各个数组的默认初始化值
        System.out.println("char="+charArray[0]);
        System.out.println("int="+intArray[0]);
        System.out.println("long="+longArray[0]);
        System.out.println("float="+floatArray[0]);
        System.out.println("double="+doubleArray[0]);
        System.out.println("String="+stringArray[0]);
    }
}
```

程序的运行结果如下。

```
byte=0
char=
int=0
long=0
float=0.0
double=0.0
```

String = null

程序声明了各种类型的数组,并通过 new 来创建它们。然后访问它们的元素,可以看到在创建的时候数组元素会获得一个默认值,这个值跟前面讲解数据类型时各种类型的默认值是一致的。这样做可以避免程序编写中一些不必要的错误,但它没有实际意义,因为使用数组肯定是想存储一定的值,所以需要对它进行自己的初始化。一种方法是使用赋值语句来进行数组初始化,格式如下。

```
int [ ] array1 = new int[5];
array1[0] = 1; array1[1] = 2; array1[2] = 3; array1[3] = 4; array1[4] = 5;
```

通过上面的语句,数组的各个元素就会获得相应的值,如果没有对所有的元素进行赋值,它会自动被初始化为某个值(如前面所述)。另一种方式是在数组声明的时候直接进行初始化,格式如下。

```
int [ ] array1 = {1,2,3,4,5};
```

该语句跟上面的语句的作用是一样的。在数组声明的时候直接对其进行赋值,按括号内的顺序赋值给数组元素,数组的大小被设置成能容纳大括号内给定值的最小整数。下面的程序演示了数组的初始化。

【程序 4-2】

```
public class ArrayInital{
    public static void main(String args[ ]){
        //创建一个 int 型数组
        int [ ] array1 = new int[5]; //对数组元素赋值
        array1[0] = 1; array1[1] = 2; array1[2] = 3; array1[3] = 4; array1[4] = 5;
        //另一种数组创建方式
        int [ ] array2 = {1,2,3,4,5};
        //打印出数组元素
        for(int i = 0; i<5; i++)
            System.out.println(" array1["+i+"] ="+array1[i]);
        for(int i = 0; i<5; i++)
            System.out.println(" array2["+i+"] ="+array2[i]);
    }
}
```

程序的运行结果如下。

```
array1[0] = 1
array1[1] = 2
array1[2] = 3
array1[3] = 4
array1[4] = 5
array2[0] = 1
array2[1] = 2
```

array2[2]=3
array2[3]=4
array2[4]=5

可以看到数组的两种初始化效果是相同的。

【程序4-3】

编写一个Java程序,使用数组存放录入的5件商品价格,然后使用下标访问第3个元素的值。

```
import java.util.Scanner;
public class Test06
{
    public static void main(String[] args)
    {
        int[] prices=new int[5];      //声明数组并分配空间
        Scanner input=new Scanner(System.in);      //接收用户从控制台输入的数据
        for(int i=0; i<prices.length; i++)
        {
            System.out.println("请输入第"+(i+1)+"件商品的价格:");
            prices[i]=input.nextInt();      //接收用户从控制台输入的数据
        }
        System.out.println("第3件商品的价格为:"+prices[2]);
    }
}
```

上述代码的“int[] prices=new int[5]”语句创建了需要5个元素空间的prices数组,然后结合for循环向数组中的每个元素赋值。

数组的索引从0开始,而for循环中的变量i也从0开始,因此score数组中的元素可以使用scored来表示,大大简化了代码。最后使用prices[2]获取prices数组的第3个元素,最终运行效果如下所示。

```
请输入第1件商品的价格:
5
请输入第2件商品的价格:
4
请输入第3件商品的价格:
6
请输入第4件商品的价格:
4
请输入第5件商品的价格:
8
第3件商品的价格为:6
```

(3)length 实例变量

Java 中的数组是一种对象,它会有自己的实例变量。但事实上,数组只有一个公共实例变量,也就是 length 变量,这个变量指的是数组的长度。例如,创建下面一个数组:

int [ ] array1=new int [10];

那么 array1 的 length 的值就为 10。有了 length 属性,在使用 for 循环的时候就可以不用事先知道数组的大小,而写成如下形式。

for(int i=0; i<array1.length; i++)

通过这些基础知识的学习,已经可以解决求平均温度并得出哪些天高于平均温度,哪些天低于平均温度的程序编写问题了。程序代码如下。

【程序 4-4】

```
import java.util. * ;
public class AverageTemperaturesDemo {
    public static void main(String args[ ]) {
        //声明用到的变量
        int count;
        double sum,average; sum=0;
        double [ ]temperature=new double[7];
        //创建一个 Scanner 类的对象,用它来获得用户的输入
        Scanner sc=new Scanner(System.in);
        System.out.println("请输入七天的温度:");
        for(count=0; count<temperature.length; count++)
        {
            //读取用户输入
            temperature[count]=sc.nextDouble();
            sum+=temperature[count];
        }
        average=sum/7;
        System.out.println("平均气温为:"+average); //比较各天气温与平均气温
        for(count=0; count<temperature.length; count++) {
            if(temperature[count]<average)
            System.out.println("第"+(count+1)+"天气温低于平均气温");
            else if(temperature[count]>average)
            System.out.println("第"+(count+1)+"天气温高于平均气温");
            else
            System.out.println("第"+(count+1)+"天气温等于平均气温");
        }
    }
```

```
}
```

程序的运行结果如下。

请输入七天的温度：32 30 28 34 27 29 35
平均气温为:30.714285714285715
第 1 天气温高于平均气温
第 2 天气温低于平均气温
第 3 天气温低于平均气温
第 4 天气温高于平均气温
第 5 天气温低于平均气温
第 6 天气温低于平均气温
第 7 天气温高于平均气温

程序声明一个 double 型数组来存放每天的温度,求得平均温度后,用每天的温度与平均温度比较,得到比较结果。

(4)命令行参数

命令行参数就是用户在执行程序时提供的一些参数,以供程序运行时使用,而不是每次都修改源程序中的数据或者通过标准输入输出读取用户输入的参数(现在比较流行使用 Scanner 类)。

仔细观察前面的程序,发现在所有的 Java 程序中都有一个 main 方法,而这个方法带有一个参数 String args[ ]。这个参数就是 main 方法接受的用户输入的参数列表,即命令行参数。程序代码如下。

【程序 4-5】

```
public class ArgsDemo {
    public static void main(String args[ ]) {
        System.out.println("共接收到"+args.length+"个参数");
        for(int i=0; i<args.length; i++)
        System.out.println("第"+i+"个参数"+args[i]);
    }
}
```

编译完程序,输入如下命令执行程序。

java ArgsDemo name password email sex

程序的执行结果如下:

共接收到 4 个参数
第 0 个参数 name
第 1 个参数 password
第 2 个参数 email
第 3 个参数 sex

显然,参数列表数组 args 为:

args[0] = name

args[1] = password

args[2] = email

args[3] = sex

注意:执行程序的命令中,java 和程序名并不在参数列表之中。参数列表的第一个参数为程序名后面的第一个参数,各个参数之间用空格符隔开。

(5)数组拷贝

数组拷贝可以直接把一个数组变量拷贝给另一个。在 Java 中实现数组复制有 4 种方法,分别为使用 Arrays 类的 copyOf() 方法和 copyOfRange() 方法、System 类的 arraycopy() 方法和 Object 类的 clone() 方法。下面来详细介绍这 4 种方法的使用。

1)使用 copyOf() 方法和 copyOfRange() 方法

Arrays 类的 copyOf() 方法与 copyOfRange() 方法都可实现对数组的复制。copyOf() 方法是复制数组至指定长度,copyOfRange() 方法则将指定数组的指定长度复制到一个新数组中。

Arrays 类的 copyOf() 方法的语法格式如下:

Arrays.copyOf(dataType[] srcArray,int length)

其中,srcArray 表示要进行复制的数组,length 表示复制后的新数组的长度。

使用这种方法复制数组时,默认从源数组的第一个元素(索引值为 0)开始复制,目标数组的长度将为 length。如果 length 大于 srcArray.length,则目标数组中采用默认值填充;如果 length 小于 srcArray.length,则复制到第 length 个元素(索引值为 length-1)即止。

【程序 4-6】

假设有一个数组中保存了 5 个成绩,现在需要在一个新数组中保存这 5 个成绩,同时留 3 个空余的元素供后期开发使用。

使用 Arrays 类的 copyOf() 方法完成数组复制的代码如下:

```
import java.util.Arrays;
public class Test
{
    public static void main(String[] args)
    {
        //定义长度为 5 的数组
        int scores[] = new int[]{57,81,68,75,91};
        //输出源数组
        System.out.println("源数组内容如下:");
        //循环遍历源数组
        for(int i=0; i<scores.length; i++)
        {
            //将数组元素输出
```

```
            System.out.print(scores[i]+"\t");
        }
        //定义一个新的数组,将 scores 数组中的 5 个元素复制过来
        //同时留 3 个内存空间供以后开发使用
        int[] newScores=(int[])Arrays.copyOf(scores,8);
        System.out.println("\n 复制的新数组内容如下:");
        //循环遍历复制后的新数组
        for(int j=0; j<newScores.length; j++)
        {
            //将新数组的元素输出
            System.out.print(newScores[j]+"\t");
        }
    }
}
```

在上述代码中,由于源数组 scores 的长度为 5,而要复制的新数组 newScores 的长度为 8,因此在将源数组中的 5 个元素复制完之后,会采用默认值填充剩余 3 个元素的内容。

因为源数组 scores 的数据类型为 int,而使用 Arrays.copyOf(scores,8) 方法复制数组之后返回的是 Object[] 类型,因此需要将 Object[] 数据类型强制转换为 int[] 类型。同时,也正因为 scores 的数据类型为 int,因此默认值为 0。

该程序运行的结果如下所示。

```
源数组内容如下:
57      81      68      75      91
复制的新数组内容如下:
57      81      68      75      91      0       0       0
```

Arrays 类的 copyOfRange() 方法是另一种复制数组的方法,其语法形式如下:

```
Arrays.copyOfRange(dataType[] srcArray,int startIndex,int endIndex)
```

其中,srcArray 表示源数组;startIndex 表示开始复制的起始索引,目标数组中将包含起始索引对应的元素,另外,startIndex 必须在 0 到 srcArray.length 之间;endIndex 表示终止索引,目标数组中将不包含终止索引对应的元素,endIndex 必须大于等于 startIndex,同时也可以大于 srcArray.length,如果大于 srcArray.length,则目标数组中使用默认值填充。

【程序 4-7】

假设有一个名称为 scores 的数组其元素为 8 个,现在需要定义一个名称为 newScores 的新数组。新数组的元素为 scores 数组的前 5 个元素,并且顺序不变。

使用 Arrays 类 copyOfRange() 方法完成数组复制的代码如下:

```
import java. util. Arrays;
public class Test
{
    public static void main(String[] args)
```

```
    {
        //定义长度为 8 的数组
        int scores[ ]=new int[ ]{57,81,68,75,91,66,75,84};
        System.out.println("源数组内容如下:");
        //循环遍历源数组
        for(int i=0; i<scores.length; i++)
        {
            System.out.print(scores[i]+"\t");
        }
        //复制源数组的前 5 个元素到 newScores 数组中
        int newScores[ ]=(int[ ])Arrays.copyOfRange(scores,0,5);
        System.out.println("\n 复制的新数组内容如下:");
        //循环遍历目标数组,即复制后的新数组
        for(int j=0; j<newScores.length; j++)
        {
            System.out.print(newScores[j]+"\t");
        }
    }
}
```

在上述代码中,源数组 scores 中包含有 8 个元素,使用 Arrays.copyOfRange( ) 方法可以将该数组复制到长度为 5 的 newScores 数组中,截取 scores 数组的前 5 个元素即可。

该程序运行的结果如下所示。

```
源数组内容如下:
57	81	68	75	91	66	75	84
复制的新数组内容如下:
57	81	68	75	91
```

2)使用 arraycopy( ) 方法

arraycopy( ) 方法位于 java.lang.System 类中,其语法形式如下:

System.arraycopy(dataType[ ] srcArray,int srcIndex,dataType[ ] destArray,int destIndex,int length)

其中,srcArray 表示源数组;srcIndex 表示源数组中的起始索引;destArray 表示目标数组;destIndex 表示目标数组中的起始索引;length 表示要复制的数组长度。使用此方法复制数组时,length+srcIndex 必须小于等于 srcArray.length,同时 length+destIndex 必须小于等于 destArray.length。

注意:目标数组必须已经存在,且不会被重构,相当于替换目标数组中的部分元素。

【程序 4-8】

假设在 scores 数组中保存了 8 名学生的成绩信息,现在需要复制该数组从第二个元素开始到结尾的所有元素到一个名称为 newScores 的数组中,长度为 12。scores 数组中的元素在 newScores 数组中从第三个元素开始排列。

使用 System.arraycopy() 方法来完成替换数组元素功能的代码如下：

```
import java.util.Arrays;
public class Test
{
    public static void main(String[] args)
    {
        //定义源数组,长度为 8
        int scores[]=new int[]{100,81,68,75,91,66,75,100};
        //定义目标数组
        int newScores[]=new int[]{80,82,71,92,68,71,87,88,81,79,90,77};
        System.out.println("源数组中的内容如下:");
        //遍历源数组
        for(int i=0; i<scores.length; i++)
        {
            System.out.print(scores[i]+"\t");
        }
        System.out.println("\n 目标数组中的内容如下:");
        //遍历目标数组
        for(int j=0; j<newScores.length; j++)
        {
            System.out.print(newScores[j]+"\t");
        }
        System.arraycopy(scores,0,newScores,2,8);
      //复制源数组中的一部分到目标数组中
        System.out.println("\n 替换元素后的目标数组内容如下:");
        //循环遍历替换后的数组
        for(int k=0; k<newScores.length; k++)
        {
            System.out.print(newScores[k]+"\t");
        }
    }
}
```

在该程序中，首先定义了一个包含有 8 个元素的 scores 数组，接着又定义了一个包含有 12 个元素的 newScores 数组，然后使用 for 循环分别遍历这两个数组，输出数组中的元素。最后使用 System.arraycopy() 方法将 newScores 数组中从第三个元素开始往后的 8 个元素替换为 scores 数组中的 8 个元素值。

该程序运行的结果如下所示。

源数组中的内容如下:
100　81　68　75　91　66　75　100
目标数组中的内容如下:
80　82　71　92　68　71　87　88　81　79　90　77
替换元素后的目标数组内容如下:
80　82　100　81　68　75　91　66　75　100　90　77

注意:在使用 arraycopy() 方法时要注意,此方法的命名违背了 Java 的命名惯例。即第二个单词 copy 的首字母没有大写,但按惯例写法应该为 arrayCopy。请读者在使用此方法时注意方法名的书写。

3)使用 clone() 方法

clone() 方法也可以实现复制数组。该方法是类 Object 中的方法,可以创建一个有单独内存空间的对象。因为数组也是一个 Object 类,因此也可以使用数组对象的 clone() 方法来复制数组。

clone() 方法的返回值是 Object 类型,要使用强制类型转换为适当的类型。其语法形式比较简单:

```
array_name.clone()
```

示例语句如下:

```
int[] targetArray=(int[])sourceArray.clone();
```

【程序 4-9】

有一个长度为 8 的 scores 数组,因为程序需要,现在要定义一个名称为 newScores 的数组来容纳 scores 数组中的所有元素,可以使用 clone() 方法来将 scores 数组中的元素全部复制到 newScores 数组中。代码如下:

```
import java.util.Arrays;
public class Test
{
    public static void main(String[] args)
    {
        //定义源数组,长度为 8
        int scores[]=new int[]{100,81,68,75,91,66,75,100};
        System.out.println("源数组中的内容如下:");
        //遍历源数组
        for(int i=0; i<scores.length; i++)
        {
            System.out.print(scores[i]+"\t");
        }
        //复制数组,将 Object 类型强制转换为 int[]类型
        int newScores[]=(int[])scores.clone();
        System.out.println("\n 目标数组内容如下:");
```

```
            //循环遍历目标数组
            for( int k=0; k<newScores.length; k++)
            {
                System.out.print( newScores[ k ]+"\t ");
            }
        }
}
```

在该程序中,首先定义了一个长度为 8 的 scores 数组,并循环遍历该数组输出数组中的元素,然后定义了一个名称为 newScores 的新数组,并使用 scores.clone( ) 方法将 scores 数组中的元素复制给 newScores 数组。最后循环遍历 newScores 数组,输出数组元素。

该程序运行的结果如下所示。

源数组中的内容如下:

100　　81　　68　　75　　91　　66　　75　　100

目标数组内容如下:

100　　81　　68　　75　　91　　66　　75　　100

从运行的结果可以看出,scores 数组的元素与 newScores 数组的元素是相同的。

4.1.2 二维数组

为了方便组织各种信息,计算机常将信息以表的形式进行组织,然后再以行和列的形式呈现出来。二维数组的结构决定了其能非常方便地表示计算机中的表,以第一个下标表示元素所在的行,第二个下标表示元素所在的列。下面简单了解一下二维数组,包括数组的声明和初始化。

(1)创建二维数组

在 Java 中二维数组被看作数组的数组,即二维数组为一个特殊的一维数组,其每个元素又是一个一维数组。Java 并不直接支持二维数组,但是允许定义数组元素是一维数组的一维数组,以达到同样的效果。声明二维数组的语法如下:

```
type array[ ][ ];
type[ ][ ] array;
```

其中,type 表示二维数组的类型,array 表示数组名称,第一个中括号表示行,第二个中括号表示列。

下面分别声明 int 类型和 char 类型的数组,代码如下:

```
int[ ][ ] age;
char[ ][ ] sex;
```

(2)初始化二维数组

二维数组可以初始化,和一维数组一样,可以通过 3 种方式来指定元素的初始值。这 3 种方式的语法如下:

```
array=new type[ ][ ]{值 1,值 2,值 3,…,值 n};
```

array=new type[ ][ ]{new 构造方法(参数列),…};

type[ ][ ] array={{第1行第1列的值,第1行第2列的值,…},{第2行第1列的值,第2行第2列的值,…},…};

使用第一种方式声明int类型的二维数组,然后初始化该二维数组。代码如下:

```
int[ ][ ] temp;
temp=new int[ ][ ]
{
    {1,2},{3,4}
};
```

上述代码创建了一个二行二列的二维数组temp,并对数组中的元素进行了初始化。

使用第二种方式声明int类型的二维数组,然后初始化该二维数组。代码如下:

```
int[ ][ ] temp;
temp=new int [ ][ ]
{
    {new int(1),new int(2)},{new int(3),new int(4)}
};
```

使用第三种方式声明int类型的二维数组,并且初始化数组。代码如下:

```
int[ ][ ] temp={{1,2},{3,4}};
```

(3)二维数组操作实例

1)获取单个元素

使用3种方式创建并初始化了一个2行2列的int类型数组temp。当需要获取二维数组中元素的值时,也可以使用下标来表示。语法如下:

```
array[i-1][j-1];
```

其中,array表示数组名称,i表示数组的行数,j表示数组的列数。如要获取第二行第二列元素的值,应该使用temp[1][1]来表示。这是由于数组的下标起始值为0,因此行和列的下标需要减1。

【程序4-10】

通过下标获取class_score数组中第二行第二列元素的值与第四行第一列元素的值。代码如下:

```
public static void main(String[ ] args)
{
double[ ][ ] class_score={{10.0,99,99},{100,98,97},{100,100,99.5},{99.5,99,98.5}};
    System.out.println("第二行第二列元素的值:"+class_score[1][1]);
    System.out.println("第四行第一列元素的值:"+class_score[3][0]);
}
```

执行上述代码,输出结果如下:

第二行第二列元素的值:98.0

第四行第一列元素的值:99.5

2)获取全部元素

在一维数组中直接使用数组的 length 属性获取数组元素的个数。而在二维数组中,直接使用 length 属性获取的是数组的行数,在指定的索引后加上 length(如 array[0].length)表示的是该行拥有多少个元素,即列数。

如果要获取二维数组中的全部元素,最简单、最常用的办法就是使用 for 语句。

【程序 4-11】

使用 for 循环语句遍历 double 类型的 class_score 数组的元素,并输出每一行每一列元素的值。代码如下:

```
public static void main(String[] args)
{
double[][] class_score={{100,99,99},{100,98,97},{100,100,99.5},{99.5,99,98.5}};
    for(int i=0; i<class_score.length; i++)
    {    //遍历行
        for(int j=0; j<class_score[i].length; j++)
        {
            System.out.println("class_score["+i+"]["+j+"]="+class_score[i][j]);
        }
    }
}
```

上述代码使用嵌套 for 循环语句输出二维数组。在输出二维数组时,第一个 for 循环语句表示以行进行循环,第二个 for 循环语句表示以列进行循环,这样就实现了获取二维数组中每个元素的值的功能。

执行上述代码,输出结果如下所示。

```
class_score[0][0]=100.0
class_score[0][1]=99.0
class_score[0][2]=99.0
class_score[1][0]=100.0
class_score[1][1]=98.0
class_score[1][2]=97.0
class_score[2][0]=100.0
class_score[2][1]=100.0
class_score[2][2]=99.5
class_score[3][0]=99.5
class_score[3][1]=99.0
class_score[3][2]=98.5
```

【程序 4-12】

假设有一个矩阵为 5 行 5 列,该矩阵是由程序随机产生的 10 以内数字排列而成。下面使用二维数组来创建该矩阵,代码如下:

```
public class Test11
{
    public static void main(String[] args)
    {
        //创建一个二维矩阵
        int[][] matrix=new int[5][5];
        //随机分配值
        for(int i=0; i<matrix.length; i++)
        {
            for(int j=0; j<matrix[i].length; j++)
            {
                matrix[i][j]=(int)(Math.random()*10);
            }
        }
        System.out.println("下面是程序生成的矩阵\n");
        //遍历二维矩阵并输出
        for(int k=0; k<matrix.length; k++)
        {
            for(int g=0; g<matrix[k].length; g++)
            {
                System.out.print(matrix[k][g]+"");
            }
            System.out.println();
        }
    }
}
```

在该程序中,首先定义了一个二维数组,然后使用两个嵌套的 for 循环向二维数组中的每个元素赋值。其中,Math.random() 方法返回的是一个 double 类型的数值,数值为 0.6、0.9 等,因此乘以 10 之后为 10 以内的整数。最后又使用了两个嵌套的 for 循环遍历二维数组,输出二维数组中的值,从而产生矩阵。

运行该程序的结果如下所示。

```
34565
96033
48741
10583
```

63985

3)获取整行元素

除了获取单个元素和全部元素之外,还可以单独获取二维数组的某一行中所有元素的值,或者二维数组中某一列元素的值。获取指定行的元素时,需要将行数固定,然后只遍历该行中的全部列即可。

【程序 4-13】

编写一个案例,接收用户在控制台输入的行数,然后获取该行中所有元素的值。代码如下:

```
public static void main(String[] args)
{
    double[][] class_score={{100,99,99},{100,98,97},{100,100,99.5},{99.5,99,98.5}};
    Scanner scan=new Scanner(System.in);
    System.out.println("当前数组只有"+class_score.length+"行,您想查看第几行的元素?请输入:");
    int number=scan.nextInt();
    for(int j=0; j<class_score[number-1].length; j++)
    {
        System.out.println("第"+number+"行的第["+j+"]个元素的值是:"+class_score[number-1][j]);
    }
}
```

执行上述代码进行测试,输出结果如下所示。

```
当前数组只有 4 行,您想查看第几行的元素?请输入:
3
第 3 行的第[0]个元素的值是:100.0
第 3 行的第[1]个元素的值是:100.0
第 3 行的第[2]个元素的值是:99.5
```

4)获取整列元素

获取指定列的元素与获取指定行的元素相似,保持列不变,遍历每一行的该列即可。

【程序 4-14】

编写一个案例,接收用户在控制台中输入的列数,然后获取二维数组中所有行中该列的值。代码如下:

```
public static void main(String[] args)
{

double[][] class_score={{100,99,99},{100,98,97},{100,100,99.5},{99.5,99,98.5}};
```

```
        Scanner scan=new Scanner(System.in);
        System.out.println("您要获取哪一列的值？请输入:");
        int number=scan.nextInt();
        for(int i=0; i<class_score.length; i++)
        {
            System.out.println("第 "+(i+1)+" 行的第["+number+"]个元素的值是"+class_
score[i][number]);
        }
    }
```

执行上述代码进行测试,如下所示。

```
您要获取哪一列的值？请输入:
2
第 1 行的第[2]个元素的值是 99.0
第 2 行的第[2]个元素的值是 97.0
第 3 行的第[2]个元素的值是 99.5
第 4 行的第[2]个元素的值是 98.5
```

4.1.3 多维数组

除了一维数组和二维数组外,Java 中还支持更多维的数组,如三维数组、四维数组和五维数组等,它们都属于多维数组。通常也将二维数组看作多维数组。本书以三维数组为例来介绍多维数组。

三维数组有 3 个层次,可以将三维数组理解为一个一维数组,其内容的每个元素都是二维数组。依此类推,可以获取任意维数的数组。

多维数组的声明、初始化和使用都与二维数组相似,因此这里不再进行具体说明。

【程序 4-15】

假设程序中有一个名为 namelist 的 String 类型三维数组,下面编写代码对它进行遍历,输出每个元素的值。代码如下:

```
public static void main(String[] args)
{
    String[][][] namelist={{{"张阳","李风","陈飞"},{"乐乐","飞飞","小曼"}},
                           {{"Jack","Kimi"},{"Lucy","Lily","Rose"}},
                           {{"徐璐璐","陈海"},{"李丽丽","陈海清"}}};
    for(int i=0; i<namelist.length; i++)
    {
        for(int j=0; j<namelist[i].length; j++)
        {
            for(int k=0; k<namelist[i][j].length; k++)
```

```
            }
        System.out.println("namelist["+i+"]["+j+"]["+k+"]="+namelist[i][j][k]);
            }
        }
    }
}
```

执行上述代码,输出结果如下所示。

```
namelist[0][0][0]=张阳
namelist[0][0][1]=李风
namelist[0][0][2]=陈飞
namelist[0][1][0]=乐乐
namelist[0][1][1]=飞飞
namelist[0][1][2]=小曼
namelist[1][0][0]=Jack
namelist[1][0][1]=Kimi
namelist[1][1][0]=Lucy
namelist[1][1][1]=Lily
namelist[1][1][2]=Rose
namelist[2][0][0]=徐璐璐
namelist[2][0][1]=陈海
namelist[2][1][0]=李丽丽
namelist[2][1][1]=陈海清
```

4.2　方法

4.2.1　成员方法

声明成员方法可以定义类的行为,行为表示一个对象能够做的事情或者能够从一个对象取得的信息。类的各种功能操作都是用方法来实现的,属性只不过提供了相应的数据。一个完整的方法通常包括方法名称、方法主体、方法参数和方法返回值类型。

成员方法一旦被定义,便可以在程序中多次调用,提高了编程效率。声明成员方法的语法格式如下:

```
public class Test
{
    [public|private|protected][static]<void|return_typexmethod_name>([paramList])
    {
        //方法体
    }
```

}

上述代码中一个方法包含 4 部分:方法的返回值、方法名称、方法的参数和方法体。其中 retum_type 是方法返回值的数据类型,数据类型可以是原始的数据类型,即常用的 8 种数据类型,也可以是一个引用数据类型,如一个类、接口和数组等。

除了这些,一个方法还可以没有返回值,即返回类型为 void,像 main( ) 方法。method_name 表示自定义的方法名称,方法的名称首先要遵循标识符的命名约定,除此之外,方法的名称第一个单词的第一个字母是小写,第二单词的第一个字母是大写,依此类推。

paramList 表示参数列表,这些变量都要有自己的数据类型,可以是原始数据类型,也可以是复杂数据类型,一个方法主要依靠参数来传递消息。方法主体是方法中执行功能操作的语句。其他各修饰符的含义如下。

public、private、protected:表示成员方法的访问权限。

static:表示限定该成员方法为静态方法。

final:表示限定该成员方法不能被重写或重载。

abstract:表示限定该成员方法为抽象方法。抽象方法不提供具体的实现,并且所属类型必须为抽象类。

在学生类 Student 添加一个可以返回学生信息字符串的方法。代码如下:

```
public class Student
{
    public StringBuffer printInfo(Student st)
    {
        StringBuffer sb=new StringBuffer();
sb.append("学生姓名:"+st.Name+"\n 学生年龄:"+st.Age+"\n 学生性别:"+st.isSex());
        return sb;
    }
}
```

上述代码创建了一个名称为 printInfo 的方法,其返回值类型为 StringBuffer(引用数据类型)。该方法需要传递一个 Student 类型的参数,最后需要将一个 StringBuffer 类型的数据返回。

(1)成员方法的返回值

若方法有返回值,则在方法体中用 return 语句指明要返回的值,其格式如下所示。

return 表达式

或者

return(表达式)

其中,表达式可以是常量、变量、对象等。表达式的数据类型必须与声明成员方法时给出的返回值类型一致。

(2)形参、实参及成员方法的调用

一般来说,可以通过以下方式来调用成员方法:

methodName({paramList})

关于方法的参数,经常会提到形参与实参,形参是定义方法时参数列表中出现的参数,实参是调用方法时为方法传递的参数。

下面 returnMin() 方法中的 m 和 n 是形参,调用 returnMin() 方法时的 x 和 y 是实参。

```
public int returnMin(int m,int n)
{
    return Math.min(m,n);       //m 和 n 是形参
}
public static void main(String[] args)
{
    int x=50;
    int y=100;
    Test t=new Test();
    int i=t.returnMin(x,y);       //x 和 y 是实参
    System.out.println(i);
}
```

方法的形参和实参具有以下特点:

形参变量只有在被调用时才分配内存单元,在调用结束时,即刻释放所分配的内存单元。因此,形参只有在方法内部有效,方法调用结束返回主调方法后则不能再使用该形参变量。

实参可以是常量、变量、表达式、方法等,无论实参是何种类型的量,在进行方法调用时,它们都必须具有确定的值,以便把这些值传送给形参。因此应预先用赋值、输入等办法使实参获得确定值。

实参和形参在数量、类型和顺序上应严格一致,否则会发生“类型不匹配”的错误。

方法调用中发生的数据传送是单向的,即只能把实参的值传送给形参,而不能把形参的值反向地传送给实参。因此在方法调用过程中,形参的值发生改变,而实参中的值不会变化。

【程序 4-16】

下面的示例演示了调用 add() 方法前后形参 x 的变化。

```
public int add(int x)
{
    x+=30;
    System.out.println("形参 x 的值:"+x);
    return x;
}
public static void main(String[] args)
{
    int x=150;
```

```
        System.out.println("调用 add() 方法之前 x 的值:"+x);
        Test t=new Test();
        int i=t.add(x);
        System.out.println("实参 x 的值:"+x);
        System.out.println("调用 add() 方法的返回值:"+i);
    }
```

运行上述程序,输出结果如下:

调用 add() 方法之前 x 的值:150

形参 x 的值:180

实参 x 的值:150

调用 add() 方法的返回值:180

从输出结果可以看出,形参 x 值的改变,并没有影响实参 x。

在调用成员方法时应注意以下 4 点:

①对无参成员方法来说,是没有实际参数列表的(即没有 paramList),但方法名后的括号不能省略。

②对带参数的成员方法来说,实参的个数、顺序以及它们的数据类型必须与形式参数的个数、顺序以及它们的数据类型保持一致,各个实参间用逗号分隔。实参名与形参名可以相同,也可以不同。

③实参也可以是表达式,此时一定要注意使表达式的数据类型与形参的数据类型相同,或者使表达式的类型按 Java 类型转换规则达到形参指明的数据类型。

④实参变量对形参变量的数据传递是“值传递”,即只能由实参传递给形参,而不能由形参传递给实参。程序中执行到调用成员方法时,Java 把实参值复制到一个临时的存储区(栈)中,形参的任何修改都在栈中进行,当退出该成员方法时,Java 自动清除栈中的内容。

(3)方法体中的局部变量

在方法体内可以定义本方法所使用的变量,这种变量是局部变量。它的生存期与作用域是在本方法内,也就是说,局部变量只能在本方法内有效或可见,离开本方法则这些变量将被自动释放。

在方法体内定义变量时,变量前不能加修饰符。局部变量在使用前必须明确赋值,否则编译时会出错。另外,在一个方法内部,可以在复合语句中定义变量,这些变量只在复合语句中有效。

4.2.2 析构方法

析构方法与构造方法相反,当对象脱离其作用域时(例如对象所在的方法已调用完毕),系统自动执行析构方法。析构方法往往用来做清理垃圾碎片的工作,例如在建立对象时用 new 开辟了一片内存空间,应退出前在析构方法中将其释放。

在 Java 的 Object 类中还提供了一个 protected 类型的 finalize() 方法,因此任何 Java 类都可以覆盖这个方法,在这个方法中进行释放对象所占有的相关资源的操作。

对象的 finalize() 方法具有如下特点:

垃圾回收器是否会执行该方法以及何时执行该方法,都是不确定的。

finalize( ) 方法有可能使用对象复活,使对象恢复到可触及状态。

垃圾回收器在执行 finalize( ) 方法时,如果出现异常,垃圾回收器不会报告异常,程序继续正常运行。

例如:

```
protected void finalize( )
{
    //对象的清理工作
}
```

【程序 4-17】

下面通过一个例子来讲解析构方法的使用。该例子计算从类中实例化对象的个数。

(1)Counter 类在构造方法中增值,在析构方法中减值。如下所示为计数器类 Counter 的代码:

```
public class Counter
{
    private static int count=0;      //计数器变量
    public Counter( )
    {
        //构造方法
        this.count++;      //创建实例时增加值
    }
    public int getCount( )
    {
        //获取计数器的值
        return this.count;
    }
    protected void finalize( )
    {
        //析构方法
        this.count--;      //实例销毁时减少值
        System.out.println("对象销毁");
    }
}
```

(2)创建一个带 main( ) 的 TestCounter 类对计数器进行测试,示例代码如下:

```
public class TestCounter
{
    public static void main(String[ ] args)
    {
```

```
        Counter cnt1=new Counter();    //建立第一个实例
        System.out.println("数量:"+cnt1.getCount());    //输出 1
        Counter cnt2=new Counter();    //建立第二个实例
        System.out.println("数量:"+cnt2.getCount());    //输出 2
        cnt2=null;    //销毁实例 2
        try
        {
            System.gc();    //清理内存
            Thread.currentThread().sleep(1000);    //延时 1000 ms
            System.out.println("数量:"+cnt1.getCount());    //输出 1
        }
        catch(InterruptedException e)
        {
            e.printStackTrace();
        }
    }
}
```

执行后输出结果如下:

数量:1

数量:2

对象销毁

数量:1

由于 finalize() 方法的不确定性,所以在程序中可以调用 System.gc() 或者 Runtime.gc() 方法提示垃圾回收器尽快执行垃圾回收操作。

【举一反三】

实训一:用二维数组来表示银行账单。

各种利率投资增长见表 4-1,需要首先有一个一维数组来记录各种不同的利率,初始化第一年相同的金额为 1000,然后计算不同年份的额度。

表 4-1　各种利率投资增长

年数	5.00%	5.05%	6.00%	6.05%
1	1050	1055	1060	1065
2	1103	1113	1124	1134
⋮	⋮	⋮	⋮	⋮

程序代码如下:

```
public class BankBalance{
```

```
    public static void main(String args[ ]){
        //用一个一维数组来表示利率
    double rate[ ]={5.00/100,5.05/100,6.00/100,6.05/100}; //表示账单的二维数组
        int[ ][ ] balance=new int[10][4];
        for(int i=0; i<balance[0].length; i++) balance[0][i]=1000;
        //计算账单的值
        for(int i=1; i<balance.length; i++)
        for(int j=0; j<rate.length; j++)
        {
            double inc=balance[i-1][j] * rate[j];
            balance[i][j]=(int)(balance[i-1][j]+inc);
        }
        //打印出结果
        System.out.print(" years "+" ");
        System.out.println(" 5.00%"+" "+" 5.05%"+" "+" 6.00%"+" "+" 6.05%");
        for(int i=0; i<balance.length; i++)
        {
            System.out.print(i+" ");
            for(int j=0; j<balance[i].length; j++)
                System.out.print(balance[i][j]+" ");
            System.out.println( );
        }
    }
}
```

程序首先定义了一个一维的 double 型数组 rate,用来存储不同的利率,然后定义了一个描述 10 行 4 列账单用的数组,最后把该数组的第一行初始化为 1000,表示本金。计算每年在不同的利率下本金利息总额,将其放入相应的数组位置中存储,最后取出数组输出。程序的运行结果如下。

```
Years   5.00%   5.05%   6.00%   6.05%
0       1000    1000    1000    1000
1       1050    1050    1060    1060
2       1102    1103    1123    1124
3       1157    1158    1190    1192
4       1214    1216    1261    1264
5       1274    1277    1336    1340
6       1337    1341    1416    1421
7       1403    1408    1500    1506
8       1473    1479    1590    1597
```

9 1546 1553 1685 1693

实训二:给定一个整型数组,数组成员 10 个,求该数组中第二大的数的下标。

```
import java.util.Arrays;
public class TheSecendmax3 {
    public static void main(String[] args){
        int[] num = new int[]{1, 2, 3, 4, 5, 6, 7, 8, 9, 0};
        int[] arr1 = Arrays.copyOf(num, num.length);
        Arrays.sort(num);
        int[] num1 = Arrays.copyOfRange(num, 0, 9);
        System.out.println(num1[num1.length-1]);
        for (int i = 0; i < arr1.length-1; i++) {
            if (arr1[i] == num1[num1.length-1]) {
                System.out.println("第二大的数的下标为"+i);
            }
        }
    }
}
```

实训三:小米去参加青年歌手大奖赛,有 10 个评委打分,(去掉一个最高一个最低)求平均分?

```
import java.util.Arrays;
public class AverageScore {
    public static void main(String[] args){
        double[] num=new double[]{99,97,96,95,94,92,91,90,88,100};
        Arrays.sort(num);
        double[] NewNum=Arrays.copyOfRange(num,1,9);
        double average=0;
        double sum=0;
        for(int l=0; i<NewNum.length; i++){
            sum=sum+NewNum[l];
        }
        average=sum/NewNum.length;
        System.out.println(average);
    }
}
```

实训四:完成一个数字金额转换成人民币读法的工具。

```
import java.util.Scanner;
public class SwitchTools {
    private static String[] hanzi = {"零","壹","贰","叁","肆","伍","陆","柒","捌","玖"};
```

```
private static String[] unit = {"十","佰","千","万"};
/**
 * @param num 需要被分解的浮点数
 * @param zheng 整数部分
 * @param xiao 小数部分
 * @return 返回一个含整数和小数字符串数组
 */
public static String[] getNum(double num){
    long zheng = (long)num;
    long xiao = (long)Math.round((num - zheng) * 100);
    return new String[]{zheng + "",String.valueOf(xiao)};
}
/**
 * @param stringNum 被分解的字符串数组
 * @param numLen0 整数长度
 * @param numLen1 小数长度
 * @return result 拼接字符串
 */
public static String readNum(String[] stringNum){
    String result = "";
    int numLen0 = stringNum[0].length();
    for (int i = 0; i < numLen0; i++) {
        int num0 = stringNum[0].charAt(i) - 48;
        if (i != numLen0 - 1 && num0 != 0) {
            result += hanzi[num0] + unit[numLen0 - i - 2];
        } else {
            result +=hanzi[num0];
        }
    }
    result += "点";
    int numLen1 = stringNum[1].length();
    for (int j = 0; j < numLen1; j++) {
        int num1 = stringNum[1].charAt(j) - 48;
        result +=hanzi[num1];
    }
    return result;
}
public static void test(){
```

```
        Scanner scan = new Scanner(System.in);
        double num = scan.nextDouble();
        System.out.println(readNum(getNum(num)));
    }
    public static void main(String[] args) {
        test();
    }
}
```

项目5　模拟超市购物

【任务需求】

超市购物是人们日常生活的重要事情之一。在超市中有很多日常生活用品,如水果、蔬菜、洗衣机、电冰箱等。人们只能买到超市中已有的物品,如果所需要的商品在超市中已经卖完了,那么只能是白跑一趟了。

本任务要求,使用所学知识编写一个超市购物程序,实现超市购物功能。购物时,如果购物者所要购买的商品在超市中有,则提示购物者买到了某商品;如果超市中没有购物者所需的商品,则提示购物者白跑了一趟,在超市中什么都没有买到。

【任务目标】

类与对象的设计实训,能够独立完成“超市购物”程序的源代码编写、编译及运行。

类的封装实训,理解类和对象的概念以及两者的创建和使用,学会分析“超市购物”程序任务实现的逻辑思路。

【任务实施】

①通过任务的描述可知,此程序中包含了超市、商品和购物者3个对象。既然是去购买商品,那么可以先定义商品对象,商品对象需要有自己的名称属性。

②由于所有的商品是在超市中卖的,因此还需要定义一个超市对象。每个超市都会有自己的名称和用于存放商品的仓库。由于仓库中会有很多商品,因此这里的仓库可以用数组表示。超市的主要功能是卖商品,还要有个卖货的方法。

③由于购物者是人,因此还需要定义一个Person对象,该对象需要有名称属性,还需要购物的方法。

④最后编写测试类,在其main方法中,需要创建商品对象、超市对象以及人,并使用这些对象中定义的方法实现购物程序。

代码实现:

(1)定义商品类

```
public class Product {// 商品
    private String proName;        // 商品名
    public String getProName() {
        return proName;
    }
    public void setProName(String proName) {
```

```
        this.proName = proName;
    }
}
```

(2)定义超市类

```
public class Market {// 超市
    private String marketName; // 超市名
    private Product[ ] productArr; // 超市的仓库，里面有若干商品
    public String getMarketName( ) {
        return marketName;
    }
    public void setMarketName( String marketName) {
        this.marketName = marketName;
    }
    public Product[ ] getProductArr( ) {
        return productArr;
    }
    public void setProductArr( Product[ ] productArr) {
        this.productArr = productArr;
    }
    Product sell( String name) {
        // 卖货，指定商品名
        for (int i = 0; i < productArr.length; i++)
        // 循环遍历仓库中每一个商品
            if (productArr[ i ].getProName( ) = = name)
        // 如果找到名字和要买的商品名字一样的商品
                return productArr[ i ];
                    // 将该商品返回
        return null;
        // 循环结束后都没找到商品，返回 null 代表没买到
    }
}
```

(3)定义购物者类

```
public class Person {// 人
    private String name; // 人名
    public String getName( ) {
        return name;
    }
```

```
    public void setName(String name) {
        this.name = name;
    }
    Product shopping(Market market, String name) {
        // 购物，指定去哪个超市，商品名
        return market.sell(name);
        // 调用超市的卖货方法，指定商品名，把卖出的结果返回
    }
}
```

(4)定义测试类

```
public class Shopping {
    public static void main(String[] args) {
        // 创建商品对象，给名字赋值
        Product p1 = new Product();
        Product p2 = new Product();
        Product p3 = new Product();
        Product p4 = new Product();
        Product p5 = new Product();
        p1.setProName("电视机");
        p2.setProName("洗衣机");
        p3.setProName("豆浆机");
        p4.setProName("空调机");
        p5.setProName("吹风机");
        // 创建超市对象，给超市名字赋值，给仓库赋值
        Market m = new Market();
        m.setMarketName("家乐福");
        m.setProductArr(new Product[]{p1, p2, p3, p4, p5});
        // 创建购物者，给其名字赋值
        Person p = new Person();
        p.setName("小韩");
        // 调用购物方法，指定超市和商品名，得到购物结果
        Product result = p.shopping(m, "豆浆机");
        // 根据结果进行判断
        if (result != null){
            System.out.println(p.getName() + "在"
                        + m.getMarketName() + "买到了"
                        + result.getProName());
        }else{
```

```
                System.out.println(p.getName() + "白跑了一趟,在"
                                + m.getMarketName() + "什么都没买到");
            }
        }
    }
```

【技能知识】

Java 是一门面向对象的语言,其重要的一个思想就是“万物皆对象”。而类是 Java 的核心内容,它是一种逻辑结构,定义了对象的结构,可以由一个类得到众多相似的对象。从某种意义上说,类是 Java 面向对象性的基础。Java 与 C++不同,它是一门完全的面向对象语言,它的任何工作都要在类中进行。

5.1 面向对象概述

5.1.1 对象

(1)对象的概念

对象是真实世界中的物体在人脑中的映象,包括实体对象和逻辑对象。实体对象指的是人们能在现实生活中能看得见、摸得着,实际存在的东西,比如:人、桌子、椅子等。逻辑对象是针对非具体物体,但是在逻辑上存在的东西的反映,比如:人与人的关系。为了简单,这里讨论的对象都是实体对象。

(2)对象的基本构成

初次接触对象可以从实体对象入手,因为看得见、摸得着,会比较容易理解。

分析实体对象的构成,发现有这样一些共同点,这些实体对象都有自己的属性,这些属性用来决定了对象的具体表现,比如:人的身高、体重等。

除了这些静态的,用于描述实体对象的基本情况外,实体对象还有自己的动作,通过这些动作能够完成一定的功能,我们称之为方法,比如:人的手能动、能够写字、能够刷牙等。

对象同时具备这些静态属性和动态的功能。

(3)如何进行对象抽象

抽象是在思想上把各种对象或现象之间的共同的本质属性抽取出来而舍去个别的非本质的属性的思维方法。也就是说把一系列相同或类似的实体对象的特点抽取出来,采用一个统一的表达方式,这就是抽象。

比如:

张三这个人身高 180cm,体重 75kg,会打篮球,会跑步

李四这个人身高 170cm,体重 70kg,会踢足球

现在想要采用一个统一的对象来描述张三和李四,那么我们就可以采用如下的表述方

法来表述:

```
人{
    静态属性:
        姓名;
        身高;
        体重;
    动态动作:
        打篮球();
        跑步();
        踢足球();
    }
```

这个“人”这个对象就是对张三和李四的抽象,那么如何表述张三这个具体的个体呢:

```
    人{
        静态属性:
            姓名=张三;
            身高=180cm;
            体重=75kg;
        动态动作:
            打篮球(); //相应的打篮球的功能实现
            跑步();//相应的跑步的功能实现
            踢足球();
    }
```

如何表述李四这个具体的个体呢:

```
    人{
        静态属性:
            姓名=李四;
            身高=170cm;
            体重=70kg;
        动态动作:
            打篮球();
            跑步();
            踢足球();//相应的踢足球的功能实现
}
```

对实体对象的抽象一定要很好的练习,可以把所看到的任何物体都拿来抽象,“一切皆对象”。要练习到,你看到的没有物体,全是对象就好了。

(4)抽象对象和实体对象的关系

仔细观察上面的抽象对象——“人”,和具体的实体对象:“张三”“李四”。会发现,抽象

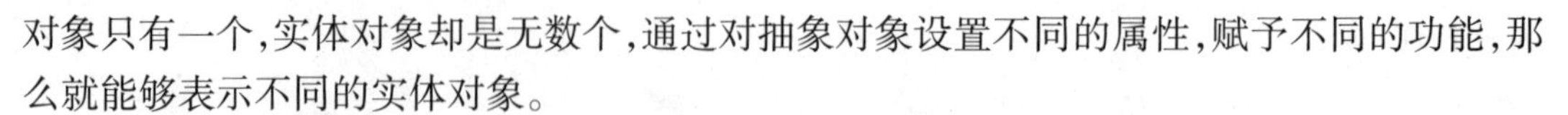

对象只有一个,实体对象却是无数个,通过对抽象对象设置不同的属性,赋予不同的功能,那么就能够表示不同的实体对象。

这样就大大简化了对象的描述工作,使用一个对象就可以统一地描述某一类实体了,在需要具体的实体的时候,分别设置不同的值就可以表示具体对象了。

(5)Java 中的类和对象

具有相同特性(数据元素)和行为(功能)的对象的抽象就是类,因此对象的抽象是类,类的具体化就是对象,也可以说类的实例是对象。

让我们来看看人类所具有的一些特征,这些特征包括属性(一些参数、数值)以及方法(一些行为,能干什么)。

每个人都有身高、体重、年龄、血型等属性,人会劳动、会直立行走、会用自己的头脑去创造工具等方法。人之所以能区别于其他类型的动物,是因为每个人都具有“人”这个群体的属性与方法。

“人类”只是一个抽象的概念,它仅仅是一个概念,是不存在的实体!但是所有具备“人类”这个群体的属性与方法的对象都叫人!这个对象“人”是实际存在的实体!每个人都是“人”这个群体的一个对象。

老虎为什么不是人?因为它不具备“人”这个群体的属性与方法,老虎不会直立行走,不会使用工具等,所以说老虎不是人!也就是说,类是概念模型,定义对象的所有特性和所需的操作,对象是真实的模型,是一个具体的实体。

由此可见,类是描述了一组有相同特性(属性)和相同行为(方法)的一组对象的集合。

对象或实体所拥有的特征在类中表示时称为类的属性。例如,每个人都具有姓名、年龄和体重,这是所有人共有的特征。但是每一个对象的属性值又各不相同,例如,小明和小红都具有体重这个属性,但是他们的体重值是不同的。

对象执行的操作称为类的方法。比如,“人”这个对象都具有的行为是“吃饭”,因此,吃饭就是“人”类的一个方法。

综上所述,类是描述实体的“模板”和“原型”,它定义了属于这个类的对象所应该具有的状态和行为。比如一名学生在上课。一名正在上课的学生是类,它定义的信息有:姓名、上课。

使用该类定义的不同姓名的人在上课是对象,他们可能是小明、小红、小丽、张会等。在 Java 面向对象编程中,用自定义的类模型可以创建该类的一个实例,也就是对象。

类是实体对象的概念模型,因此通常是笼统的、不具体的。

类是构造面向对象程序的基本单位,是抽取了同类对象的共同属性和方法所形成的对象或实体的“模板”。而对象是现实世界中实体的描述,对象要创建才存在,有了对象才能对对象进行操作。类是对象的模板,对象是类的实例。

5.1.2 面向对象三大特征

(1)封装

封装这个词听起来好像是将什么东西包裹起来不要别人看见一样,就好像是把东西装进箱子里面,这样别人就不知道箱子里面装的是什么东西了。其实 Java 中的封装这个概念也就和这个是差不多的意思。

封装是 Java 面向对象的特点的表现;封装是一种信息隐蔽技术。它有两个含义:即把对象的全部属性和全部服务结合在一起,形成一个不可分割的独立单位;以及尽可能隐藏对象的内部结构。也就是说,如果我们使用了封装技术的话,别人就只能用我们做出来的东西而看不见我们做的这个东西的内部结构了。

封装的功能:

- 隐藏对象的实现细节
- 迫使用户去使用一个界面访问数据
- 使代码更好维护

封装迫使用户通过方法访问数据能保护对象的数据不被误修改,还能使对象的重用变得更简单。数据隐藏通常指的就是封装,它将对象的外部界面与对象的实现区分开来,隐藏实现细节。迫使用户去使用外部界面,即使实现细节改变,还可通过界面承担其功能而保留原样,确保调用它的代码还继续工作。封装使代码维护更简单。

(2)继承

在面向对象世界里面,常常要创建某对象(如:一个职员对象),然后需要一个该基本对象的更专业化的版本,比如,可能需要一个经理的对象。显然经理实际上是一个职员,经理和职员具有 is a 的关系,经理只是一个带有附加特征的职员。因此,需要有一种办法从现有对象来创建一个新对象,这个方式就是继承。

"继承"是面向对象软件技术当中的一个概念。如果一个对象 A 继承自另一个对象 B,就把这个 A 称为"B 的子对象",而把 B 称为"A 的父对象"。继承可以使得子对象具有父对象的各种属性和方法,而不需要再次编写相同的代码。在令子对象继承父对象的同时,可以重新定义某些属性,并重写某些方法,即覆盖父对象的原有属性和方法,使其获得与父对象不同的功能。

(3)多态

同一行为的多种不同表达,或者同一行为的多种不同实现就称为多态。

还是用刚才经理和职员这个例子来举例:人事部门需要对公司所有职员统一制作胸卡(一般也就是门禁卡,进出公司证明身份使用),制作的师傅说,只要告诉我一个人员的信息,就可以制作出一份胸卡,简化一下就是:一位职员的信息对应一份胸卡。

这个时候,对胸卡制作的师傅而言,所有的人都是职员,无所谓是经理还是普通职员。也就是说,对于传递职员信息这样一个行为,存在多种不同的实现,既可以传递经理的信息,也可以传递普通职员的信息,这就是多态的表现。

再举一个例子:比如我们说"笔"这个对象,它就有很多不同的表达或实现,比如有钢笔、铅笔、圆珠笔等。那么我说"请给我一支笔",你给我钢笔、铅笔或者圆珠笔都可以,这里的"笔"这个对象就具备多态。

5.2　Java 类的基本构成

类是 Java 的核心和本质。它是 Java 语言的基础，因为类定义了对象的本性。既然类是面向对象程序设计 Java 语言的基础，因此，想要在 Java 程序中实现的每一个概念都必须封装在类以内。

在前面几章中创造的类主要都包含在 main()方法中，用它来表明 Java 句法的基础。你将看到类的功能实质上比你到目前为止看到的要强大得多。

也许理解类的最重要的事情就是它定义了一种新的数据类型。一旦定义后，就可以用这种新类型来创建该类型的对象。这样，类就是对象的模板(template)，而对象就是类的一个实例(instance)。既然一个对象就是一个类的实例，所以经常看到 object 和 instance 这两个词可以互换使用。

5.2.1　类的定义格式

类是 Java 中的一种重要的复合数据类型，也是组成 Java 程序的基本要素，因此所有的 Java 程序都是基于类的。

在 Java 中定义一个类，需要使用 class 关键字、一个自定义的类名和一对表示程序体的大括号。完整语法如下：

```
[public][abstract|final]class<class_name>[extends<class_name>]
[implements<interface_name>]
{
    //定义属性部分
    <property_type><property1>;
    <property_type><property2>;
    <property_type><property3>;
    …
    //定义方法部分
    function1();
    function2();
    function3();
    …
}
```

上述语法中各关键字的描述如下。

public：表示“共有”的意思。如果使用 public 修饰，则可以被其他类和程序访问。每个 Java 程序的主类都必须是 public 类，作为公共工具供其他类和程序使用的类应定义为 public 类。

abstract：如果类被 abstract 修饰，则该类为抽象类，抽象类不能被实例化，但抽象类中可以有抽象方法(使用 abstract 修饰的方法)和具体方法(没有使用 abstract 修饰的方法)。继承该抽象类的所有子类都必须实现该抽象类中的所有抽象方法(除非子类也是抽象类)。

final:如果类被 final 修饰,则不允许被继承。

class:声明类的关键字。

class_name:类的名称。

extends:表示继承其他类。

implements:表示实现某些接口。

property_type:表示成员变量的类型。

property:表示成员变量名称。

function():表示成员方法名称。

类名应该以下画线“_”或字母开头,最好以字母开头,第一个字母最好大写。如果类名由多个单词组成,则每个单词的首字母最好都大写。类名不能为 Java 中的关键字,例如 boolean、this、int 等。类名不能包含任何嵌入的空格或点号以及除了下画线“_”和美元符号“$”字符之外的特殊字符。

5.2.2 一个简单的类

创建一个新的类,就是创建一个新的数据类型。实例化一个类,就是得到类的一个对象。因此,对象就是一组变量和相关方法的集合,其中变量表明对象的状态和属性,方法表明对象所具有的行为。定义一个类的步骤如下所述。

(1)声明类

编写类的最外层框架,声明一个名称为 Person 的类。

```
public class Person
{
    //类的主体
}
```

(2)编写类的属性

类中的数据和方法统称为类成员。其中,类的属性就是类的数据成员。通过在类的主体中定义变量来描述类所具有的特征(属性),这里声明的变量称为类的成员变量。

(3)编写类的方法

类的方法描述了类所具有的行为,是类的方法成员。可以简单地把方法理解为独立完成某个功能的单元模块。

下面来定义一个简单的 Person 类。

```
public class Person
{
    private String name;       // 姓名
    private int age;       // 年龄
    public void teli()
    {    //定义说话的方法
```

```
            System.out.println(name+"今年"+age+"岁！");
        }
}
```

如上述代码，在 Person 类中首先定义了两个属性，分别为 name 和 age，然后定义了一个名称为 teli( ) 的方法。

5.3 类与对象

5.3.1 类的定义

Java 的重要思想是万物皆对象，也就是说在 Java 中把所有现实中的一切人和物都看作对象，而类就是它们的一般形式。程序编写就是抽象出这些事物的共同点，用程序语言的形式表达出来。

例如，可以把某人看作一个对象，那么就可以把人作为一个类抽象出来，这个人就可以作为人这个类的一个对象。类的一般形式如下。

```
class 类名{ 类型 实例变量名;
    类型 实例变量名;
    类型 方法名(参数){
    //方法内容 }
    }
```

人的一般属性包括姓名、性别、年龄、住址等，他的行为可以有工作、吃饭等内容。这样人这个类就可以有如下定义。

```
class Human
{
    //声明各类变量来描述类的属性
    String name;
    String sex;
    int age; String addr;
    void work(){
        System.out.println("我在工作");
    }
    void eat(){
        System.out.println("我在吃饭");
    }
}
```

需要注意的是，在类名面前并没有像以前那样加上修饰符 public，在 Java 中是允许把许多类的声明放在一个 Java 中的，但是这些类只能有一个类被声明为 public，而且这个类名必须和 Java 文件名相同。这里主要讲解 Java 的一般形式，只使用类的最简单形式，便于读者理解。关于修饰符这里先做简单的说明。

private:只有本类可见。

protected:本类、子类、同一包的类可见。

默认(无修饰符):本类、同一包的类可见。

public:对任何类可见。

5.3.2 类的属性

在 Java 中类的成员变量定义了类的属性。例如,一个学生类中一般需要有姓名、性别和年龄等属性,这时就需要定义姓名、性别和年龄 3 个属性。声明成员变量的语法如下:

[public|protected|private][static][final]<type><variable_name>

各参数的含义如下:

public、protected、private:用于表示成员变量的访问权限。

static:表示该成员变量为类变量,也称为静态变量。

final:表示将该成员变量声明为常量,其值无法更改。

type:表示变量的类型。

variable_name:表示变量名称。

可以在声明成员变量的同时对其进行初始化,如果声明成员变量时没有对其初始化,则系统会使用默认值初始化成员变量。

初始化的默认值如下:

整数型(byte、short、int 和 long)的基本类型变量的默认值为 0。

单精度浮点型(float)的基本类型变量的默认值为 0.0f。

双精度浮点型(double)的基本类型变量的默认值为 0.0d。

字符型(char)的基本类型变量的默认值为"\u0000"。

布尔型的基本类型变量的默认值为 false。

数组引用类型的变量的默认值为 null。如果创建了数组变量的实例,但没有显式地为每个元素赋值,则数组中的元素初始化值采用数组数据类型对应的默认值。

定义类的成员变量的示例如下:

```
public class Student
{
    public String name;      //姓名
    final int sex=0;      //性别:0 表示女孩,1 表示男孩
    private int age;      //年龄
}
```

上述示例的 Student 类中定义了 3 个成员变量:String 类型的 name、int 类型的 sex 和 int 类型的 age。其中,name 的访问修饰符为 public,初始化值为 null;sex 的访问修饰符为 friendly(默认),初始化值为 0,表示性别为女,且其值无法更改;age 的访问修饰符为 private,初始化值为 0。

【程序5-1】

下面以一个简单的例子来介绍成员变量的初始值,代码如下所示:

```
public class Counter
{
    static int sum;
    public static void main(String[ ] args)
    {
        System.out.println(sum);
    }
}
```

在这里用静态的方法来修饰变量 sum,输出结果是 int 类型的初始值,即:0。

【程序5-2】

创建一个表示学生的实体类 Student,其中有学生姓名、性别和年龄信息。要求使用属性来表示学生信息,最终编写测试代码。

①首先定义一个名为 Student 的类,代码如下:

```
public class Student
{
    //学生类
}
```

②在类中通过属性定义学生、性别和年龄,代码如下:

```
public class Student
{
    public String Name;      //学生姓名
    public int Age;      //学生年龄
    private boolean Sex;      //学生性别
}
```

③在上述代码中将学生性别属性 Sex 设置为 private 作用域。为了对该属性进行获取和设置,还需要编写 isSes 和 setSex 方法。代码如下:

```
public boolean isSex( )
{
    return Sex;
}
public void setSex(boolean sex)
{
    this.Sex=sex;
}
```

④在 Student 类中添加 main( ) 方法,然后创建两个学生类的实例,并输出学生信息。最

终代码如下:

```
public static void main(String[ ] args)
{
    Student zhang=new Student( );        //创建第一个实例
    zhang.Name="张子同";
    String isMan=zhang.isSex( )? "女":"男";
    System.out.println("姓名:"+zhang.Name+"性别:"+isMan+"年龄:"+zhang.Age);
    Student li=new Student( );        //创建第二个实例
    li.Name="李子文";
    li.Sex=true;
    li.Age=15;
    String isWoman=li.isSex( )? "女":"男";
    System.out.println("姓名:"+li.Name+"性别:"+isWoman+"年龄:"+li.Age);
}
```

输出结果如下:

姓名:张子同性别:男年龄:0

姓名:李子文性别:女年龄:15

由输出结果可以看到,在第一个实例 zhang 中由于仅设置了 Name 属性的值,所以 boolean 类型的 Sex 默认使用值 false,int 类型的 Age 默认使用值 0。第二个实例 li 同时设置了这三个属性的值。

5.3.3　对象的创建与使用

对象是对类的实例化。对象具有状态和行为,变量用来表明对象的状态,方法表明对象所具有的行为。Java 对象的生命周期包括创建、使用和清除,本文详细介绍对象的创建,在 Java 语言中创建对象分显式创建与隐含创建两种情况。

(1)显式创建对象

对象的显式创建方式有 4 种。

1)使用 new 关键字创建对象

这是常用的创建对象的方法,语法格式如下:

类名 对象名=new 类名( );

2)调用 java.lang.Class 或者 java.lang.reflect.Constuctor 类的 newlnstance( ) 实例方法

在 Java 中,可以使用 java.lang.Class 或者 java.lang.reflect.Constuctor 类的 newlnstance( ) 实例方法来创建对象,代码格式如下:

java.lang.Class Class 类对象名称=java.lang.Class.forName(要实例化的类全称);

类名 对象名=(类名)Class 类对象名称.newInstance( );

调用 java.lang.Class 类中的 forName( )方法时,需要将要实例化的类的全称(比如 com.mxl.package.Student)作为参数传递过去,然后再调用 java.lang.Class 类对象的 newInstance( )

方法创建对象。

3)调用对象的 clone( ) 方法

该方法不常用,使用该方法创建对象时,要实例化的类必须继承 java.lang.Cloneable 接口。调用对象的 clone( ) 方法创建对象的语法格式如下:

类名对象名=(类名)已创建好的类对象名.clone( );

4)调用 java.io.ObjectInputStream 对象的 readObject( ) 方法

【程序 5-3】

下面创建一个示例演示常用的前三种对象创建方法。示例代码如下:

```
public class Student implements Cloneable
{
    //实现 Cloneable 接口
    private String Name;      //学生名字
    private int age;      //学生年龄
    public Student(String name,int age)
    {      //构造方法
        this.Name=name;
        this.age=age;
    }
    public Student( )
    {
        this.Name=" name ";
        this.age=0;
    }
    public String toString( )
    {
        return "学生名字:"+Name+",年龄:"+age;
    }
    public static void main(String[ ] args)throws Exception
    {
        System.out.println("---------使用 new 关键字创建对象---------");
        //使用 new 关键字创建对象
        Student student1=new Student("小刘",22);
        System.out.println(student1);
         System.out.println("--调用 java.lang.Class 的 newInstance( ) 方法创建对象");
      //调用 java.lang.Class 的 newInstance( ) 方法创建对象
        Class cl=Class.forName(" Student ");
        Student student2=(Student)cl.newInstance( );
        System.out.println(student2);
```

```
            System.out.println("--调用对象的 clone() 方法创建对象--");
            //调用对象的 clone() 方法创建对象
            Student student3=(Student)student2.clone();
            System.out.println(student3);
        }
}
```

对上述示例的说明如下:

使用 new 关键字或 Class 对象的 newInstance() 方法创建对象时,都会调用类的构造方法。

使用 Class 类的 newInstance() 方法创建对象时,会调用类的默认构造方法,即无参构造方法。

使用 Object 类的 clone() 方法创建对象时,不会调用类的构造方法,它会创建一个复制的对象,这个对象和原来的对象具有不同的内存地址,但它们的属性值相同。

如果类没有实现 Cloneable 接口,则 clone 方法会抛出 java. lang. CloneNotSupportedException 异常,所以应该让类实现 Cloneable 接口。

程序执行结果如下:

```
---------使用 new 关键字创建对象---------
学生名字:小刘,年龄:22
--调用 java.lang.Class 的 newInstance() 方法创建对象
学生名字:name,年龄:0
--调用对象的 done()方法创建对象--
学生名字:name,年龄:0
```

(2)隐含创建对象

除了显式创建对象以外,在 Java 程序中还可以隐含地创建对象,例如下面几种情况。

①String strName="strValue",其中的“strValue”就是一个 String 对象,由 Java 虚拟机隐含地创建。

②字符串的“+”运算符运算的结果为一个新的 String 对象,示例如下:

```
String str1="Hello";
String str2="Java";
String str3=str1+str2;      //str3 引用一个新的 String 对象
```

③当 Java 虚拟机加载一个类时,会隐含地创建描述这个类的 Class 实例。

提示:类的加载是指把类的 .class 文件中的二进制数据读入内存中,把它存放在运行时数据区的方法区内,然后在堆区创建一个 java.lang.Class 对象,用来封装类在方法区内的数据结构。

无论采用哪种方式创建对象,Java 虚拟机在创建一个对象时都包含以下步骤:

①给对象分配内存。

②将对象的实例变量自动初始化为其变量类型的默认值。

③初始化对象,给实例变量赋予正确的初始值。

注意:每个对象都是相互独立的,在内存中占有独立的内存地址,并且每个对象都具有自己的生命周期,当一个对象的生命周期结束时,对象就变成了垃圾,由 Java 虚拟机自带的垃圾回收机制处理。

5.3.4 访问对象的属性和行为

每个对象都有自己的属性和行为,这些属性和行为在类中体现为成员变量和成员方法,其中成员变量对应对象的属性,成员方法对应对象的行为。

在 Java 中,要引用对象的属性和行为,需要使用点"."操作符来访问。对象名在圆点左边,而成员变量或成员方法的名称在圆点的右边。语法格式如下:

对象名.属性(成员变量)　　//访问对象的属性

对象名.成员方法名()　　//访问对象的方法

下面的程序简单地演示了对象的声明以及使用。

【程序 5-4】

```
public class HumanDemo{
    public static void main(String args[ ]){
        //创建一个对象 Human wangming;
         wangming=new Human();
        //对对象的实例变量赋值
         wangming.name="王明";
         wangming.age=25; wangming.sex="男"; wangming.addr="中国北京";
        System.out.println("姓名: "+wangming.name);
        System.out.println("性别:"+wangming.sex);
        System.out.println("年龄:"+wangming.age);
        System.out.println("地址:"+wangming.addr);
        System.out.println("在干什么? ");
        wangming.eat();
    }
}
```

程序的运行结果如下:

姓名: 王明 性别:男 年龄:25 地址:中国北京 在干什么? 我在吃饭

对象之间也是可以进行赋值运算的,如下所示:

```
Human zhangsan;
Human lisi;
zhangsan=new Human();
zhangsan.name="张三";
zhangsan.age=30;
zhangsan.sex="男";
```

```
zhangsan.addr="中国北京";
lisi=zhangsan;
```

首先是声明了两个 Human 变量 zhangsan 和 lisi,然后创建 zhangsan 并初始化它的一系列实例变量,最后把 zhangsan 赋值给 lisi。注意最后一句的作用仅仅是把 lisi 也指向原来 zhangsan 指向的对象,也就是现在 zhangsan 和 lisi 指向同一个对象,改变 lisi 的话,zhangsan 也跟着改变。下面的程序演示了这一点。

【程序 5-5】

```
class Human{
    String name;
    String sex;
    int age;
    String addr;
    void work(){
        System.out.println("我在工作");
    }
    void eat(){
        System.out.println("我在吃饭");
    }
}
public class HumanDemo2 {
    public static void main(String args[ ]) { //创建两个对象
        Human zhangsan = new Human();
        Human lisi=new Human();
        //对 zhangsan 赋值
        zhangsan.name="张三";
        zhangsan.sex="男";
        zhangsan.age=25;
        zhangsan.addr="中国北京";
        //把 zhangsan 赋值给
        lisi lisi=zhangsan;
        //打印出赋值后的结果
        System.out.print("张三的姓名:");
        System.out.println(zhangsan.name);
        System.out.print("李四的姓名:");
        System.out.println(lisi.name);
        System.out.println("改变李四的名字");
        lisi.name="李四";
        System.out.print("现在李四的名字为:");
```

```
        System.out.println(lisi.name);
        System.out.print("现在张三的名字为:");
        System.out.println(zhangsan.name);
    }
}
```

程序首先对 zhangsan 的实例变量进行了赋值;然后把 zhangsan 赋值给 lisi,访问 lisi 的属性发现跟 zhangsan 的是一样的;最后改变 lisi 的名字发现张三的名字也改变了,说明了这两个变量都指向同一个对象。程序的运行结果如下:

张三的姓名:张三
李四的姓名:张三
改变李四的名字
现在李四的名字为:李四
现在张三的名字为:李四

【举一反三】

实训一:简单的学生成绩管理系统设计与实现。

(1)目的

①掌握 Java 的类与对象的基本概念。

②掌握简单的信息管理系统的设计与实现。

(2)内容与要求

1)问题描述

要求采用 Java 类与对象的基本知识,实现简单的学生成绩管理系统。

2)实验要求

①实现定义学生成绩记录,记录包括字段有:学生姓名、学号、课程名称、成绩。

②实现学生成绩管理系统的菜单管理功能,允许查看、添加、修改、删除、统计、查找和排序等操作。

③实现查看学生成绩单功能,能显示所有学生的成绩记录。

④实现添加学生成绩记录功能,输入某位学生某门课的成绩,能保存到成绩表里面。

⑤实现修改学生成绩记录功能,根据学生学号修改课程成绩。

⑥实现删除学生成绩记录功能,根据学生学号删除课程成绩。

⑦实现统计某门课平均分、最高分和最低分的功能。

⑧实现查找某位学生成绩功能,根据学生学号显示该学生的成绩。

⑨实现按成绩从高往低排序,并输出。

(3)实现代码

①定义学生成绩记录类,把记录的字段作为类的属性,并定义该类的基本操作方法。

②采用一维数组实现学生成绩记录表,数组的数据类型为“学生成绩记录类”。

建立一个 Score 类:

```
public class Score {
    String num;
    String name;
    double score;
    public Score() {
    }
    public void setNum(String num) {
            this.num = num;
    }
    public void setName(String name) {
        this.name = name;
    }
    public void setScore(double score) {
        this.score = score;
    }
}
```

建立一个 ScoreList 类：

```
import java.util.Scanner;
public class ScoreList {
    int maxLength = 100;
    int length = 0;
    Score[] data = new Score[maxLength];
    Scanner input = new Scanner(System.in);
    public ScoreList() {
    }
    // 添加记录方法
    public void add() {
        if (length < maxLength) {
            data[length] = new Score();
            System.out.print("请输入学生的学号：");
            data[length].setNum(input.next());
            System.out.print("请输入学生的姓名:");
            data[length].setName(input.next());
            System.out.print("请输入学生的成绩:");
            data[length].setScore(input.nextDouble());
            length++;
            System.out.println("添加成功！");
        } else {
```

```
            System.out.println("添加失败！");
        }
    }
    // 显示成绩单方法
    public void transcript() {
        System.out.println("====================================");
        System.out.println("学号                姓名                成绩");
        for (int i = 0; i < length; i++) {
            System.out.println(data[i].num + "\t" + data[i].name + "\t" + "\t" + data
[i].score);
        }
        System.out.println("====================================\n");
    }
    // 成绩从高往低排序方法
    public void sort() {
        Score temp = new Score();
        for (int i = 1; i < length; i++) {
            for (int j = 0; j < length - i; j++) {
                if (data[j].score < data[j + 1].score) { // 冒泡法排序
                    temp = data[j];
                    data[j] = data[j + 1];
                    data[j + 1] = temp;
                }
            }
        }
    }
    // 平均分、最大最小值方法
    public void average() {
        double sum = 0.0;
        double max = 0.0;
        double min = 100.0;
        for (int i = 0; i < length; i++) {
            sum += data[i].score;
            max = max > data[i].score ? max : data[i].score;
            min = min < data[i].score ? min : data[i].score; // 三目运算法
        }
        System.out.printf("这门课的平均成绩为：%.2f\n", sum / length);
        System.out.println("最高分为：" + max + "\n" + "最低分为：" + min + "\n");
```

```
}
// 删除学生记录方法
public void delete() {
    System.out.print("请输入您要删除信息的学生的学号:");
    String number1 = input.next();
    int i, flag = length;
    for (i = 0; i < length; i++) {
        if (number1.equals(data[i].num)) {
            flag = i;
            break;
        }
    }
    if (i == length) {
        System.out.println("查无此人! 请核对后重新输入 \n");
        delete();
    } else {
        for (int j = flag; j < length; j++) {
            data[j] = data[j + 1];
        }
        System.out.println("删除成功! \n");
        length -= 1; // 不减 1 会报数组越界的错误
    }
}
// 查询某个学生信息方法
public void inquire() {
    System.out.print("请输入您要查询成绩的学生的学号:");
    String number2 = input.next();
    int i;
    for (i = 0; i < length; i++) {
        if (number2.equals(data[i].num)) {
            System.out.println("===========================");
            System.out.println(" 学号                姓名                成绩 ");
System.out.println(data[i].num + "\t " + data[i].name + "\t " + "\t " + data[i].score);
System.out.println("=================================\n ");
            break;
        }
    }
    if (i == length) {
```

```
                System.out.println("查无此人！ 请核对后重新输入学号 \n");
                inquire();
            }
        }
        // 修改学生信息方法
        public void recompose() {
            System.out.print("请输入您要修改信息的学生的学号:");
            String number3 = input.next();
            int i;
            for (i = 0; i < length; i++) {
                if (number3.equals(data[i].num)) {
                    System.out.println("请输入该学生新的学号,姓名和成绩:");
                    data[i].setNum(input.next());
                    data[i].setName(input.next());
                    data[i].setScore(input.nextDouble());
                    System.out.println("修改成功！ \n");
                    break;
                }
            }
            if (i == length) {
                System.out.println("查无此人！ 请核对后重新输入学号\n");
                recompose();
            }
        }
    }
```

建立一个 Test 类：

```
import java.util.Scanner;
public class Test {
    public static void main(String[] args) {
        Scanner input = new Scanner(System.in);
        String choice = "1";
        ScoreList studentScoreList = new ScoreList();
        System.out.println("**********学生成绩管理系统********");
        while(choice.equals("0") == false) {
            System.out.println("1.查看学生成绩单");
            System.out.println("2.添加学生成绩记录");
            System.out.println("3.修改学生成绩记录");
            System.out.println("4.删除学生成绩记录");
```

```
            System.out.println("5.查看某位学生成绩记录");
            System.out.println("6.统计这门课平均分、最高分和最低分");
            System.out.println("7.按成绩从高往低排序,并输出");
            System.out.println("0.退出程序");
            System.out.print("Enter your choice: ");
            choice = input.next();
            switch(choice) {
                case "0":
                    System.out.println("谢谢您的使用,欢迎下次光临!\n" + "***
******* 按任意键结束程序 **********");
                    break;
                case "1":
                    studentScoreList.transcript();
                    System.out.println("请问您还需要什么服务?\n");
                    break;
                case "2":
                    int i = 1;
                    do {
                    studentScoreList.add();
            System.out.println("\n 是否继续添加?" + "\n" + "0.否" + "\n" + "1.是");
                    i = input.nextInt();
                    } while(i == 1);
                    System.out.println("请问您还需要什么服务?\n");
                    break;
                case "3":
                    studentScoreList.recompose();
                    System.out.println("请问您还需要什么服务?\n");
                    break;
                case "4":
                    studentScoreList.delete();
                    System.out.println("请问您还需要什么服务?\n");
                    break;
                case "5":
                    studentScoreList.inquire();
                    System.out.println("请问您还需要什么服务?\n");
                    break;
                case "6":
                    studentScoreList.average();
```

```
                    System.out.println("请问您还需要什么服务? \n");
                    break;
                case "7":
                    studentScoreList.sort();
                    studentScoreList.transcript();
                    System.out.println("请问您还需要什么服务? \n");
                    break;
                default:
                    System.out.println("Invalid input! Please enter again.");
                    break;
            }
        }
    }
}
```

实训二:Java 控制台实现超市管理系统。

(1)开发目标

通过简单的控制台版本的超市管理系统对 Java 基础知识回顾,熟悉面向对象(Java)的开发思想。

(2)开发过程

```
    /*
    商品信息类
     */
public class FruitItem {
    int ID;//商品编号
    String name;//商品名称
    double price;//商品价格
    int num;//商品数量
    double money;//商品总额
    }
    主类
import java.util.ArrayList;
import java.util.Scanner;
    /*
    超市管理系统的启动类
    实现基本功能
    增加商品
    删除商品
```

```
    修改商品
    查询商品
     */
public class Shop {
    public static void main(String[] args) {
    /*因为数组长度不可变 所以采用集合方式  ArrayList 中放的是引用类型的数据
        创建 arraylist 集合 存储 FruitItem 类型的数据
         */
        ArrayList<FruitItem> arry = new ArrayList<FruitItem>();
        init(arry);
        //死循环操作
        while(true){
            mainMenu();
            Scanner s = new Scanner(System.in);
            int in =s.nextInt();
            switch(in){
            case 1:
            show(arry);
            break;
            case 2:
            add(arry);
            break;
            case 3:
            del(arry);
            break;
            case 4:
            update(arry);
            break;
            case 5:
            return;
            default:
            System.err.println("输入的序号不存在");
            break;
            }
        }
    }
/*
 * 定义商品初始化方法  创建几个商品并添加到集合 array 中
```

```
 */
public static void init(ArrayList<FruitItem> arry){
    //创建第 1 个商品
    FruitItem f1 = new FruitItem();
    f1.ID=1000;
    f1.name="笔记本";
    f1.price=10.0;
    //创建第 2 个商品
    FruitItem f2 = new FruitItem();
    f2.ID=1001;
    f2.name="西红柿";
    f2.price=2.0;
    //创建第 3 个商品
    FruitItem f3 = new FruitItem();
    f3.ID=1002;
    f3.name="辣条";
    f3.price=5.0;
    arry.add(f1);
    arry.add(f2);
    arry.add(f3);
}
/*
 * 主方法
 */
public static void mainMenu(){
    System.out.println();
    System.out.println("===========超市管理系统============");
System.out.println("1：货物清单 2：增加货物 3：删除货物 4：修改货物  5：退出");
    System.out.println("输出你要操作的编号");
}
/*
 * 查看方法
 */
public static void show(ArrayList<FruitItem> arry){
    System.out.println();
    System.out.println("===========商品清单================");
    System.out.println("商品编号          商品单价          商品名称");
    //遍历集合
```

```
    for(int i=0; i<arry.size(); i++){
        FruitItem f = arry.get(i);
        System.out.println(f.ID+"      "+f.price+"        "+f.name);
    }
}
/*
 * 添加功能
 */
public static void add(ArrayList<FruitItem> arry){
    System.out.println("选择的是添加商品功能");
    Scanner in =new Scanner(System.in);
    System.out.println("输出商品编号 ID ");
    int ID = in.nextInt();
    System.out.println("输入商品单价");
    double price   = in.nextDouble();
    System.out.println("输入商品名称");
    String name    =in.next();
    //创建商品对象
    FruitItem f = new FruitItem();
    f.ID=ID;
    f.price=price;
    f.name=name;
    //添加到集合
    arry.add(f);
    System.out.println("添加成功");
}
/*
 *删除商品功能
 */
public static void del(ArrayList<FruitItem> arry){
    System.out.println();
    System.err.println("选择的是删除功能");
    System.out.println("输出要删除的商品编号 ID ");
    Scanner in   = new Scanner(System.in);
    int id = in.nextInt();
    //遍历集合
    for(int i=0; i<arry.size(); i++){
        FruitItem f = arry.get(i);
```

```
                //比对输入的与已经存在的
                if(f.ID==id){
                    arry.remove(f);
                    System.out.println("删除成功");
                    //当遍历相等的时候直接结束方法
                    return;
                }
                //如果 if 不执行则 for 循环结束打印
                System.out.println("不存在此商品");
            }
        }
        /*
         * 修改功能
         */
        public static void update(ArrayList<FruitItem> arry){
            System.out.println();
            System.out.println("选的是修改功能");
            System.out.println("输入你要修改的商品编号 ID ");
            Scanner in =new Scanner(System.in);
            int id = in.nextInt();
            //遍历集合
            for(int i=0; i<arry.size(); i++){
                FruitItem f =arry.get(i);
                if(f.ID==id){
                    System.out.println("输入新的商品编号");
                    f.ID=in.nextInt();
                    System.out.println("输入商品单价");
                    f.price=in.nextDouble();
                    System.out.println("输入商品名称");
                    f.name=in.next();
                    System.out.println("修改成功");
                    return;
                }
            }
            System.out.println("不存该商品");
        }
    }
```

(3)运行结果

```
===========超市管理系统===========
1：货物清单 2：增加货物 3：删除货物 4：修改货物  5：退出
输出你要操作的编号
1
===========商品清单================
商品编号        商品单价        商品名称
1000            10.0            笔记本
1001            2.0             西红柿
1002            5.0             辣条
===========超市管理系统===========
1：货物清单 2：增加货物 3：删除货物 4：修改货物  5：退出
输出你要操作的编号
2
选择的是添加商品功能
输出商品编号 ID
1003
输入商品单价
10
输入商品名称
牛奶
添加成功
===========超市管理系统===========
1：货物清单 2：增加货物 3：删除货物 4：修改货物  5：退出
输出你要操作的编号
1
===========商品清单================
商品编号        商品单价        商品名称
1000            10.0            笔记本
1001            2.0             西红柿
1002            5.0             辣条
1003            10.0            牛奶
===========超市管理系统===========
1：货物清单 2：增加货物 3：删除货物 4：修改货物  5：退出
输出你要操作的编号
```

实训三:面向对象模拟超市购物车。

(1)列出所需的 Java 类结构

①Database.java —— 模拟存储商品的数据库。

②McBean.java —— 商品实体类,一个普通的 javabean,里面有商品的基本属性。

③OrderItemBean.java —— 订单表。

④ShoppingCar.java —— 这个就是最主要的购物车,当然比较简单。

⑤TestShoppingCar.java —— 这个是测试类。

(2)具体代码及关键注释

```
---Database.java
public class Database {
    /*采用 Map 存储商品数据,为什么呢?这个问题需要思考。
     * Integer 为 Map 的 key 值,McBean 为 Map 的 value 值。
     */
    private static Map<Integer, McBean> data = new HashMap<Integer, McBean>();
    public Database() {
        McBean bean = new McBean();
        bean.setId(1);
        bean.setName("地瓜");
        bean.setPrice(2.0);
        bean.setInstuction("新鲜的地瓜");
        data.put(1, bean);//把商品放入 Map
        bean = new McBean();
        bean.setId(2);
        bean.setName("土豆");
        bean.setPrice(1.2);
        bean.setInstuction("又好又大的土豆");
        data.put(2, bean);//把商品放入 Map
        bean = new McBean();
        bean.setId(3);
        bean.setName("丝瓜");
        bean.setPrice(1.5);
        bean.setInstuction("本地丝瓜");
        data.put(3, bean);//把商品放入 Map
    }
        public void setMcBean(McBean mcBean){
            data.put(mcBean.getId(),mcBean);
        }
        public McBean getMcBean(int nid) {
```

```
        return data.get(nid);
    }
}
---McBean.java
public class McBean {
    private int id;//商品编号
    private String name;//商品名
    private double price;//商品价格
    private String instuction;//商品说明
    public int getId() {
        return id;
    }
    public void setId(int id) {
        this.id = id;
    }
    public String getName() {
        return name;
    }
    public void setName(String name) {
        this.name = name;
    }
    public double getPrice() {
        return price;
    }
    public void setPrice(double price) {
        this.price = price;
    }
    public String getInstuction() {
        return instuction;
    }
    public void setInstuction(String instuction) {
        this.instuction = instuction;
    }
}
---ShoppingCar.java
public class ShoppingCar {
    private double totalPrice; // 购物车所有商品总价格
    private int totalCount; // 购物车所有商品数量
    private Map<Integer, OrderItemBean> itemMap; // 商品编号与订单项的键值对
```

```
        public ShoppingCar() {
            itemMap = new HashMap<Integer, OrderItemBean>();
        }
        public void buy(int nid) {
            OrderItemBean order = itemMap.get(nid);
            McBean mb;
            if (order == null) {
                mb = new Database().getMcBean(nid);
                order = new OrderItemBean(mb, 1);
                itemMap.put(nid, order);
                update(nid, 1);
        } else {
        order.setCount(order.getCount() + 1);
        update(nid, 1);
        }
    }
    public void delete(int nid) {
        OrderItemBean delorder = itemMap.remove(nid);
        totalCount = totalCount - delorder.getCount();
        totalPrice = totalPrice - delorder.getThing().getPrice() * delorder.getCount();
    }
    public void update(int nid, int count) {
        OrderItemBean updorder = itemMap.get(nid);
        totalCount = totalCount + count;
        totalPrice = totalPrice + updorder.getThing().getPrice() * count;
    }
    public void clear() {
        itemMap.clear();
        totalCount = 0;
        totalPrice = 0.0;
    }
    public void show() {
        DecimalFormat df = new DecimalFormat("¤#.##");
        System.out.println("商品编号\t 商品名称\t 单价\t 购买数量\t 总价");
        Set set = itemMap.keySet();
        Iterator it = set.iterator();
        while (it.hasNext()) {
            OrderItemBean order = itemMap.get(it.next());
            System.out.println(order.getThing().getId() + "\t "
```

```
            + order.getThing().getName() + "\t"
            + df.format(order.getThing().getPrice()) + "\t" + order.getCount()
            + "\t" + df.format(order.getCount() * order.getThing().getPrice()));
            }
            System.out.println("合计：总数量：" + df.format(totalCount) + "总价格：" + df.
        format(totalPrice));
            System.out.println("************************************");
        }
}
---OrderItemBean.java
public class OrderItemBean {
        private McBean thing;//商品的实体
        private int count;//商品的数量
        public OrderItemBean(McBean thing, int count) {
            super();
            this.thing = thing;
            this.count = count;
        }
        public McBean getThing() {
            return thing;
        }
        public void setThing(McBean thing) {
            this.thing = thing;
        }
        public int getCount() {
            return count;
        }
        public void setCount(int count) {
            this.count = count;
        }
}
---TestShoppingCar.java
package com.shop;

public class TestShoppingCar {
        public static void main(String[] args) {
        ShoppingCar s = new ShoppingCar();
        s.buy(1);//购买商品编号 1 的商品
        s.buy(1);
```

```
        s.buy(2);
        s.buy(3);
        s.buy(1);
        s.show();//显示购物车的信息
        s.delete(1);//删除商品编号为1的商品
        s.show();
        s.clear();
        s.show();
    }
}
```

(3)打印输出结果

```
商品编号  商品名称  单价   购买数量  总价
1         地瓜      ￥2    3         ￥6
2         土豆      ￥1.2  1         ￥1.2
3         丝瓜      ￥1.5  1         ￥1.5
合计：总数量：￥5 总价格：￥8.7
*********************************************************
商品编号  商品名称  单价   购买数量  总价
2         土豆      ￥1.2  1         ￥1.2
3         丝瓜      ￥1.5  1         ￥1.5
合计：总数量：￥2 总价格：￥2.7
*********************************************************
商品编号 商品名称 单价 购买数量 总价
合计：总数量：￥0 总价格：￥0
*********************************************************
```

项目 6　模拟 KTV 点歌系统

【任务需求】

随着时代的进步,人们的生活变得越来越富裕,人们不仅追求物质上的享受,对精神上的享受空前提高。而时代赋予现代人类的一大精神盛宴无疑是越来越多的流行音乐,尤其是大多数的青少年更是离不开音乐。KTV 就在这个时候应运而生,城市里越来越多的 KTV(这里指 KTV 场所)出现在人们的生活中,随着 KTV 行业的迅猛发展,点歌系统在 KTV 里的重要性越来越大,KTV 点歌系统也因此有了广阔的发展前景。实现一个模拟 KTV 点歌系统,系统在控制台界面操作,如图 6-1 所示。

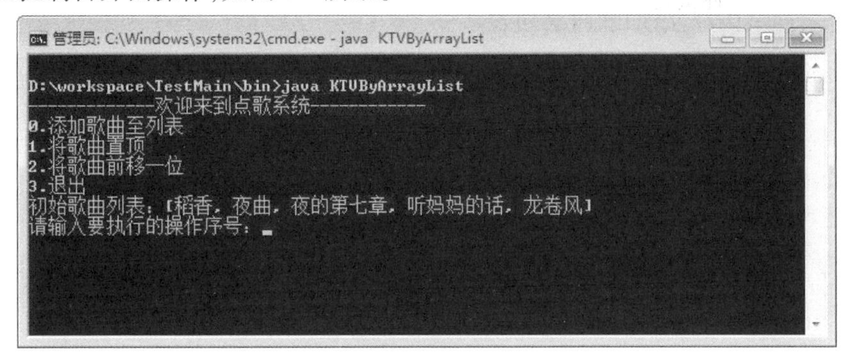

图 6-1　控制台操作界面

【任务目标】

①通过该项目,掌握集合类的相关知识。

②学习 Collection 接口、Set 集合、List 集合以及 Map 集合的相关技能。

【任务实施】

通过实际调查,要求本系统至少具有以下功能:

①良好的人机界面。

②方便的点歌功能。

③方便添加、置顶和向前移动歌曲等功能。

本系统支持单机工作,普通用户即可直接进入系统主界面。接下来,通过一个模拟 KTV 点歌系统来熟悉本阶段的知识点。

①第一种方式,使用 ArrayList 集合类实现该系统。

```
public class KTVByArrayList {
public static void main(String[] args) {
```

```
        System.out.println("-------------欢迎来到点歌系统------------");
        System.out.println("0.添加歌曲至列表");
        System.out.println("1.将歌曲置顶");
        System.out.println("2.将歌曲前移一位");
        System.out.println("3.退出");
        ArrayList lineUpList = new ArrayList();// 创建歌曲列表
        addMusicList(lineUpList);// 添加一部分歌曲至歌曲列表
        while (true) {
            System.out.print("请输入要执行的操作序号:");
            Scanner scan = new Scanner(System.in);
            int command = scan.nextInt();// //接收键盘输入的功能选项序号
            // 执行序号对应的功能
            switch (command) {
            case 0:// 添加歌曲至列表
                addMusic(lineUpList);
                break;
            case 1:// 将歌曲置顶
                setTop(lineUpList);
                break;
            case 2:// 将歌曲前移一位
                setBefore(lineUpList);
                break;
            case 3:// 退出
                exit();
                break;
            default:
                System.out.println("-----------------------------------");
                System.out.println("功能选择有误,请输入正确的功能序号!");
                break;
            }
            System.out.println("当前歌曲列表:"+ lineUpList);
        }
    }
    // 初始时添加歌曲名称
    private static void addMusicList(ArrayList lineUpList) {
        lineUpList.add("稻香");
        lineUpList.add("夜曲");
        lineUpList.add("夜的第七章");
```

```
        lineUpList.add("听妈妈的话");
        lineUpList.add("龙卷风");
        System.out.println("初始歌曲列表:"+ lineUpList)v
    }
    // 执行添加歌曲
    private static void addMusic(ArrayList lineUpList) {
        System.out.print("请输入要添加的歌曲名称:");
        String musicName = new Scanner(System.in).nextLine();// 获取键盘输入内容
        lineUpList.add(musicName);// 添加歌曲到列表的最后
        System.out.println("已添加歌曲:"+ musicName);
    }
    // 执行将歌曲置顶
    private static void setTop(ArrayList lineUpList) {
        System.out.print("请输入要置顶的歌曲名称:");
        String musicName = new Scanner(System.in).nextLine();// 获取键盘输入内容
        int position = lineUpList.indexOf(musicName);// 查找指定歌曲位置
        if (position < 0) {// 判断输入歌曲是否存在
            System.out.println("当前列表中没有输入的歌曲! ")v
        } else {
            lineUpList.remove(musicName)v// 移除指定的歌曲
            lineUpList.add(0, musicName);// 将指定的歌曲放到第一位
        }
        System.out.println("已将歌曲"+ musicName + "置顶")v
    }
    // 执行将歌曲置前一位
    private static void setBefore(ArrayList lineUpList) {
        System.out.print("请输入要置前的歌曲名称:");
        String musicName = new Scanner(System.in).nextLine();// 获取键盘输入内容
        int position = lineUpList.indexOf(musicName)v// 查找指定歌曲位置
        if (position < 0) {// 判断输入歌曲是否存在
            System.out.println("当前列表中没有输入的歌曲! ");
        } else if (position == 0) {// 判断歌曲是否已在第一位
            System.out.println("当前歌曲已在最顶部! ");
        } else {
            lineUpList.remove(musicName);// 移除指定的歌曲
            lineUpList.add(position - 1, musicName);// 将指定的歌曲放到前一位
        }
        System.out.println("已将歌曲"+ musicName + "置前一位");
```

```
    }
    // 退出
    private static void exit() {
        System.out.println("----------------退出---------------");
        System.out.println("您已退出系统");
        System.exit(0);
        }
}
```

②第二种方式,使用 LinkedList 实现 KTV 点歌系统的开发。

```
public class KTVByLinkedList{
    public static void main(String[] args) {
    System.out.println("-------------欢迎来到点歌系统------------");
    System.out.println("0.添加歌曲至列表");
    System.out.println("1.将歌曲置顶");
    System.out.println("2.将歌曲前移一位");
    System.out.println("3.退出")v
    LinkedList lineUpList = new LinkedList();// 创建歌曲列表
    addMusicList(lineUpList);// 添加一部分歌曲至歌曲列表
    while (true) {
        System.out.print("请输入要执行的操作序号:");
        Scanner scan = new Scanner(System.in);
        int command = scan.nextInt();// //接收键盘输入的功能选项序号
        // 执行序号对应的功能
        switch (command) {
        case 0:// 添加歌曲至列表
            addMusic(lineUpList);
            break;
        case 1:// 将歌曲置顶
            setTop(lineUpList);
            break;
        case 2:// 将歌曲前移一位
            setBefore(lineUpList);
            break;
        case 3:// 退出
            exit();
            break;
        default:
            System.out.println("----------------------------------");
```

```
                System.out.println("功能选择有误,请输入正确的功能序号! ");
                break;
            }
            System.out.println("当前歌曲列表:"+ lineUpList);
        }
    }
    // 初始时添加歌曲名称
    private static void addMusicList(LinkedList lineUpList) {
        lineUpList.add("稻香");
        lineUpList.add("夜曲");
        lineUpList.add("夜的第七章");
        lineUpList.add("听妈妈的话");
        lineUpList.add("龙卷风");
        System.out.println("初始歌曲列表:"+ lineUpList);
    }
    // 执行添加歌曲
    private static void addMusic(LinkedList lineUpList) {
        System.out.print("请输入要添加的歌曲名称:");
        String musicName = new Scanner(System.in).nextLine();// 获取键盘输入内容
        lineUpList.addLast(musicName);// 添加歌曲到列表的最后
        System.out.println("已添加歌曲:"+ musicName);
    }
    // 执行将歌曲置顶
    private static void setTop(LinkedList lineUpList) {
        System.out.print("请输入要置顶的歌曲名称:");
        String musicName = new Scanner(System.in).nextLine();// 获取键盘输入内容
        int position = lineUpList.indexOf(musicName);// 查找指定歌曲位置
        if (position < 0) {// 判断输入歌曲是否存在
            System.out.println("当前列表中没有输入的歌曲! ");
        } else {
            lineUpList.remove(musicName);// 移除指定的歌曲
            lineUpList.addFirst(musicName);// 将指定的歌曲放到第一位
        }
        System.out.println("已将歌曲"+ musicName + "置顶");
    }
    // 执行将歌曲置前一位
    private static void setBefore(LinkedList lineUpList) {
        System.out.print("请输入要置前的歌曲名称:");
```

```
        String musicName = new Scanner(System.in).nextLine();// 获取键盘输入内容
        int position = lineUpList.indexOf(musicName);// 查找指定歌曲位置
        if (position < 0) {// 判断输入歌曲是否存在
            System.out.println("当前列表中没有输入的歌曲! ");
        } else if (position == 0) {// 判断歌曲是否已在第一位
            System.out.println("当前歌曲已在最顶部! ");
        } else {
            lineUpList.remove(musicName);// 移除指定的歌曲
            lineUpList.add(position - 1, musicName);// 将指定的歌曲放到前一位
        }
        System.out.println("已将歌曲"+ musicName + "置前一位");
    }
    // 退出
    private static void exit() {
        System.out.println("----------------退出---------------");
        System.out.println("您已退出系统");
        System.out.exit(0);
        }
}
```

【技能知识】

6.1　Java 集合类简介

Java 集合可用于存储数量不等的对象,并可以实现常用的数据结构(如栈、队列等待),还可以用于保存具有映射关系的关联数组。Java 集合就一种容器,可以把多个对象放进容器中,Java 集合可以记住容器中的对象的数据类型,从而可以使代码更加简洁和健壮。

Java 集合大致可以分为 Set、List、Queue、Map 等 4 种体系。

Set:代表无序、不可重复;List:代表有序、重复的集合;Queue:代表一种队列集合实现;Map:代表具有映射关系的集合。

6.1.1　Java 集合与数组的区别

数组的长度是不可变化的,在数组初始化时指定了数组长度,如果需求要动态添加数据,此时数据就无能为力了,而集合可以保存不确定数量的数据,同时也可以保存具有映射关系的数据。同一个数组的元素即可是基本类型的值,也可以是对象(实际上保存的是对象的引用变量),而集合只能保存同一类型的对象。

6.1.2 Java 集合体系间的继承关系

Java 集合主要有两个接口派生而出：Collection 和 Map，这两个接口是 Java 集合框架的根接口，如图 6-2、图 6-3 所示。

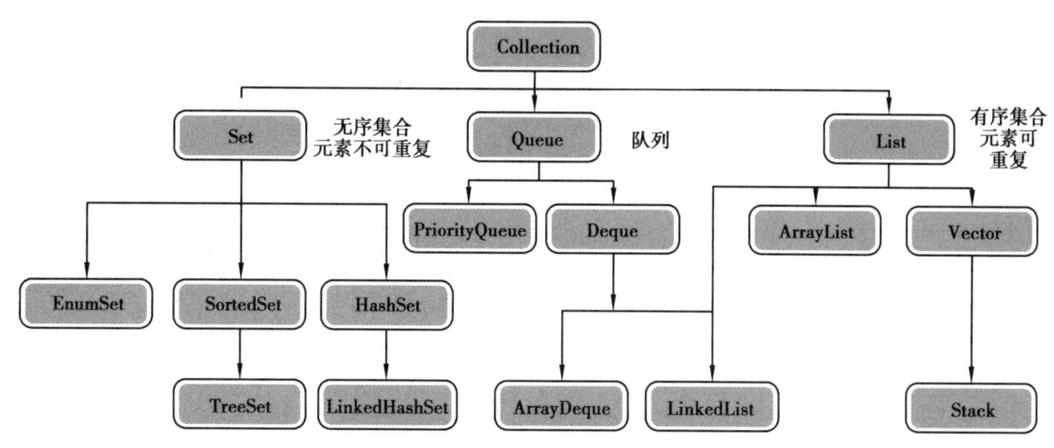

图 6-2 Collection 接口的实现类

其中 HashSet、TreeSet、ArrayList、LinkedList 是经常用到的实现类。

Map 实现类是用于保存具有映射关系的数据。Map 保存的每项数据都是键值对(key-value)，Map 中的 key 是不可重复的，key 用于标识集合里的每项数据。

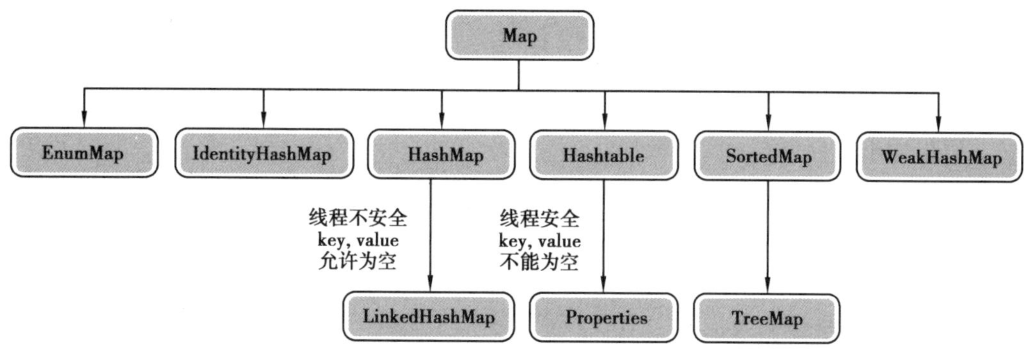

图 6-3 Map 接口的实现类

其中 HashMap、TreeMap 是经常用到的实现类。

6.2 Collection 接口

Collection 接口是 Set、List、Queue 接口的父接口，该接口所有的方法可以供其子类调用实现。

6.2.1 接口中的相关方法

Collection 接口的相关方法见表 6-1。

表 6-1　Collection 接口中的相关方法

add()	指定 Collection 中的所有元素都添加到此 Collection 中
clear()	移除此 Collection 中的所有元素
isEmpty()	如果此 Collection 不包含元素,则返回 true
iterator()	返回在此 Collection 的元素上进行迭代的迭代器
remove()	从此 Collection 中移除指定元素的单个实例
size()	返回此 Collection 中的元素数
toArray()	返回包含此 Collection 中所有元素的数组

下面是一些常用方法的数据操作例子,主要是添加、删除、清空、是否为空等。

```
Collection c= new ArrayList();
//添加元素
c.add("今天");
c.add("明天");
c.add(Integer.toString(8)); //基本数据类型需要转成包装类才能放入集合中
System.out.println("c 集合中的元素:"+c);
//输出元素个数
System.out.println("c 集合中的元素个数为:"+c.size());
//删除指定元素
c.remove(Integer.toString(8));
//再次输出集合中的元素个数
System.out.println("c 集合中的元素个数为:"+c.size());
//判断是否包含指定对象
System.out.println("c 集合中是否包含\"今天\"字符串:"+c.contains("今天"));
System.out.println("c 集合中所有的元素:"+c);
Collection h= new HashSet();
h.add("明天");
h.add("明天的天气会下雨哦! ");
//判断 c 集合中是否完全包含 h 集合
System.out.println("c 集合中是否完全包含 h 集合?:"+c.containsAll(h));
//用 c 集合减去 h 集合中的元素
c.removeAll(h);
System.out.println("c 集合中的元素:"+c);
//删除 c 中所有的元素
c.clear();
```

System.out.println(" c 集合中的元素:"+c);

输出结果:

c 集合中的元素:[今天, 明天, 8]

c 集合中的元素个数为:3

c 集合中的元素个数为:2

c 集合中是否包含"今天"字符串:true

c 集合中所有的元素:[今天, 明天]

c 集合中是否完全包含 h 集合?:false

c 集合中的元素:[今天]

c 集合中的元素:[]

6.2.2 使用 Iterator(迭代器)遍历集合

Iterator 接口是 Collection 接口的父接口,因此 Collection 集合可以直接调用其方法。Iterator 接口也是 Java 集合框架中的一员,与 Collection 系列和 Map 系列不同的是,Collection 系列、Map 系列集合主要是用于盛装数据对象的。Iterator 主要是用于遍历 Collection 中的元素。

Iterator 接口相关方法见表 6-2。

表 6-2 Iterator 接口的相关方法

hasNext()	如果仍有元素可以迭代,则返回 true
next()	返回迭代的下一个元素
remove()	从迭代器指向的 Collection 中移除迭代器返回的最后一个元素

下面通过 Iterator 接口类遍历集合元素:

```
public class IteratorTest {

    public static void main(String[] args) {
        testIterator();
    }

    static void testIterator() {
        // 创建集合添加元素
        Collection<Person> PersonList = new ArrayList<Person>();
        Person p1 = new Person("韩梅梅", 25);
        Person p2 = new Person("李雷", 34);
        personList.add(p1);
        personList.add(p2);
```

```
            // 获取集合的迭代器 iterator
            Iterator<Person> iterator = personList.iterator();
            while (iterator.hasNext()) {
                // 获取集合中的下一个元素
                Person person = iterator.next();
                System.out.println("person:"+ person.name + "--"
                + person.age);
                if (person.name.equals("李雷")) {
                    // 删除上一次迭代器 next 返回的元素
                    iterator.remove();
                }
                  // 对 person 对象中的变量赋值,会改变集合中元素的值
                  person.name = "张三";
                  person.age = 88;
            }
            System.out.println(personList.toString());
        }
    }
    static class Person {
        String name;
        int age;
        public Person(String name, int age) {
            super();
            this.name = name;
            this.age = age;
        }
        @Override
        public String toString() {
          return "Person [name="+ name + ", age="+ age + "]";
        }
    }
```

编译输出结果：

```
person:韩梅梅--25
person:李雷--34
[Person [name=张三, age=88]]
```

从上面输出结果可以看出，对迭代变量 person 对象进行赋值，当再次输出 personList 集合时，会看到集合中的元素发生了改变。由此可知，当使用 Iterator 对集合进行遍历迭代，会

把集合元素值传递给迭代变量。

当使用 Iterator 迭代变量 Collection 集合时,不可以在迭代过程中进行对集合添加、删除等操作,否则会引发 java.util.ConcurrentModificationException 异常,只能利用迭代器 Iterator 的 remove 方法进行删除上一次的 next 返回的元素。

```
// 获取集合的迭代器 iterator
Iterator<Person> iterator = personList.iterator();
while (iterator.hasNext()) {
    // 获取集合中的下一个元素
    Person person = iterator.next();
    System.out.println("person:"+ person.name + "--"+ person.age);
    if (person.name.equals("李雷")) {
    //删除上一次迭代器 next 返回的元素
    personList.remove(person);
    }
    // 对 person 对象中的变量赋值,会改变集合中元素的值
    person.name = "张三";
        person.age = 88;
  }
System.out.println(personList.toString());
```

上面的代码执行就会抛出异常:

Exception in thread "main" java.util.ConcurrentModificationException

6.3　Set 集合

可以把多个对象存放入 Set 集合内,在集合内是无法记住元素的添加顺序。Set 集合与 Collection 基本相同,没有额外提供其他方法,实际上 Set 就是 Collection,只是行为略有不同,Set 不允许包含重复元素,如图 6-4 所示。

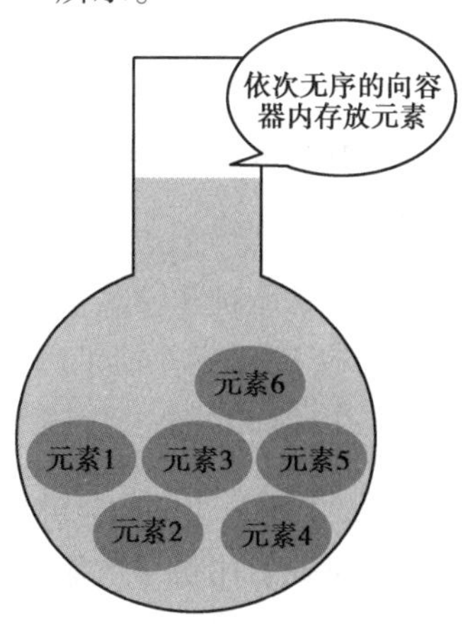

图 6-4　Set 集合存放的元素

如果试着在 Set 集合中添加相同的元素(注意是同一个对象的引用,并非两个元素值相同),add 方法会操作失败,返回 false,新元素是无法被加入的。

```
public class CollectionTest {
    public static void main(String[] args) {
        testSet();
    }
    static void testSet() {
        Set<Person> set = new HashSet<Person>();
        Person p1 = new Person("韩梅梅", 25);
        //添加同一个对象两次
        boolean add1 = set.add(p1);
        boolean add2 = set.add(p1);
        System.out.println("add1:"+add1+"\nadd2:"+add2);
        System.out.println(set.toString());
    }
}
```

输出结果:

```
add1:true
add2:false
[Person [name=韩梅梅, age=25]]
```

从结果上可以看出,添加同一对象两次到集合中,第二次会操作失败,add 返回 false,由此可见 Set 集合中不能存在相同的对象。接下来可以测试下添加有相同的元素值的两个对象,看看结果是怎么样的:

```
static void testSet() {
    Set<Person> set = new HashSet<Person>();
    Person p1 = new Person("韩梅梅", 25);
    Person p2 = new Person("韩梅梅", 25);
    boolean add1 = set.add(p1);
    boolean add2 = set.add(p2);
    System.out.println("add1:"+add1+"\nadd2:"+add2);
    System.out.println(set.toString());
}
```

输出结果:

```
add1:true
add2:true
[Person [name=韩梅梅, age=25], Person [name=韩梅梅, age=25]]
```

由此可见:添加相同元素是指同一对象引用被多次添加会操作失败,而非相同元素值的多个对象被添加。

6.4　List 集合

6.4.1　简介

List 代表是一个元素有序、可重复的集合，集合中每个元素都有对应的顺序索引。List 集合允许使用重复的元素，可以通过索引来访问指定位置的元素。List 集合默认按元素的添加顺序来设置元素的索引，例如第一次添加的元素索引为 0，第二次添加的元素索引为 1，依次类推下去，如图 6-5 所示。

	元素1	元素2	元素3	元素4	元素5
索引：	0	1	2	3	4

图 6-5　List 集合示意图

6.4.2　接口中定义的方法

List 作为 Collection 的子接口，同样可以调用 Collection 的全部方法，List 集合具有有序特点，同时 List 集合还有一些额外的方法见表 6-3。

表 6-3　List 集合额外的方法

add( )	向列表的尾部添加指定的元素
clear( )	从列表中移除所有元素(可选操作)
get( )	返回列表中指定位置的元素
iterator( )	返回按适当顺序在列表的元素上进行迭代的迭代器
remove( )	移除列表中指定位置的元素(可选操作)
size( )	返回列表中的元素数
toArray( )	返回按适当顺序包含列表中的所有元素的数组

下面是 List 集合的一些常规用法：

```
public class ListTest {
    public static void main(String[ ] args) {
        testList( );
    }
    static void testList( ) {
        //创建 List 集合，初始化数据
```

```
        List<Person> list = new ArrayList<Person>( );
        list.add( new Person("张三", 88) );
        list.add( new Person("赵六", 44) );
        list.add( new Person("李四", 99) );
        System.out.println( list.toString( ) );
        //在第二位置插入新数据
        Person p1 = new Person("王五", 66);
        list.add(1, p1);
        //普通变量集合 for
        for (int i = 0; i < list.size( ); i++) {
            System.out.println( list.get( i) );
        }
        //删除第二个元素
        list.remove(2);
        System.out.println( list.toString( ) );
        //获取指定元素在集合中的位置
        Person p2 = new Person("王五", 66);
        System.out.println( list.indexOf( p2) );
        //替换指定索引的元素
        list.set(1,new Person("小刘", 77) );
        System.out.println( list.toString( ) );
        //截取指定位置区域的元素成为子集合(注意是位置,不是索引值)
        System.out.println( list.subList(1, 2) );

    }
}
```

输出结果：

```
[Person [name=张三, age=88], Person [name=赵六, age=44], Person [name=李四, age
=99]]
Person [name=张三, age=88]
Person [name=王五, age=66]
Person [name=赵六, age=44]
Person [name=李四, age=99]
[Person [name=张三, age=88], Person [name=王五, age=66], Person [name=李四, age
=99]]
-1
[Person [name=张三, age=88], Person [name=小刘, age=77], Person [name=李四, age
=99]]
[Person [name=小刘, age=77]]
```

从结果可以当执行 System.out.println(list.indexOf(p2))并没有返回指定的对象的索引值,返回是-1,说明集合不存在该元素,而控制台打印却有这个元素,是什么问题呢?其实控制器打印出来的元素值并不是 p2 对象的,而是 p1 的,这两个对象并不是同一个对象,判断两个对象是否相等只要通过 equals()方法比较就可以得知,相等则返回 true。注意必须在实体类中重写 equals()方法。

```
boolean equals = p1.equals(p2);
System.out.println(equals);

//实体类
    static class Person {
        ......
        @Override
        public boolean equals(Object obj) {
            if (this == obj)
                return true;
            if (obj == null)
                return false;
            if (getClass() != obj.getClass())
                return false;
            Person other = (Person) obj;
            if (age != other.age)
                return false;
            if (name == null) {
                if (other.name != null)
                    return false;
            } else if (! name.equals(other.name))
                return false;
            return true;
        }
    }

//执行结果:注意在没有重写实体类的 equals 方法,控制台输出结果是 false
```

此时再次执行 main 方法,System.out.println(list.indexOf(p2))返回的值是 1 了。

6.5 Queue 集合

6.5.1 简介

Queue 用于模拟队列这种数据结构,队列通常是指“先进先出”(FIFO)的容器。队列的头部保存队列中存放时间最长的元素,队列的尾部保存队列中存放时间最短的元素。新元素插入(offer)到队列的尾部,访问元素(poll)操作会返回队列头部的元素。通常,队列不允许随机访问队列中的元素。

6.5.2 接口中定义的方法

boolean add(E e)

将指定的元素插入到此队列中,如果可以立即执行此操作,而不会违反容量限制,true 表示在成功后返回;如果当前没有可用空间,则抛出 IllegalStateException。

E element()

检索,但不删除,这个队列的头。

boolean offer(E e)

如果在不违反容量限制的情况下立即执行,则将指定的元素插入到此队列中。

E peek()

检索但不删除此队列的头,如果此队列为空,则返回 null。

E poll()

检索并删除此队列的头,如果此队列为空,则返回 null。

E remove()

检索并删除此队列的头。

6.6 Map 集合

6.6.1 简介

Map 用于保存具有映射关系的数据,因此 Map 集合里保存着两组数据,一组用于保存 Map 里的 key,另一组用于保存 Map 里的 value,key 和 value 都可以是任何引用类型的数据。Map 的 key 不允许重复,即同一个 Map 对象的任何两个 key 通过 equals 方法比较总是返回 false。

如图 6-6 所描述,key 和 value 之间存在单向一对一关系,即通过指定的 key,总能找到唯一的、确定的 value。从 Map 中取出数据时,只要给出指定的 key,就可以取出对应的 value。

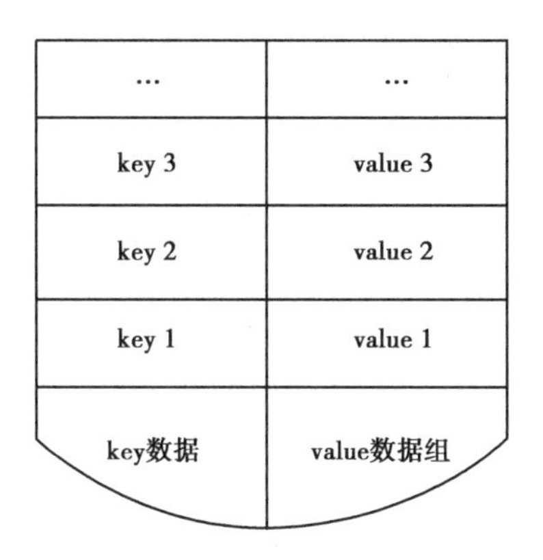

图 6-6 Map 集合中 key 与 value 的对应关系

6.6.2 Map 集合与 Set 集合、List 集合的关系

(1)与 Set 集合的关系

如果把 Map 里的所有 key 放在一起看,它们就组成了一个 Set 集合(所有的 key 没有顺序,key 与 key 之间不能重复),实际上 Map 确实包含了一个 keySet()方法,用户返回 Map 里所有 key 组成的 Set 集合。

(2)与 List 集合的关系

如果把 Map 里的所有 value 放在一起来看,它们又非常类似于一个 List:元素与元素之间可以重复,每个元素可以根据索引来查找,只是 Map 中索引不再使用整数值,而是以另外一个对象作为索引。

6.6.3 常用接口定义的方法

Map 集合常用接口定义方法见表 6-4。

表 6-4 Map 集合常用接口定义的方法

clear()	从此映射中移除所有映射关系
get()	返回指定键所映射的值;如果此映射不包含该键的映射关系,则返回 null
put(K key, V value)	将指定的值与此映射中的指定键关联
size()	返回此映射中的键-值映射关系数
values()	返回此映射中包含的值的 Collection 视图
remove(Object key)	如果存在一个键的映射关系,则将其从此映射中移除(可选操作)

Map 中还包括一个内部类 Entry,该类封装了一个 key-value 对。Entry 包含如下三个方法,见表 6-5。

表 6-5　Entry 类的三个方法

K getKey()	返回与此条目相对应的键
V getValue()	返回与此条目相对应的值
V setValue(V value)	用指定的值替换与该条目相对应的值(可选操作)

下面是 Map 集合一些常规操作:

```
MapTest {
    public static void main(String[] args) {
        testMap();
    }
    @SuppressWarnings({"rawtypes", "unchecked"})
    static void testMap(){
        Map map = new HashMap();
        //以 key-value 对放入 map 中
        map.put("张三", 100);
        map.put("赵六", 250);
        map.put("王五", 88);
        //value 值是可以重复
        map.put("李四", 100);
        //如果 key 重复了,value 返回值被覆盖掉的 value,也就是还是之前的 value
        System.out.println("赵六:"+map.put("赵六", 100));
        //判断集合中是否指定的 key 和 value
        System.out.println("key 中是否有\"张三\":"+map.containsKey("张三"));
        System.out.println("value 中是否有\"340\":"+map.containsValue(340));

        //遍历 map
        for (Object key:map.keySet()) {
            System.out.println("key:"+key+"--value:"+map.get(key));
        }

        //移除指定的 key-value 元素
        map.remove("赵六");
        System.out.println(map.toString());
    }
```

输出结果:

赵六:250

```
key 中是否有"张三":true
value 中是否有" 340 ":false
key:李四--value:100
key:张三--value:100
key:王五--value:88
key:赵六--value:100
{李四=100,张三=100,王五=88}
  /**
   * 遍历 Map 的方法
   */
static void traverseMap() {

        Map<String, String> map = new HashMap<String, String>();
        map.put(" 1 ", " value1 ");
        map.put(" 2 ", " value2 ");
        map.put(" 3 ", " value3 ");

        //第一种:常规  通过 Map.keySet 遍历 key 和 value
        for (String key:map.keySet()) {
                System.out.println(" key= "+ key + " and value= "+ map.get(key));
        }

        System.out.println("----------");
        //第二种:通过 key 值的集合 Set,再通过迭代器遍历;
        Iterator<Entry<String, String>> iterator = map.entrySet().iterator();
        while (iterator.hasNext()) {
          Entry<String, String> entry = iterator.next();
          System.out.println(" key= "+ entry.getKey() + " and value= "+ entry.getValue());
        }

        System.out.println("----------");
        //第三种
        Set<Entry<String, String>> entrySet = map.entrySet();
        for (Map.Entry<String, String> entry:entrySet) {
          System.out.println(" key= "+ entry.getKey() + " and value= "+ entry.getValue());

        }
```

```
        System.out.println("----------");
        //第四种:通过 Map.values()遍历所有的 value,但不能遍历 key
        for (String value:map.values()) {
            System.out.println(" value= "+ value);

        }

    }
```

【举一反三】

模拟新浪微博用户注册案例代码

```
/**
 * 用户注册
 */
public class UserRegister {
    public static HashSet<User> USER_DATA = new HashSet<User>(); // 用户数据
    public static void main(String[] args) {
        initData();// 初始化人员信息
        Scanner scan = new Scanner(System.in);
        System.out.print("请输入用户名:");
        String userName = scan.nextLine();// 获取用户名
        System.out.print("请输入密码:");
        String password = scan.nextLine();// 获取密码
        System.out.print("请重复密码:");
        String repassword = scan.nextLine();// 获取重复密码
        System.out.print("出生日期:");
        String birthday = scan.nextLine();// 获取出生日期
        System.out.print("手机号码:");
        String telNumber = scan.nextLine();// 获取手机号码
        System.out.print("电子邮箱:");
        String email = scan.nextLine();// 获取电子邮箱
        // 校验用户信息,返回登录状态信息
        CheckInfo checkInfo = new CheckInfo(USER_DATA);
        String result = checkInfo.checkAction(userName, password, repassword,
                birthday, telNumber, email);
        System.out.println("注册结果:"+ result);
    }
    // 初始化数据,创建两个已存在的用户信息
```

```
    private static void initData() {
        User user = new User("张正", "zz,123", new Date(),
                "18810319240", "zhangzheng@itcast.cn");
        User user2 = new User("周琦", "zq,123", new Date(),
                "18618121193", "zhouqi@itcast.cn");
    USER_DATA.add(user);
    USER_DATA.add(user2);
    }
}
//用户信息
public class User {
    private String userName; // 用户名
    private String password; // 密码
    private Date birthday; // 生日
    private String telNumber; // 手机号码
    private String email; // 邮箱
    public User() {
    }
    public User(String userName, String password, Date birthday,
            String telNumber, String email) {
        this.userName = userName;
        this.password = password;
        this.birthday = birthday;
        this.telNumber = telNumber;
        this.email = email;
    }
    // 重写 hashCode 与 equals 方法
    @Override
    public int hashCode() {// 重写 hashCode 方法,以用户名作为是否重复的依据
        return userName.hashCode();
    }
    @Override
    public boolean equals(Object obj) {
        if (this == obj) {// 判断是否是同一个对象
            return true;// 如果是同一个对象,直接返回 true
        }
        if (obj == null) {// 判断这个对象是否为空
            return false;// 如果对象是空的,直接返回 false
```

```
        }
        if (getClass() != obj.getClass()) {// 判断这个对象是否是 User 类型
            return false;// 如果不是,直接返回 false
        }
        User other = (User) obj;// 将对象强转为 User 类型
        if (userName == null) {// 判断集合中用户名是否为空
            if (other.userName != null) {// 判断对象中的用户名是否为空
        return false;// 如果集合中用户名为空并且对象中用户名不为空,则返回 false
            }
        } else if (! userName.equals(other.userName)) {// 判断用户名是否相同
            return false;// 如果不同,返回 false
        }
        return true;
    }
}
/**
 * 校验信息
 */
    public class CheckInfo {
    public static HashSet<User> USER_DATA = new HashSet<User>(); // 用户数据
    public CheckInfo(HashSet<User> USER_DATA) {
        this.USER_DATA = USER_DATA;
    }
    // 校验用户信息,返回登录状态信息
    public String checkAction(String userName, String password, String rePassword,
            String birthday, String phone, String email) {
        StringBuilder result = new StringBuilder();
        // 1 代表成功 2 代表失败
        int state = 1;
        // 密码判断
        if (! password.equals(rePassword)) {// 判断密码和重复密码是否相同
                result.append("两次输入密码不一致! \r\n");
                state = 2;
        }
        // 生日判断
        if (birthday.length() != 10) {// 字符串长度不为 10,则认为格式错误
                result.append("生日格式不正确! \r\n");
                state = 2;
```

```
} else {
        for (int i = 0; i < birthday.length(); i++) {
            Character thisChar = birthday.charAt(i);
            if (i == 4 || i == 7) {
                if (! (thisChar =='-')) {// 验证第 4 位和第 7 位是否是
符号“-”
                    result.append("生日格式不正确! \r\n");
                    state = 2;
                }
            } else {// 验证除了第 4 位和第 7 位的字符是否是 0~9 的数字
                if (! (Character.isDigit(thisChar))) {
                    result.append("生日格式不正确! \r\n");
                    state = 2;
                }
            }
        }
    }
    // 手机号判断
    if (phone.length() != 11) {// 判断手机号长度不等于 11 位则认为此手
机号无效
        result.append("手机号码不正确! \r\n");
        state = 2;
        // 默认有效手机号为 13、15、17 和 18 开头的手机号
    } else if (! (phone.startsWith("13") || phone.startsWith("15")
            || phone.startsWith("17") || phone.startsWith("18"))) {
        result.append("手机号码不正确! \r\n");
        state = 2;
    }
    // 邮箱判断
    if (! email.contains("@")) {// 判断邮箱地址,默认不带@ 符号的邮箱为
无效邮箱
        result.append("邮箱不正确! \r\n");
        state = 2;
    }
    // 如果以上信息校验无误,则将新用户加入集合
    if (state == 1) {
        // 格式化日期返回 Date 对象
DateFormat format = new SimpleDateFormat("yyyy-MM-dd");// 定义日期格式
```

```
                Date dateBirthday = null;

                try {
                dateBirthday = format.parse(birthday);// 将生日格式转换成日期格式
                } catch (ParseException e) {
                    e.printStackTrace();
                }
        User newUser = new User(userName, rePassword, dateBirthday, phone, email);
              // 将用户添加到列表中,同时可根据 HashSet 判断出用户名有没有重复
                if (! USER_DATA.add(newUser)) {
                    result.append("用户重复! ");
                    state = 2;
                }
                if (state == 1) {
                    result.append("注册成功! ");
                }
            }
            return result.toString();
        }
    }
```

项目 7　保存书店每日交易记录程序设计

【任务需求】

随着计算机技术的不断应用和提高,计算机已经深入到社会生活的各个角落,计算机软件也在各方面得到广泛应用。但是,很多书店仍采用手工记录图书销售情况,不仅效率低、易出错、手续烦琐,而且耗费大量的人力。为了满足书店销售人员对书店书籍入库、销售等进行高效的管理,我们来实现书店每日交易记录的保存,通过学习,掌握 I/O 输入输出相关知识。

【任务目标】

①掌握 Java IO 流的相关方法。
②学会常用 IO 流的用法。
③本系统通过计算机技术实现图书信息交易信息的管理,还包括如下目标:
a.减少人力成本和管理费用。
b.提高信息的准确性和信息的安全。
c.改进管理和服务。
d.良好的人机交互界面,操作简便。

【任务实施】

该项目是针对计算机管理图书销售需求设计的,可以完成图书登记、图书销售等主要功能。创建三个类,一个图书类 Books 用于存放图书的名称、单价、数量、总价和出版社等信息。一个工具类 FileUtil 保存图书销售的记录,操作本地数据文件,实现数据的持久化。最后,还创建一个图书信息查询类 RecordBooksOrder,实现拟书店的图书展示功能和图书查找功能。

(1)编写图书类

```
/**
 * 图书类
 */
public class Books {
    int id;
    String name; // 图书名称
    double price; // 图书单价
    int number; // 图书数量
```

```
        double money;// 总价
        String Publish;// 出版社
        public Books(int id, String name, double price, int number, double money,
                String Publish) {
            this.id = id;
            this.name = name;
            this.price = price;
            this.number = number;
            this.money = money;
            this.Publish = Publish;
        }

        @Override
        public String toString() {
            String message = "图书编号:"+ id + "  图书名称:"+ name + "出版社:"+ Publish
+ "单价:"+ price + "库存数量:"+ number;
            return message;
        }

        public void setNumber(int number) {
            this.number = number;
        }
    }
```

(2)编写工具类(实现交易数据的保存)

```
    /**
     * 工具类
     */
    public class FileUtil {
        public static final String SEPARATE_FIELD = ",";// 字段分隔 英文逗号
        public static final String SEPARATE_LINE = "\r\n";// 行分隔
        /**
         * 保存图书信息
         */
        public static void saveBooks(Books books) {
            // 判断本地是否存在此文件
            Date date = new Date();
            DateFormat format = new SimpleDateFormat("yyyyMMdd");// 定义日期格式
            String name = "销售记录"+ format.format(date) + ".csv";// 拼接文件名
```

```
        InputStream in = null;
        try {
            in = new FileInputStream(name);// 判断本地是否存在此文件
            if (in != null) {
                in.close();// 关闭输入流
                createFile(name, true, books);// 可获取输入流,则存在文件,采取
修改文件方式
            }
        } catch (FileNotFoundException e) {
            createFile(name, false, books);// 输入流获取失败,则不存在文件,采取
新建新文件方式
        } catch (IOException e) {
            e.printStackTrace();
        }
    }

    /**
   * 将图书的售出信息保存到本地,可通过 label 标识来判断是修改文件还是新建文件
    * @param name   文件名
    * @param label 文件已存在的标识 true:已存在则修改; false:不存在则新建
    * @param books 图书信息
    */
    public static void createFile(String name, boolean label, Books books) {
        BufferedOutputStream out = null;
        StringBuffer sbf = new StringBuffer();// 拼接内容
        try {
            if (label) {// 当已存在当天的文件,则在文件内容后追加
                // 创建输出流,用于追加文件
                out = new BufferedOutputStream(new FileOutputStream(name, true));
            } else {// 不存在当天文件,则新建文件
                // 创建输出流,用于保存文件
                out = new BufferedOutputStream(new FileOutputStream(name));
                String[] fieldSort = new String[] {"图书编号", "图书名称", "购买数
量","单价", "总价", "出版社"};// 创建表头
                for (String fieldKye : fieldSort) {
                    // 新建时,将表头存入本地文件
                    sbf.append(fieldKye).append(SEPARATE_FIELD);
                }
```

```
            }
            sbf.append(SEPARATE_LINE);// 追加换行符号
            sbf.append(books.id).append(SEPARATE_FIELD);
            sbf.append(books.name).append(SEPARATE_FIELD);
            sbf.append(books.number).append(SEPARATE_FIELD);
            sbf.append((double) books.price).append(SEPARATE_FIELD);
            sbf.append((double) books.money).append(SEPARATE_FIELD);
            sbf.append(books.Publish).append(SEPARATE_FIELD);
            String str = sbf.toString();
            byte[] b = str.getBytes();
            for (int i = 0; i < b.length; i++) {
                out.write(b[i]);// 将内容写入本地文件
            }
        } catch (Exception e) {
            e.printStackTrace();
        } finally {
            try {
                if (out != null)
                    out.close();// 关闭输出流
            } catch (Exception e2) {
                e2.printStackTrace();
            }
        }
    }
}
```

(3)编写书架类(模拟书店的图书展示功能和图书查找功能)

```
public class RecordBooksOrder {
    static ArrayList<Books> booksList = new ArrayList<Books>();// 创建书架
    public static void main(String[] args) {
        init();// 初始化书架
        // 将书架上所有图书信息打印出来
        for (int i = 0; i < booksList.size(); i++) {
            System.out.println(booksList.get(i));
        }
        while (true) {
            // 获取控制台输入的信息
```

```
            Scanner scan = new Scanner(System.in);
            System.out.print("请输入图书编号:");
            int bookId = scan.nextInt();
    Books stockBooks = getBooksById(bookId);// 根据输入的图书编号获取图书信息
            if (stockBooks != null) {// 判断是否存在此图书
                System.out.println("当前图书信息"+ stockBooks);
                System.out.print("请输入购买数量:");
                int bookNumber = scan.nextInt();
                if (bookNumber <= stockBooks.number) {// 判断库存是否足够
                    // 将输入信息封装成 Books 对象
                    Books books = new Books(stockBooks.id, stockBooks.name,
                        stockBooks.price, bookNumber, stockBooks.price
                            * bookNumber, stockBooks.Publish);
                    FileUtil.saveBooks(books);// 将本条数据保存至本地文件
                    // 修改库存
                    stockBooks.setNumber(stockBooks.number - bookNumber);
                } else {
                    System.out.println("库存不足! ");
                }
            } else {
                System.out.println("图书编号输入错误! ");
            }
        }
}
/ **
 * 初始化书架上图书的信息 将图书放到书架上
 */
private static void init() {
    Books goods1 = new Books(101, "Java 基础入门", 44.50, 100, 4450.00,
        "清华大学出版社");
    Books goods2 = new Books(102, "Java 编程思想", 108.00, 50, 5400.00,
        "机械工业出版社");
    Books goods3 = new Books(103, "疯狂 Java 讲义", 99.00, 100, 9900.00,
        "电子工业出版社");
    booksList.add(goods1);
    booksList.add(goods2);
```

```
        booksList.add(goods3);
    }
    /**
     * 根据输入的图书编号查找图书信息
     * 循环遍历书架中图书信息,找到图书编号相等的取出
     */
    private static Books getBooksById(int bookId) {
        for (int i = 0; i < booksList.size(); i++) {
            Books thisBooks = booksList.get(i);
            if (bookId == thisBooks.id) {
                return thisBooks;
            }
        }
        return null;
    }
}
```

【技能知识】

7.1 Java IO 流

7.1.1 Java IO 流的概念

Java 的 IO 是实现输入和输出的基础,可以方便地实现数据的输入和输出操作。在 Java 中把不同的输入/输出源(键盘、文件、网络连接等)抽象表述为“流”(stream)。通过流的形式允许 Java 程序使用相同的方式来访问不同的输入/输出源。stream 是从起源(source)到接收的(sink)的有序数据。

注:Java 把所有的传统的流类型都放到在 Java IO 包下,用于实现输入和输出功能。

7.1.2 IO 流的分类

按照不同的分类方式,可以把流分为不同的类型。常用的分类有 3 种:

①按照流的流向分,可以分为输入流和输出流。

输入流:只能从中读取数据,而不能向其写入数据。

输出流:只能向其写入数据,而不能向其读取数据。

此处的输入/输出涉及一个方向的问题,对于如图 7-1 所示的数据流向,数据从内存到硬盘,通常称为输出流——也就是说,这里的输入、输出都是从程序运行所在的内存的角度

来划分的。

注:如果从硬盘的角度来考虑,图 7-1 所示的数据流应该是输入流才对;但划分输入/输出流时是从程序运行所在的内存的角度来考虑的,因此如图 7-1 所在的流是输出流,而不是输入流。

对于如图 7-2 所示的数据流向,数据从服务器通过网络流向客户端,在这种情况下,Server 端的内存负责将数据输出到网络里,因此 Server 端的程序使用输出流;Client 端的内存负责从网络中读取数据,因此 Client 端的程序应该使用输入流。

图 7-1 数据从内存到硬盘　　图 7-2 数据从服务器到客户端

注:Java 的输入流主要是 InputStream 和 Reader 作为基类,而输出流则是主要由 OutputStream 和 Writer 作为基类。它们都是一些抽象基类,无法直接创建实例。

②按照操作单元划分,可以划分为字节流和字符流。

字节流和字符流的用法几乎完成全一样,区别在于字节流和字符流所操作的数据单元不同,字节流操作的单元是数据单元为 8 位的字节,字符流操作的是数据单元为 16 位的字符。

字节流主要是由 InputStream 和 OutPutStream 作为基类,而字符流则主要有 Reader 和 Writer 作为基类。

③按照流的角色划分为节点流和处理流。

可以从/向一个特定的 IO 设备(如磁盘,网络)读/写数据的流,称为节点流。节点流也被称为低级流。图 7-3 显示了节点流的示意图。

从图 7-3 中可以看出,当使用节点流进行输入和输出时,程序直接连接到实际的数据源,和实际的输入/输出节点连接。

处理流则用于对一个已存在的流进行连接和封装,通过封装后的流来实现数据的读/写功能。处理流也被称为高级流。图 7-4 显示了处理流的示意图。

图 7-3 节点流示意图　　图 7-4 处理流示意图

从图 7-4 可以看出,当使用处理流进行输入/输出时,程序并不会直接连接到实际的数据源,没有和实际的输入和输出节点连接。使用处理流的一个明显的好处是,只要使用相同的处理流,程序就可以采用完全相同的输入/输出代码来访问不同的数据源,随着处理流所包装的节点流的变化,程序实际所访问的数据源也相应发生变化。

7.1.3 流的原理浅析和常用流的分类表

(1)流的原理浅析

Java IO 流共涉及 40 多个类,这些类看上去很杂乱,但实际上很有规则,而且彼此之间存在非常紧密的联系,这 40 多个类都是从如下 4 个抽象类的基类中派生出来的。

InputStream/Reader:所有输入流的基类,前者是字节输入流,后者是字符输入流。

OutputStream/Writer:所有输出流的基类,前者是字节输出流,后者是字符输出流。

对于 InputStream 和 Reader 而言,它们把输入设备抽象成为一个"水管",这个水管的每个"水滴"依次排列,如图 7-5 所示。

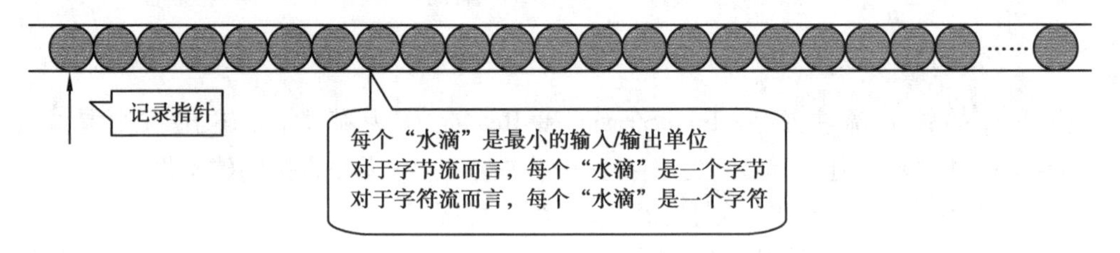

图 7-5　输入流模型图

从图 7-5 可以看出,字节流和字符流的处理方式其实很相似,只是它们处理的输入/输出单位不同而已。输入流使用隐式的记录指针来表示当前正准备从哪个"水滴"开始读取,每当程序从 InputStream 或者 Reader 里面取出一个或者多个"水滴"后,记录指针自定向后移动;除此之外,InputStream 和 Reader 里面都提供了一些方法来控制记录指针的移动。

对于 OutputStream 和 Writer 而言,它们同样把输出设备抽象成一个"水管",只是这个水管里面没有任何水滴,如图 7-6 所示。

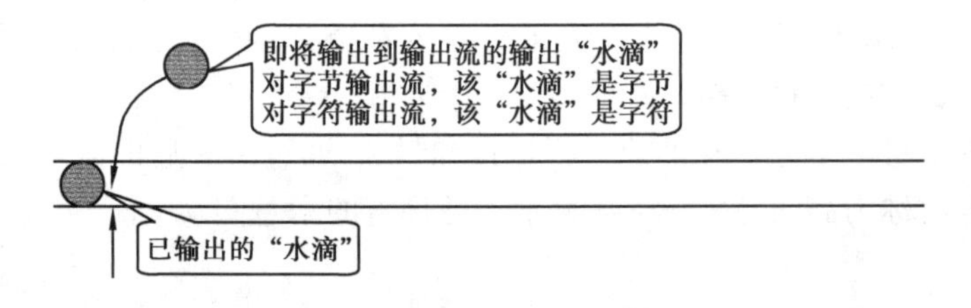

图 7-6　输出流模型图

正如图 7-6 所示,当执行输出时,程序相当于依次把"水滴"放入输出流的水管中,输出流同样采用隐示指针来标识当前水滴即将放入的位置,每当程序向 OutputStream 或者 Writer 里面输出一个或者多个水滴后,记录指针自动向后移动。

图 7-5 和图 7-6 显示了 Java IO 的基本概念模型,除此之外,Java 的处理流模型则体现了 Java 输入和输出流设计的灵活性。处理流的功能主要体现在以下两个方面。

性能的提高:主要以增加缓冲的方式来提供输入和输出的效率。

操作的便捷:处理流可能提供了一系列便捷的方法来一次输入和输出大批量的内容,而不是输入/输出一个或者多个"水滴"。

处理流可以"嫁接"在任何已存在的流的基础之上,这就允许 Java 应用程序采用相同的代码，透明的方式来访问不同的输入和输出设备的数据流。处理流的模型如图 7-7 所示。

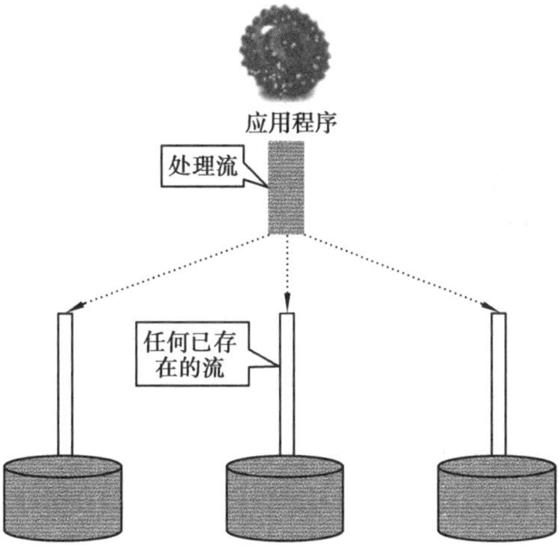

图 7-7　处理流的模型图

(2) Java 输入/输出流体系中常用流的分类表

Java 输入/输出流体系中常用流的分类见表 7-1。

表 7-1　Java 输入/输出流体系中常用流的分类表

流分类	使用分类	字节输入流	字节输出流	字符输入流	字符输出流
	抽象基类	*InputStream*	*OutputStream*	*Reader*	*Writer*
节点流	访问文件	FileInputStream	FileOutputStream	FileReader	FileWriter
	访问数组	ByteArrayInputStream	ByteArrayOutputStream	CharArrayReader	CharArrayWriter
	访问管道	PipedInputStream	PipedOutputStream	PipedReader	PipedWriter
	访问字符串			StringReader	StringWriter
处理流	缓冲流	BufferedInputStream	BufferedOutputStream	BufferedReader	BufferedWriter
	转换流			InputStreamReader	OutputStreamWriter
	对象流	ObjectInputStream	ObjectOutputStream		
	抽象基类	*FilterInputStream*	*FilterOutputStream*	*FilterReader*	*FilterWriter*
	打印流		PrintStream		PrintWriter
	推回输入流	PushbackInputStream		PushbackReader	
	特殊流	DataInputStream	DataOutputStream		

注：表中斜体字代表为抽象类，不能创建对象。粗体字代表节点流，必须直接与指定的物理节点关联，其他就是常用的处理流。

7.2　常用的 IO 流的用法

下面是整理的常用的 IO 流的特性及使用方法，只有清楚每个 IO 流的特性和方法。才能在不同的需求面前正确地选择对应的 IO 流进行开发。

7.2.1 IO 体系的基类(InputStream/Reader，OutputStream/Writer)

字节流和字符流的操作方式基本一致,只是操作的数据单元不同——字节流的操作单元是字节,字符流的操作单元是字符。

InputStream 和 Reader 是所有输入流的抽象基类,本身并不能创建实例来执行输入,但它们将成为所有输入流的模板,所以它们的方法是所有输入流都可使用的方法。

在 InputStream 里面包含如下 3 个方法。

(1)int read()

从输入流中读取单个字节(相当于从图 7-5 所示的水管中取出一滴水),返回所读取的字节数据(字节数据可直接转换为 int 类型)。

(2)int read(byte[] b)

从输入流中最多读取 b.length 个字节的数据,并将其存储在字节数组 b 中,返回实际读取的字节数。

(3)int read(byte[] b,int off,int len)

从输入流中最多读取 len 个字节的数据,并将其存储在数组 b 中,放入数组 b 中时,并不是从数组起点开始,而是从 off 位置开始,返回实际读取的字节数。

在 Reader 中包含如下 3 个方法。

(1)int read()

从输入流中读取单个字符(相当于从图 7-5 所示的水管中取出一滴水),返回所读取的字符数据(字节数据可直接转换为 int 类型)。

(2)int read(char[] b)

从输入流中最多读取 b.length 个字符的数据,并将其存储在字节数组 b 中,返回实际读取的字符数。

(3)int read(char[] b,int off,int len)

从输入流中最多读取 len 个字符的数据,并将其存储在数组 b 中,放入数组 b 中时,并不是从数组起点开始,而是从 off 位置开始,返回实际读取的字符数。

对比 InputStream 和 Reader 所提供的方法,就不难发现这两个基类的功能基本是一样的。InputStream 和 Reader 都是将输入数据抽象成如图 7-5 所示的水管,所以程序即可以通过 read()方法每次读取一个"水滴",也可以通过 read(char[] chuf)或者 read(byte[] b)方法来读取多个"水滴"。

当使用数组作为 read()方法中的参数, 可以理解为使用一个"竹筒"到如图 7-5 所示的水管中取水,如图 7-8 所示 read(char[] cbuf)方法的参数可以理解成一个"竹筒",程序每次调用输入流 read(char[] cbuf)或 read(byte[] b)方法,就相当于用"竹筒"从输入流中取出一筒"水滴",程序得到"竹筒"里面的"水滴"后,转换成相应的数据即可;程序多次重复这个"取水"过程,直到最后。程序如何判断取水取到了最后呢? 直到 read(char[] chuf)或者 read(byte[] b)方法返回-1,即表明到了输入流的结束点。

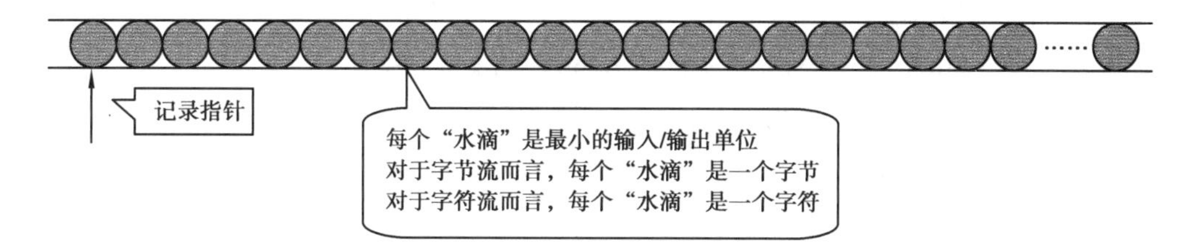

图 7-8 输入流模型图

InputStream 和 Reader 提供的一些移动指针的方法：

(1) void mark(int readAheadLimit)

在记录指针当前位置记录一个标记(mark)。

(2) boolean markSupported()

判断此输入流是否支持 mark()操作，即是否支持记录标记。

(3) void reset()

将此流的记录指针重新定位到上一次记录标记(mark)的位置。

(4) long skip(long n)

记录指针向前移动 n 个字节/字符。

OutputStream 和 Writer 的用法也非常相似，它们采用如图 7-6 所示的模型来执行输入，两个流都提供了如下 3 个方法：

①void write(int c)

将指定的字节/字符输出到输出流中，其中 c 即可以代表字节，也可以代表字符。

②void write(byte[ ]/char[ ] buf)

将字节数组/字符数组中的数据输出到指定输出流中。

③void write(byte[ ]/char[ ] buf, int off, int len)

将字节数组/字符数组中从 off 位置开始，长度为 len 的字节/字符输出到输出流中。

因为字符流直接以字符作为操作单位，所以 Writer 可以用字符串来代替字符数组，即以 String 对象作为参数。Writer 里面还包含如下 2 个方法：

①void write(String str)

将 str 字符串里包含的字符输出到指定输出流中。

②void write (String str, int off, int len)

将 str 字符串里面从 off 位置开始，长度为 len 的字符输出到指定输出流中。

7.2.2 IO 体系的基类文件流的使用(FileInputStream/FileReader, FileOutputStream/FileWriter)

前面说过 InputStream 和 Reader 都是抽象类，本身不能创建实例，但它们分别有一个用于读取文件的输入流：FileInputStream 和 FileReader，它们都是节点流——会直接和指定文件关联。下面程序示范使用 FileInputStream 和 FileReader。

使用 FileInputStream 读取文件：

```
public class MyClass {
  public static void main(String[] args)throws IOException{
    FileInputStream fis=null;
    try {
      //创建字节输入流
      fis=new  FileInputStream("E:\\Test.txt");
      //创建一个长度为 1024 的竹筒
      byte[] b=new byte[1024];
      //用于保存的实际字节数
      int hasRead=0;
      //使用循环来重复取水的过程
      while((hasRead=fis.read(b))>0){
        //取出竹筒中的水滴(字节),将字节数组转换成字符串进行输出
        System.out.print(new String(b,0,hasRead));
      }
    } catch (IOException e){
      e.printStackTrace();
    } finally {
      fis.close();
    }
  }
}
```

上面程序最后使用了 fis.close()来关闭该文件的输入流,与 JDBC 编程一样,程序里面打开的文件 IO 资源不属于内存的资源,垃圾回收机制无法回收该资源,所以应该显示的关闭打开的 IO 资源。Java 7 改写了所有的 IO 资源类,它们都实现了 AntoCloseable 接口,因此都可以通过自动关闭资源的 try 语句来关闭这些 IO 流。

使用 FileReader 读取文件:

```
public class FileReaderTest {
    public static void main(String[] args)throws IOException{
    FileReader fis=null;
    try {
        //创建字节输入流
        fis=new FileReader("E:\\Test.txt");
        //创建一个长度为 1024 的竹筒
        char[] b=new char[1024];
        //用于保存的实际字节数
        int hasRead=0;
        //使用循环来重复取水的过程
```

```
        while((hasRead=fis.read(b))>0){
            //取出竹筒中的水滴(字节),将字节数组转换成字符串进行输出
                System.out.print(new String(b,0,hasRead));
            }
        }catch (IOException e){
            e.printStackTrace();
        }finally {
            fis.close();
        }
    }
}
```

可以看出使用 FileInputStream 和 FileReader 进行文件的读写并没有什么区别,只是操作单元不同而且。

FileOutputStream/FileWriter 是 IO 中的文件输出流,下面介绍这两个类的用法。

FileOutputStream 的用法:

```
public class FileOutputStreamTest {
    public static void main(String[] args)throws IOException {
        FileInputStream fis=null;
        FileOutputStream fos=null;
        try {
            //创建字节输入流
            fis=new  FileInputStream("E:\\ Test.txt");
            //创建字节输出流
            fos=new FileOutputStream("E:\\newTest.txt");
            byte[] b=new byte[1024];
          int hasRead=0;
            //循环从输入流中取出数据
            while((hasRead=fis.read(b))>0){
              //每读取一次,即写入文件输入流,读了多少,就写多少
              fos.write(b,0,hasRead);
            }
        }catch (IOException e){
            e.printStackTrace();
        }finally {
            fis.close();
            fos.close();
        }
```

```
        }
    }
```

运行程序可以看到输出流指定的目录下多了一个文件:newTest.txt，该文件的内容和Test.txt文件的内容完全相同。FileWriter的使用方式和FileOutputStream基本类似,这里就不重复介绍。

使用Java的IO流执行输出时,不要忘记关闭输出流,关闭输出流除了可以保证流的物理资源被回收之外,可能还可以将输出流缓冲区中的数据flush到物理节点中里(因为在执行close()方法之前,自动执行输出流的flush()方法)。Java很多输出流默认都提供了缓存功能,其实我们没有必要刻意去记忆哪些流有缓存功能,哪些流没有,只有正常关闭所有的输出流即可保证程序正常。

缓冲流的使用(BufferedInputStream/BufferedReader, BufferedOutputStream/BufferedWriter)下面介绍字节缓存流的用法,字符缓存流的用法和字节缓存流一致就不介绍了:

```
public class BufferedStreamTest {
    public static void main(String[] args)throws IOException {
        FileInputStream fis=null;
        FileOutputStream fos=null;
        BufferedInputStream bis=null;
        BufferedOutputStream bos=null;
        try {
            //创建字节输入流
            fis=new FileInputStream("E:\\Test.txt");
            //创建字节输出流
            fos=new FileOutputStream("E:\\newTest.txt");
            //创建字节缓存输入流
            bis=new BufferedInputStream(fis);
            //创建字节缓存输出流
            bos=new BufferedOutputStream(fos);
            byte[] b=new byte[1024];
            int hasRead=0;
            //循环从缓存流中读取数据
            while((hasRead=bis.read(b))>0){
                //向缓存流中写入数据,读取多少写入多少
                bos.write(b,0,hasRead);
            }
        }catch (IOException e){
            e.printStackTrace();
        }finally {
            bis.close();
```

```
                bos.close();
            }
        }
    }
```

可以看到使用字节缓存流读取和写入数据的方式和文件流(FileInputStream, File-OutputStream)并没有什么不同,只是把处理流套接到文件流上进行读写。缓存流的原理下节介绍。

上面代码中使用了缓存流和文件流,但是只关闭了缓存流。这个需要注意一下,当使用处理流套接到节点流上的使用时,只需要关闭最上层的处理就可以了。Java 会自动帮关闭下层的节点流。

7.2.3 转换流的使用(InputStreamReader/OutputStreamWriter)

下面以获取键盘输入为例来介绍转换流的用法。Java 使用 System.in 代表输入,即键盘输入。但这个标准输入流是 InputStream 类的实例,使用不太方便,而且键盘输入内容都是文本内容,所以可以使用 InputStreamReader 将其包装成 BufferedReader,利用 BufferedReader 的 readLine()方法可以一次读取一行内容,如下述代码所示:

```
public class InputStreamReaderTest {
    public static void main(String[] args)throws IOException {
        try {
            // 将 System.in 对象转化为 Reader 对象
            InputStreamReader reader=new InputStreamReader(System.in);
            //将普通的 Reader 包装成 BufferedReader
            BufferedReader bufferedReader=new BufferedReader(reader);
            String buffer=null;
            while ((buffer=bufferedReader.readLine())!=null){
                // 如果读取到的字符串为"exit",则程序退出
                if(buffer.equals("exit")){
                    System.exit(1);
                }
                //打印读取的内容
                System.out.print("输入内容:"+buffer);
            }
        } catch (IOException e){
            e.printStackTrace();
        } finally { }
    }
}
```

上面程序将 System.in 包装成 BufferedReader, BufferedReader 流具有缓存功能,它可以一次读取一行文本——以换行符为标志,如果它没有读到换行符,则程序堵塞。只需要等到读到换行符为止。运行上面程序可以发现这个特征,当在控制台执行输入时,只有按下回车键,程序才会打印出刚刚输入的内容。

7.2.4 对象流的使用(ObjectInputStream/ObjectOutputStream)的使用

写入对象:

```
public static void writeObject() {
    OutputStream outputStream=null;
    BufferedOutputStream buf=null;
    ObjectOutputStream obj=null;
    try {
        //序列化文件输出流
        outputStream=new FileOutputStream("E:\\ myfile.tmp");
        //构建缓冲流
        buf=new BufferedOutputStream(outputStream);
        //构建字符输出的对象流
        obj=new ObjectOutputStream(buf);
        //序列化数据写入
        obj.writeObject(new Person("A", 21));//Person 对象
        //关闭流
        obj.close();
    } catch (FileNotFoundException e) {
        e.printStackTrace();
    } catch (IOException e) {
        e.printStackTrace();
    }
}
```

读取对象:

```
public static void readObject() throws IOException {
    try {
        InputStream inputStream=new FileInputStream("E:\\myfile.tmp");
        //构建缓冲流
        BufferedInputStream buf=new BufferedInputStream(inputStream);
        //构建字符输入的对象流
        ObjectInputStream obj=new ObjectInputStream(buf);
        Person tempPerson=(Person)obj.readObject();
        System.out.println("Person 对象为:"+tempPerson);
```

```
            //关闭流
            obj.close();
            buf.close();
            inputStream.close();
        } catch (FileNotFoundException e) {
            e.printStackTrace();
        } catch (IOException e) {
            e.printStackTrace();
        } catch (ClassNotFoundException e) {
            e.printStackTrace();
        }
    }
```

使用对象流的一些注意事项：

①读取顺序和写入顺序一定要一致，不然会读取出错。

②在对象属性前面加 transient 关键字，则该对象的属性不会被序列化。

7.2.5 何为 NIO，和传统 IO 有何区别？

人们使用 InputStream 从输入流中读取数据时，如果没有读取到有效的数据，程序将在此处阻塞该线程的执行。其实传统的输入流和输出流都是阻塞式的进行输入和输出。不仅如此，传统的输入流、输出流都是通过字节的移动来处理的（即使人们不直接处理字节流，但底层实现还是依赖于字节处理），也就是说，面向流的输入和输出一次只能处理一个字节，因此面向流的输入和输出系统效率通常不高。

从 JDK1.4 开始，Java 提供了一系列改进的输入和输出处理的新功能，这些功能被统称为新 IO（NIO）。新增了许多用于处理输入和输出的类，这些类都被放在 Java.nIO 包及其子包下，并且对原 IO 的很多类都以 NIO 为基础进行了改写，新增了满足 NIO 的功能。

NIO 采用了内存映射对象的方式来处理输入和输出，NIO 将文件或者文件的一块区域映射到内存中，这样就可以像访问内存一样来访问文件了。通过这种方式来进行输入/输出比传统的输入和输出要快很多。

JDK1.4 使用 NIO 改写了传统 IO 后，传统 IO 的读写速度和 NIO 差不了太多。

7.2.6 在开发中正确使用 IO 流

了解了 Java IO 的整体类结构和每个类的特性后，可以在开发的过程中根据需要灵活地使用不同的 IO 流进行开发。下面是编者整理的 2 点原则：

①如果是操作二进制文件那就使用字节流，如果操作的是文本文件，那就使用字符流。

②尽可能多地使用处理流，这会使代码更灵活，复用性更好。

【举一反三】

实训一:模拟记事本案例代码。

```
/ **
 * 模拟记事本程序
 */
public class Notepad {
    private static String filePath;
    private static String message = " ";
    public static void main(String[ ] args) throws Exception {
        Scanner sc = new Scanner(System.in);
      System.out.println("--1:新建文件 2:打开文件   3:修改文件   4:保存 5:退出--");
        while (true) {
            System.out.print("请输入操作指令:");
            int command = sc.nextInt( );
            switch (command) {
            case 1:
                createFile( );// 1:新建文件
                break;
            case 2:
                openFile( );// 2:打开文件
                break;
            case 3:
                editFile( );// 3:修改文件
                break;
            case 4:
                saveFile( );// 4:保存
                break;
            case 5:
                exit( );// 5:退出
                break;
            default:
                System.out.println("您输入的指令错误! ");
                break;
            }
        }
    }
    / **
```

```
 * 新建文件 从控制台获取内容
 */
private static void createFile() {
    message = "";// 新建文件时,暂存文件内容清空
    Scanner sc = new Scanner(System.in);
    System.out.println("请输入内容,停止编写请输入\"stop\":");// 提示
    StringBuffer stb = new StringBuffer();// 用于后期输入内容的拼接
    String inputMessage = "";
    while (!inputMessage.equals("stop")) {// 当输入"stop"时,停止输入
            if (stb.length() > 0) {
                stb.append("\r\n");// 追加换行符
            }
            stb.append(inputMessage);// 拼接输入信息
            inputMessage = sc.nextLine();// 获取输入信息
        }
        message = stb.toString();// 将输入内容暂存
}
/**
 * 打开文件
 */
private static void openFile() throws Exception {
    message = "";// 打开文件时,将暂存内容清空
    Scanner sc = new Scanner(System.in);
    System.out.print("请输入打开文件的位置:");
    filePath = sc.next();// 获取打开文件的路径
    // 控制只能输入 txt 格式的文件路径
    if (filePath != null && !filePath.endsWith(".txt")) {
        System.out.print("请选择文本文件!");
        return;
    }
    FileReader in = new FileReader(filePath);// 实例化一个 FileReader 对象
    char[] charArray = new char[1024];// 缓冲数组
    int len = 0;
    StringBuffer sb = new StringBuffer();
    // 循环读取,一次读取一个字符数组
    while ((len = in.read(charArray)) != -1) {
        sb.append(charArray);
    }
```

```
            message = sb.toString( );// 将打开文件内容暂存
            System.out.println("打开文件内容:"+ "\r\n "+ message);
            in.close( );// 释放资源
        }
        /**
         * 修改文件内容 通过字符串替换的形式
         */
        private static void editFile( ) {
            if (message == " " && filePath == null) {
                System.out.println("请先新建文件或者打开文件");
                return;
            }
            Scanner sc = new Scanner(System.in);
            System.out.println("请输入要修改的内容(以 \"修改的目标文字:修改之后的文
字\"格式)," + "停止修改请输入\" stop\":");
            String inputMessage = " ";
            while (! inputMessage.equals(" stop ")) {// 当输入 stop 时,停止修改
                inputMessage = sc.nextLine( );
                if (inputMessage ! = null && inputMessage.length( ) > 0) {
                    // 将输入的文字根据“:”拆分成数组
                    String[ ] editMessage = inputMessage.split(":");
                    if (editMessage ! = null && editMessage.length > 1) {
                        // 根据输入的信息将文件中内容替换
                        message = message.replace(editMessage[0], editMessage[1]);
                    }
                }
            }
            System.out.println("修改后的内容:"+ "\r\n "+ message);
        }
        /**
         * 保存 新建文件存在用户输入的路径 打开的文件将原文件覆盖
         */
        private static void saveFile( ) throws IOException {
            Scanner sc = new Scanner(System.in);
            FileWriter out = null;
            if (filePath ! = null) {// 文件是由“打开”载入的
                out = new FileWriter(filePath);// 将原文件覆盖
            } else {// 新建的文件
```

```
            System.out.print("请输入文件保存的绝对路径:");
            String path = sc.next();// 获取文件保存的路径
            filePath = path;
            // 将输入路径中大写字母替换成小写字母后判断是不是文本格式
            if (! filePath.toLowerCase().endsWith(".txt")) {
                filePath += ".txt";
            }
            out = new FileWriter(filePath);// 构造输出流
        }
        out.write(message);         // 写入暂存的内容
        out.close();                // 关闭输出流
        message = "";               // 修改文件前现将写入内容置空
        filePath = null;            // 将文件路径至 null
    }
    /**
     * 退出
     */
        private static void exit() {
        System.out.println("您已退出系统,谢谢使用! ");
        System.exit(0);
    }
}
```

实训二:模拟文件管理器案例代码。

```
//模拟文件管理器
public class DocumentManager {
    public static void main(String[] args) throws Exception {
        Scanner sc = new Scanner(System.in);
        System.out.println("--1:指定关键字检索文件  2:指定后缀名检索文件  "+"
3:复制文件/目录  4:退出--");
        while (true) {
            System.out.print("请输入指令:");
            int command = sc.nextInt();
            switch (command) {
            case 1:
                searchByKeyWorld();// 指定关键字检索文件
                break;
            case 2:
```

```
                searchBySuffix();// 指定后缀名检索文件
                break;
            case 3:
                copyDirectory();// 复制文件/目录
                break;
            case 4:
                exit();// 退出
                break;
            default:
                System.out.println("您输入的指令错误! ");
                break;
        }
    }
}

// ********* 1.指定关键字检索文件 *********
private static void searchByKeyWorld() {
    Scanner sc = new Scanner(System.in);
    System.out.print("请输入要检索的目录位置:");
    String path = sc.next();// 从控制台获取路径
    File file = new File(path);
    if (! file.exists() || ! file.isDirectory()) {// 判断目录是否存在,是否是目录
        System.out.println(path + "(不是有效目录)");
        return;
    }
    System.out.print("请输入搜索关键字:");
    String key = sc.next();// 获取关键字
    // 在输入目录下获取所有包含关键字的文件路径
    ArrayList<String> list = FileUtils.listFiles(file, key);
    for (Object obj : list) {
        System.out.println(obj);// 将路径打印到控制台
    }
}

// ********* 2.指定后缀名检索文件 ******** //
private static void searchBySuffix() {
    Scanner sc = new Scanner(System.in);
    System.out.print("请输入要检索的目录位置:");
```

```
        String path = sc.next();// 从控制台获取路径
        File file = new File(path);
        if (! file.exists() || ! file.isDirectory()) {// 判断目录是否存在,是否是目录
            System.out.println(path + "(不是有效目录)");
            return;
        }
        System.out.print("请输入搜索后缀:");
        String suffix = sc.next();
        String[] suffixArray = suffix.split(",");// 获取后缀字符串
        // 在输入目录下获取所有指定后缀名的文件路径
        ArrayList<String> list = FileUtils.listFiles(file, suffixArray);
        for (Object obj : list) {
            System.out.println(obj);// 将路径打印到控制台
        }
    }

    // ********* 3.复制文件/目录 ********** //
    private static void copyDirectory() throws Exception {
        Scanner sc = new Scanner(System.in);
        System.out.print("请输入源目录:");
        String srcDirectory = sc.next();// 从控制台获取源路径
        File srcFile = new File(srcDirectory);
        if (! srcFile.exists() || ! srcFile.isDirectory()) {// 判断目录是否存在,是否是目录
            System.out.println("无效目录! ");
            return;
        }
        System.out.print("请输入目标位置:");
        String destDirectory = sc.next();// 从控制台获取目标路径
        File destFile = new File(destDirectory);
      if (! destFile.exists() || ! destFile.isDirectory()) {// 判断目录是否存在,是否是目录
            System.out.println("无效位置! ");
            return;
        }
        // 将源路径中的内容复制到目标路径下
        FileUtils.copySrcPathToDestPath(srcFile, destFile);
    }

    // ********* 4.退出 ********** //
```

```
    private static void exit() {
        System.out.println("您已退出系统,谢谢使用!");
        System.exit(0);
    }
}
public class FileUtils {
    /**
     * 指定关键字检索文件
     * @param file  File 对象
     * @param key     关键字
     * @return 包含关键字的文件路径
     */
    public static ArrayList<String> listFiles(File file, final String key) {
        FilenameFilter filter = new FilenameFilter() { // 创建过滤器对象
            public boolean accept(File dir, String name) {// 实现 accept()方法
                File currFile = new File(dir, name);
                // 如果文件名包含关键字返回 true,否则返回 false
                if (currFile.isFile() && name.contains(key)) {
                    return true;
                }
                return false;
            }
        };
        // 递归方式获取规定的路径
        ArrayList<String> arraylist = fileDir(file, filter);
        return arraylist;
    }

    /**
     * 指定后缀名检索文件
     * @param file  File 对象
     * @param suffixArray  后缀名数组
     * @return 指定后缀名的文件路径
     */
    public static ArrayList<String> listFiles(File file,
            final String[] suffixArray) {
        FilenameFilter filter = new FilenameFilter() { // 创建过滤器对象
            public boolean accept(File dir, String name) {// 实现 accept()方法
```

```
                File currFile = new File(dir, name);
                if (currFile.isFile()) {// 如果文件名以指定后缀名结尾返回 true,否则返
回 false
                    for (String suffix : suffixArray) {
                        if (name.endsWith("."+ suffix)) {
                            return true;
                        }
                    }
                }
                return false;
            }
        };
        // 递归方式获取规定的路径
        ArrayList<String> arraylist = fileDir(file, filter);
        return arraylist;
    }

    /**
     * 递归方式获取规定的路径
     * @param dir   File 对象
     * @param filter   过滤器
     * @return 过滤器过滤后的文件路径
     */
    public static ArrayList<String> fileDir(File dir, FilenameFilter filter) {
        ArrayList<String> arraylist = new ArrayList<String>();
        File[] lists = dir.listFiles(filter); // 获得过滤后的所有文件数组
        for (File list : lists) {
            // 将文件的绝对路径放到集合中
            arraylist.add(list.getAbsolutePath());
        }
        File[] files = dir.listFiles(); // 获得当前目录下所有文件的数组
        for (File file : files) { // 遍历所有的子目录和文件
            if (file.isDirectory()) {
                // 如果是目录,递归调用 fileDir()
                ArrayList<String> every = fileDir(file, filter);
                arraylist.addAll(every);// 将文件夹下的文件路径添加到集合中
            }
        }// 此时的集合中有当前目录下的文件路径,和当前目录的子目录下的文件路径
        return arraylist;
```

```
    }

    /**
     * 复制文件/目录
     * @param srcFile   源目录
     * @param destFile   目标目录
     */
    public static void copySrcPathToDestPath(File srcDir, File destDir)
            throws Exception {
        File[] files = srcDir.listFiles();// 子文件目录
        for (int i = 0; i < files.length; i++) {
          File copiedFile = new File(destDir, files[i].getName());// 创建指定目录的文件
            if (files[i].isDirectory()) {// 如果是目录
                if (! copiedFile.mkdirs()) {// 创建文件夹
                    System.out.println("无法创建:"+ copiedFile);
                    return;
                }
                // 调用递归,获取子文件夹下的文件路径
                copySrcPathToDestPath(files[i], copiedFile);
            } else {// 复制文件
                FileInputStream input = new FileInputStream(files[i]);// 获取输入流
                FileOutputStream output = new FileOutputStream(copiedFile);// 获取输出流
                byte[] buffer = new byte[1024];// 创建缓冲区
                int n = 0;
                // 循环读取字节
                while ((n = input.read(buffer)) != -1) {
                    output.write(buffer, 0, n);
                }
                input.close();// 关闭输入流
                output.close();// 关闭输出流
            }
        }
    }
}
```

项目8 使用 JDBC 实现水果超市管理系统

【任务需求】

随着“互联网+零售行业”的逐步发展,超市的竞争也进入了一个全新的领域,竞争已不再是规模的竞争,而是技术的竞争、管理的竞争、人才的竞争。技术的提升和管理的升级是超市业的竞争核心。零售领域目前呈多元发展趋势,多种业态:超市、仓储店、便利店、特许加盟店、专卖店、货仓等相互并存。如何在激烈的竞争中扩大销售额、降低经营成本、扩大经营规模,成为超市营业者努力追求的目标。

为了提高物资管理水平及工作效率,尽可能杜绝商品流通中各环节可能出现的资金流失不明现象,商品进销存领域迫切需要引入信息系统来加以管理,而商品进销管理系统是当前应用于超市或者公司管理的系统的典型代表,故研究进销管理成为当前趋势所要求。

【任务目标】

①了解 JDBC 的相关知识。

②使用 JDBC 访问数据库。

③实现水果超市管理系统,通过开发,掌握 JDBC 数据库编程的方法。

④系统实现目标。

a.大大提高超市的运作效率。

b.通过全面的信息采集和处理,辅助提高超市的决策水平。

c.使用本系统,可以迅速提升超市的管理水平,为降低经营成本,提高效益,增强超市扩张力,提供有效的技术保障。

【任务实施】

本产品能具体化、合理化地管理水果超市中的商品信息,如进货、库存、售货信息,用结构化的思维方式去了解水果超市的基本运作原理和水果超市各子系统的程序设计。

(1)水果超市管理

水果超市的管理主要包括进货流程和销售流程。

1)进货流程

负责进货的人员从仓库人员那里获得货物需求信息,查询该货物信息,然后联系该货物的供应商,并向供应商提供所需货物清单及数目。供应商接收需求信息,向水果超市配送货物。水果超市人员在货物到达时负责清算核实货物信息,并将每件货物的信息录入本系统的库存子系统。

2)销售流程

客户进入水果超市购物后,结算时,由销售人员核实该商品信息,将客户所购商品信息录入本系统的销售子系统中,并从库存子系统中删除该商品相关信息。

(2)具体功能描述

水果超市管理系统的具体功能如图 8-1 所示。

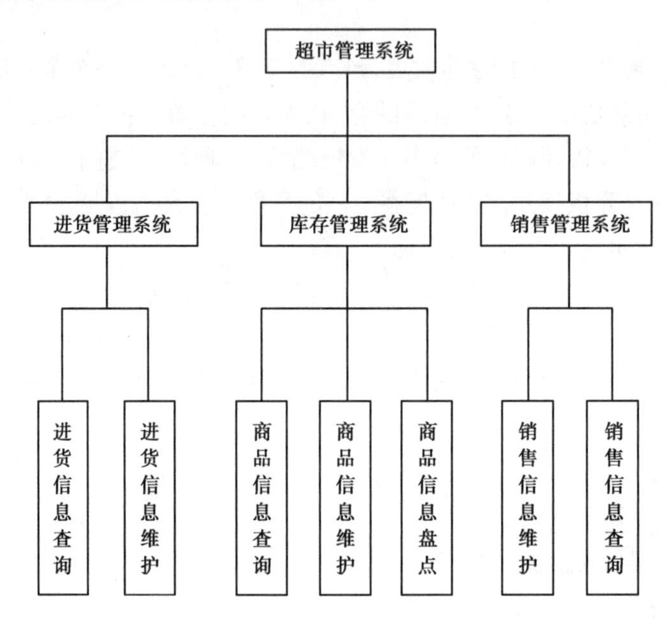

图 8-1　系统功能模块图

1)库存信息管理

对水果超市库存信息的管理主要是对商品数量的管理。用户在使用本系统时可以对库存中的商品进行录入、查询、统计、修改信息等操作。并可将查询和统计结果打印出来。

2)商品信息管理

对水果超市商品信息的管理主要是对单个商品信息的管理。用户在使用本系统时可以对商品的名称、生产商、生产日期等详细信息进行查询等管理。

3)销售信息管理

对水果超市销售信息的管理主要是对水果超市具体时间段内的销售量进行管理。用户在使用本系统时可以对具体时间段内水果超市销售商品数量、金额、某一商品的销售情况进行查询。

(3)系统数据流分析

水果超市管理系统的库存管理和销售管理的数据流分析,如图 8-2 和图 8-3 所示。

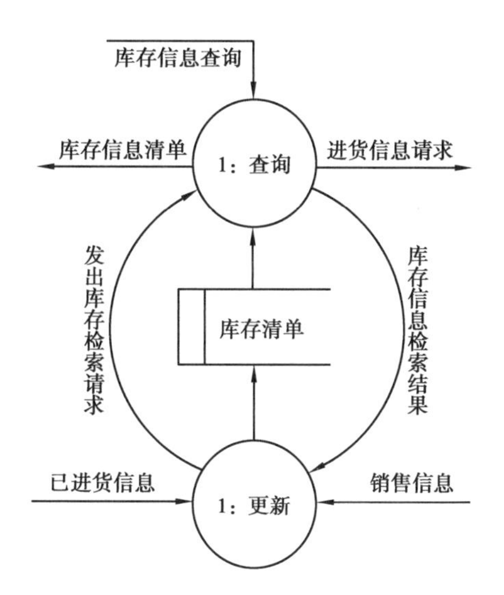

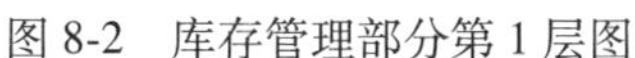
图 8-2　库存管理部分第 1 层图

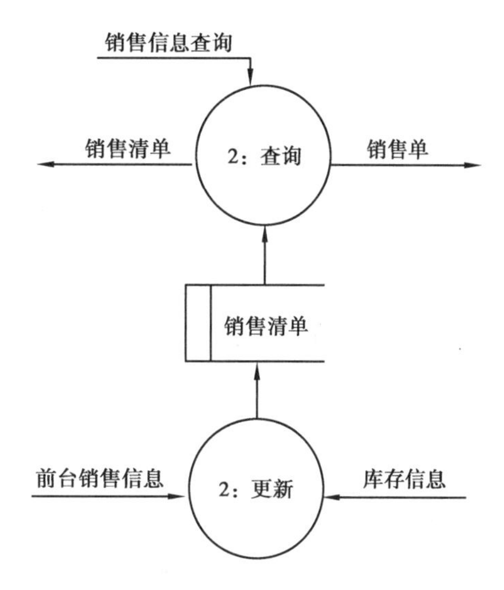

图 8-3　销售管理部分第 1 层图

```
/**
 * 项目运行
 */
public class MainApp {
    public static void main(String[] args) {
        new MainFrameController().setVisible(true);
    }
}
/**
 * 管理员界面操作类
 */
@SuppressWarnings("serial")
public class AdminDialogController extends AbstractAdminDialog {
    //定义服务类,提供完整功能服务
    private AdminService adminService = new AdminService();
    //构造方法
    public AdminDialogController() {
        super();
    }
    public AdminDialogController(Frame owner, boolean modal) {
        super(owner, modal);
        //创建对象时展示数据
        queryFruitItem();
    }
```

```
//查询方法
@ Override
public void queryFruitItem( ) {
  //定义表格头
  String[ ] thead = {"水果编号","水果名称","水果单价(/元)","计价单位"};

  //调用 adminService 的查询服务
  ArrayList<FruitItem> dataList = adminService.queryFruitItem( );
  //调用 list2Array 方法,将查询到的集合转为数组,方便为 JTable 赋值
  String[ ][ ] tbody = list2Array( dataList);
  //将查询到的结果为 table 赋值
  TableModel dataModel = new DefaultTableModel( tbody, thead);
  table.setModel( dataModel);
}
//集合数据转为二维数组方法
public String[ ][ ] list2Array( ArrayList<FruitItem> list) {
  //根据 FruitItem 的 model 与集合数据定义 JTable 的数据二维数组
  String[ ][ ] tbody = new String[ list.size( ) ][ 4 ];
  for (int i = 0; i < list.size( ); i++) {
    FruitItem fruitItem = list.get( i);
    tbody[ i ][ 0 ] = fruitItem.getNumber( );
    tbody[ i ][ 1 ] = fruitItem.getName( );
    tbody[ i ][ 2 ] = fruitItem.getPrice( ) +" ";
    tbody[ i ][ 3 ] = fruitItem.getUnit( );
  }
  return tbody;
}
//添加方法
@ Override
public void addFruitItem( ) {
  //获取数据
  String addNumber = addNumberText.getText( );
  String addName = addNameText.getText( );
  String addPrice = addPriceText.getText( );
  String addUnit = addUnitText.getText( );
  //调用 adminService 的添加服务
  boolean addSuccess = adminService.addFruitItem( addNumber, addName,
      addPrice, addUnit);
```

```
        //如果添加成功
        if(addSuccess) {
            //添加后刷新表格
            queryFruitItem();
        } else {
            //没有添加成功弹窗错误提示
            JOptionPane.showMessageDialog(this, "水果编号不能重复,请检查数据!");
        }
    }
    //修改方法
    @Override
    public void updateFruitItem() {
        //获取数据
        String updateNumber = updateNumberText.getText();
        String updateName = updateNameText.getText();
        String updatePrice = updatePriceText.getText();
        String updateUnit = updateUnitText.getText();
        //调用 adminService 的修改服务
        boolean updateSuccess = adminService.updateFruitItem(updateNumber,
                updateName, updatePrice, updateUnit);
        //如果修改成功
        if(updateSuccess) {
            //修改后刷新表格
            queryFruitItem();
        } else {
            //没有修改成功弹窗错误提示
            JOptionPane.showMessageDialog(this, "没有这个编号的水果,请检查数据!");
        }
    }
    //删除方法
    @Override
    public void delFruitItem() {
        //获取数据
        String delNumber = delNumberText.getText();
        //调用 adminService 的删除服务
        boolean delSuccess = adminService.delFruitItem(delNumber);
        //如果删除成功
        if(delSuccess) {
```

```
            //删除后刷新表格
            queryFruitItem();
        } else {
            //没有删除成功弹窗错误提示
            JOptionPane.showMessageDialog(this, "没有这个编号的水果,请检查数据!");
        }
    }
}
/**
 * 主界面操作类
 */
@SuppressWarnings("serial")
public class MainFrameController extends AbstractMainFrame {
    @Override
    public void showAdminDialog() {
        //在该方法中创建管理员界面并显示
        //this 为父窗口(主界面) true:设置为模态窗口展示
        new AdminDialogController(this, true).setVisible(true);
    }
}
/*
 * 管理员数据访问类
 */
public class AdminDao {
    // 为了方便学习,以上为原来使用集合模拟数据库的方法,以下为连接 MySQL 数据
库后的方法。
    // 获取所有数据
    public ArrayList<FruitItem> queryAllData() {
        Connection conn = null;
        Statement stmt = null;
        ResultSet rs = null;
        ArrayList<FruitItem> list = new ArrayList<FruitItem>();
        try {
            // 获得数据的连接
            conn = JDBCUtils.getConnection();
            // 获得 Statement 对象
            stmt = conn.createStatement();
            // 发送 SQL 语句
```

```
            String sql = "SELECT * FROM fruit";
            rs = stmt.executeQuery(sql);
            // 处理结果集
            while (rs.next()) {
                FruitItem fruitItem = new FruitItem();
                fruitItem.setNumber(rs.getString("number"));
                fruitItem.setName(rs.getString("fruitname"));
                fruitItem.setPrice(rs.getDouble("price"));
                fruitItem.setUnit(rs.getString("unit"));
                list.add(fruitItem);
            }
            return list;
        } catch (Exception e) {
            e.printStackTrace();
        } finally {
            JDBCUtils.release(rs, stmt, conn);
        }
        return null;
    }
    //添加数据
    public void addFruitItem(FruitItem fruitItem) {
        Connection conn = null;
        Statement stmt = null;
        ResultSet rs = null;
        try {
            // 获得数据的连接
            conn = JDBCUtils.getConnection();
            // 获得 Statement 对象
            stmt = conn.createStatement();
            // 发送 SQL 语句
            String sql = "INSERT INTO fruit(number,fruitname,price,unit)"
                    + "VALUES(" + fruitItem.getNumber() + ",'" + fruitItem.getName()
                    + "','" + fruitItem.getPrice() + "','" + fruitItem.getUnit() + "')";
            int num = stmt.executeUpdate(sql);
            if (num > 0) {
                System.out.println("插入数据成功！");
            }
        } catch (Exception e) {
```

```
            e.printStackTrace( );
        } finally {
            JDBCUtils.release( rs, stmt, conn);
        }
    }
    //删除数据
    public void delFruitItem( String delNumber) {
        Connection conn = null;
        Statement stmt = null;
        ResultSet rs = null;
        try {
            // 获得数据的连接
            conn = JDBCUtils.getConnection( );
            // 获得 Statement 对象
            stmt = conn.createStatement( );
            // 发送 SQL 语句
            String sql = " DELETE FROM fruit WHERE number=" + delNumber;
            int num = stmt.executeUpdate( sql);
            if (num > 0) {
                System.out.println("删除数据成功! ");
            }
        } catch (Exception e) {
            e.printStackTrace( );
        } finally {
            JDBCUtils.release( rs, stmt, conn);
        }
    }
}
/ **
 * 存储数据
 */
public class DataBase {
    public static ArrayList<FruitItem> data = new ArrayList<FruitItem>( );
    //初始数据
    static {
        data.add( new FruitItem(" 1 ","苹果",5.0," kg ") );
    }
}
```

```
/*
 * 水果项数据模型
 */
public class FruitItem {
  //属性
  private String number;//编号
  private String name; //名称
  private double price; //价格
  private String unit; //单位
  //构造方法
  public FruitItem() {
  }
  public FruitItem(String number, String name, double price, String unit) {
    super();
    this.number = number;
    this.name = name;
    this.price = price;
    this.unit = unit;
  }
  //get/set 方法
  public String getNumber() {
    return number;
  }
  public void setNumber(String number) {
    this.number = number;
  }
  public String getName() {
    return name;
  }
  public void setName(String name) {
    this.name = name;
  }
  public double getPrice() {
    return price;
  }
  public void setPrice(double price) {
    this.price = price;
  }
```

```
    public String getUnit() {
        return unit;
    }
    public void setUnit(String unit) {
        this.unit = unit;
    }
}
/*
 * 管理员服务类
 */
public class AdminService {
    private AdminDao adminDao = new AdminDao();
    //查询服务
    public ArrayList<FruitItem> queryFruitItem() {
        //调用 Dao 层的获取所有数据方法获取所有数据
        ArrayList<FruitItem> data = adminDao.queryAllData();
        //返回数据
        return data;
    }
    //添加服务
    public boolean addFruitItem(String number, String name, String price,
            String unit) {
        //调用 Dao 层的获取所有数据方法获取所有数据
        ArrayList<FruitItem> data = queryFruitItem();
        //使用输入的编号与所有数据对比
        for (int i = 0; i < data.size(); i++) {
            FruitItem fruitItem = data.get(i);
            //如果存在重复编号数据,则添加不成功
            if(number.equals(fruitItem.getNumber())) {
                return false;
            }
        }
        //如果没有重复编号,将数据封装为 FruitItem 对象
        FruitItem thisFruitItem = new FruitItem(number, name,
                Double.parseDouble(price), unit);
        //调用 Dao 层的添加数据方法
        adminDao.addFruitItem(thisFruitItem);
        //在添加数据后,返回添加成功
```

```
    return true;
}
//修改服务
public boolean updateFruitItem(String number, String name,
        String price, String unit) {
    //调用 Dao 层的获取所有数据方法获取所有数据
    ArrayList<FruitItem> data = queryFruitItem();
    //使用输入的编号与所有数据对比
    for (int i = 0; i < data.size(); i++) {
        FruitItem fruitItem = data.get(i);
        //如果存在相同编号数据,则可以更新
        if(number.equals(fruitItem.getNumber())) {
            //调用 Dao 层的删除指定编号数据方法
            adminDao.delFruitItem(number);
            //如果没有重复编号,将数据封装为 FruitItem 对象
            FruitItem thisFruitItem = new FruitItem(number, name,
                    Double.parseDouble(price), unit);
            //调用 Dao 层的添加数据方法
            adminDao.addFruitItem(thisFruitItem);
            //在修改数据后,返回添加成功
            return true;
        }
    }
    //如果不存在相同编号数据,则不可以更新
    return false;
}
//删除服务
public boolean delFruitItem(String delNumber) {
    //调用 Dao 层的获取所有数据方法获取所有数据
    ArrayList<FruitItem> data = queryFruitItem();
    //使用输入的编号与所有数据对比
    for (int i = 0; i < data.size(); i++) {
        FruitItem fruitItem = data.get(i);
        //如果存在相同编号数据,则可以删除
        if(delNumber.equals(fruitItem.getNumber())) {
            //调用 Dao 层的删除指定编号数据方法
            adminDao.delFruitItem(delNumber);
            //在删除数据后,返回添加成功
```

```
            return true;
        }
    }
    //如果不存在相同编号数据,则不可以删除
    return false;
  }
}
/*
 * 工具类
 */
public class GUITools {
  //JAVA 提供的 GUI 默认工具类对象
  static Toolkit kit = Toolkit.getDefaultToolkit();
  //将指定组件屏幕居中
  public static void center(Component c) {
    int x = (kit.getScreenSize().width - c.getWidth()) / 2;
    int y = (kit.getScreenSize().height - c.getHeight()) / 2;
    c.setLocation(x, y);
  }
  //为指定窗口设置图标标题
  public static void setTitleImage(JFrame frame,String titleIconPath) {
    frame.setIconImage(kit.createImage(titleIconPath));
  }
}
/**
 * 工具类
 */
public class JDBCUtils {
  // 加载驱动,并建立数据库连接
  public static Connection getConnection() throws SQLException,
      ClassNotFoundException {
    Class.forName("com.mysql.jdbc.Driver");
    String url = "jdbc:mysql://localhost:3306/jdbc";
    String username = "root";
    String password = "itcast";
    Connection conn = DriverManager.getConnection(url, username, password);
    return conn;
  }
```

```
    // 关闭数据库连接,释放资源
    public static void release(Statement stmt, Connection conn) {
        if (stmt != null) {
            try {
                stmt.close();
            } catch (SQLException e) {
                e.printStackTrace();
            }
            stmt = null;
        }
        if (conn != null) {
            try {
                conn.close();
            } catch (SQLException e) {
                e.printStackTrace();
            }
            conn = null;
        }
    }
    public static void release(ResultSet rs, Statement stmt, Connection conn) {
        if (rs != null) {
            try {
                rs.close();
            } catch (SQLException e) {
                e.printStackTrace();
            }
            rs = null;
        }
        release(stmt, conn);
    }
}
/**
 * 管理窗口类
 */
@SuppressWarnings("serial")
public abstract class AbstractAdminDialog extends JDialog{
    //定义界面使用到的组件作为成员变量
    private JLabel tableLabel = new JLabel("水果列表");//水果列表标题
```

```
private JScrollPane tablePane = new JScrollPane( );//滚动视口
protected JTable table = new JTable( ); //水果列表
private JLabel numberLabel = new JLabel("水果编号");//编号标题
private JLabel nameLabel = new JLabel("水果名称");//名称标题
private JLabel priceLabel = new JLabel("水果单价");//单价标题
private JLabel unitLabel = new JLabel("计价单位");//计价单位标题
//添加功能组件
protected JTextField addNumberText = new JTextField(6);//添加编号文本框
protected JTextField addNameText = new JTextField(6);//添加名称文本框
protected JTextField addPriceText = new JTextField(6);//添加单价文本框
protected JTextField addUnitText = new JTextField(6);//添加计价单位文本框
private JButton addBtn = new JButton("添加水果");//添加按钮
//修改功能组件
protected JTextField updateNumberText = new JTextField(6);//修改编号文本框
protected JTextField updateNameText = new JTextField(6);//修改名称文本框
protected JTextField updatePriceText = new JTextField(6);//修改单价文本框
protected JTextField updateUnitText = new JTextField(6);//修改计价单位文本框
private JButton updateBtn = new JButton("修改水果");//修改按钮
//删除功能组件
protected JTextField delNumberText = new JTextField(6);//添加编号文本
private JButton delBtn = new JButton("删除水果");//删除按钮
//构造方法
public AbstractAdminDialog( ) {
  this(null,true);
}
public AbstractAdminDialog(Frame owner, boolean modal) {
  super(owner, modal);
  this.init( );// 初始化操作
  this.addComponent( );// 添加组件
  this.addListener( );// 添加监听器
}
// 初始化操作
private void init( ) {
  this.setTitle("水果超市货物管理！");// 标题
  this.setSize(600, 400);// 窗体大小与位置
  GUITools.center(this);//设置窗口在屏幕上的位置
  this.setResizable(false);// 窗体大小固定
}
```

```
// 添加组件
private void addComponent( ) {
    //取消布局
    this.setLayout( null);
    //表格标题
    tableLabel.setBounds(265, 20, 70, 25);
    this.add( tableLabel);
    //表格
    table.getTableHeader( ).setReorderingAllowed( false);   //列不能移动
    table.getTableHeader( ).setResizingAllowed( false);   //不可拉动表格
    table.setEnabled( false);                       //不可更改数据
    tablePane.setBounds(50, 50, 500, 200);
    tablePane.setViewportView( table);                  //视口装入表格
    this.add( tablePane);
    //字段标题
    numberLabel.setBounds(50, 250, 70, 25);
    nameLabel.setBounds( 150, 250, 70, 25);
    priceLabel.setBounds(250, 250, 70, 25);
    unitLabel.setBounds(350, 250, 70, 25);
    this.add( numberLabel);
    this.add( nameLabel);
    this.add( priceLabel);
    this.add( unitLabel);
    //增加组件
    addNumberText.setBounds(50, 280, 80, 25);
    addNameText.setBounds( 150, 280, 80, 25);
    addPriceText.setBounds(250, 280, 80, 25);
    addUnitText.setBounds(350, 280, 80, 25);
    this.add( addNumberText);
    this.add( addNameText);
    this.add( addPriceText);
    this.add( addUnitText);
    addBtn.setBounds(460, 280, 90, 25);
    this.add( addBtn);
    //修改组件
    updateNumberText.setBounds(50, 310, 80, 25);
    updateNameText.setBounds( 150, 310, 80, 25);
    updatePriceText.setBounds(250, 310, 80, 25);
```

```
        updateUnitText.setBounds(350, 310, 80, 25);
        this.add(updateNumberText);
        this.add(updateNameText);
        this.add(updatePriceText);
        this.add(updateUnitText);
        updateBtn.setBounds(460, 310, 90, 25);
        this.add(updateBtn);
        //删除组件
        delNumberText.setBounds(50, 340, 80, 25);
        this.add(delNumberText);
        delBtn.setBounds(460, 340, 90, 25);
        this.add(delBtn);
    }
    // 添加监听器
    private void addListener() {
        //添加按钮监听
        addBtn.addActionListener(new ActionListener() {
            @Override
            public void actionPerformed(ActionEvent e) {
                //调用添加方法
                addFruitItem();
            }
        });
        //修改按钮监听
        updateBtn.addActionListener(new ActionListener() {
            @Override
            public void actionPerformed(ActionEvent e) {
                //调用修改方法
                updateFruitItem();
            }
        });
        //删除按钮监听
        delBtn.addActionListener(new ActionListener() {
            @Override
            public void actionPerformed(ActionEvent e) {
                //调用删除方法
                delFruitItem();
```

```
            }
        });
    }
    //查询方法
    public abstract void queryFruitItem();
    //添加方法
    public abstract void addFruitItem();
    //修改方法
    public abstract void updateFruitItem();
    //删除方法
    public abstract void delFruitItem();
}
/**
 * 主窗口类
 */
@SuppressWarnings("serial")
public abstract class AbstractMainFrame extends JFrame {
    //组件
    private JLabel titleLabel = new JLabel(new ImageIcon("FruitStore.jpg"));//标题图片
    private JButton btn = new JButton("进入系统");//顾客按钮
    //构造函数
    public AbstractMainFrame() {
        this.init();// 初始化操作
        this.addComponent();// 添加组件
        this.addListener();// 添加监听器
    }
    //初始化操作
    private void init() {
        this.setTitle("水果超市欢迎您！");// 标题
        this.setSize(600, 400);// 窗体大小与位置
        GUITools.center(this);//设置窗口在屏幕上的位置
        GUITools.setTitleImage(this, "title.png");
        this.setResizable(false);// 窗体大小固定
        this.setDefaultCloseOperation(JFrame.EXIT_ON_CLOSE);// 关闭窗口默认操作
    }
    //添加组件
    private void addComponent() {
```

```
        //窗体使用默认的边界布局,北区放入图片
        this.add(this.titleLabel, BorderLayout.NORTH);
        //创建 JPanel 对象
        JPanel btnPanel = new JPanel();
        //清除布局,使 JPanel 中的组件可以自定义位置
        btnPanel.setLayout(null);
        //将 JPanel 对象添加到窗体中
        this.add(btnPanel);
        //定义边界位置
        btn.setBounds(240, 20, 120, 50);
        //将按钮添加到 JPanel 对象中
        btnPanel.add(btn);
    }
    //添加监听器
    private void addListener() {
        btn.addActionListener(new ActionListener() {
            public void actionPerformed(ActionEvent e) {
                showAdminDialog();
            }
        });
    }
    //展示管理员界面方法
    public abstract void showAdminDialog();
}
```

【技能知识】

在 Java Web 辅助程序中,有大量数据库操作,在 Java 中,提供了 JDBC API 来操作数据库,本章介绍 JDBC 相关知识及 JDBC 编程要点,并通过实例介绍 JDBC 编程基本步骤。

8.1 JDBC 简介

8.1.1 JDBC 的概念及特点

JDBC (Java DataBase Conectivity, Java 数据库连接)是一种用于执行 SQL 语句的 Java API,可以为多种关系数据库提供统一的访问接口。JDBC 由一组用 Java 语言编写的类与接口组成,通过调用这些类和接口所提供的方法,用户能够以一致的方式连接多种不同的数据库系统(如 Access、SQL Server、Oracle、Sybase 等),进而使用标准的 SQL 语言来存取数据库中

的数据。

用 JDBC 写的程序能够自动地将 SQL 语句传送给相应的数据库管理系统(DBMS)。不但如此,使用 Java 编写的应用程序可以在任何支持 Java 的平台上运行,不必在不同的平台上编写不同的应用程序。Java 和 JDBC 的结合可以在开发数据库应用时真正实现"一次开发,可随处运行!"简单地说,JDBC 能完成下列 3 个功能:

- 与数据库建立连接。
- 向数据库发送 SQL 指令。
- 处理数据库返回的结果。

8.1.2 JDBC 体系结构

JDBC API 通过数据库驱动程序管理器(Driver Manager)加载具体的数据库驱动程序。数据库驱动程序负责与具体数据库的透明连接。JDBC 数据库驱动程序管理器将确保正确的驱动程序被用于连接数据源,它可以同时支持与不同数据库的连接。JDBC 数据库驱动程序管理器将标准 JDBC 指令转换成适用于不同数据库的通信网络协议指令或其他 API 指令,这种指令的转换机制,使基于 JDBC 接口开发的程序可以独立于数据库的种类。如果底层的数据库被更换了,用户只需相应地替换程序中所引用的 JDBC 驱动程序即可。

8.1.3 JDBC 的种类

数据库连接对动态网站设计是最重要的部分。大多主流数据库厂商都提供了 JDBC 驱动程序,通过 JDBC 驱动程序与数据库相连,就可以对数据库执行查询与更新操作。目前,JDBC 驱动程序主要有以下 4 种,如图 8-4 所示。

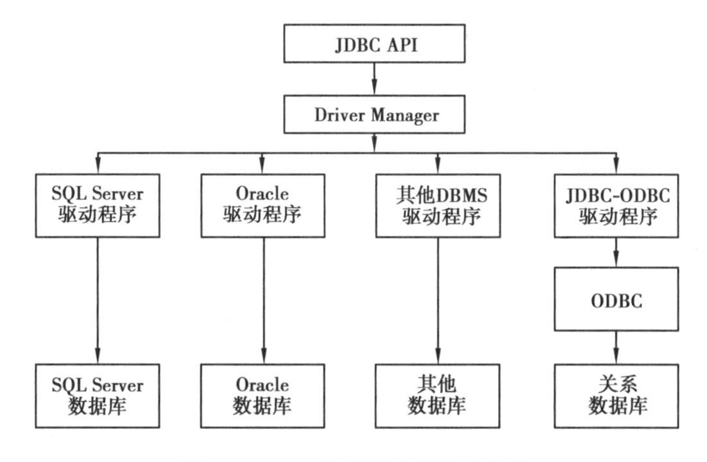

图 8-4 JDBC 与数据库的链接方式

8.1.4 JDBC URL

JDBC URL 提供了一种标识数据库的方法,可以使相应的驱动程序能够识别该数据库并与它建立连接。标准的 JDBC URL 的格式如下:

jdbc:<子协议名>:<子名称>

JDBC URL 由 3 个部分组成,各个部分之间用冒号分隔。<子协议名>是指数据库连接的方式,<子名称>可以根据子协议名的改变而变化。

JDBC-ODBC 桥驱动程序使用 ODBC 子协议。该子协议的 URL 格式如下:

jdbc:odbc:<data_source_name>[;< attribute_name1>=<attribute_valve1>]……[;< attribute_namen>=<attribute_valven>]

其中:data_source_name 指本地 ODBC 数据源的名字。例如:假设在 ODBC 配置程序中配置了数据源 mydh (mydb 可以是 ODBC 支持的任何数据库),则对应的 URL 格式为:

jdbc:odbc: mydh [;user=用户名:password=密码]

其中 user 和 password 是登录具体数据库的账号(login)。一般在 URL 中可以省略,而在连接数据库时再传递这两个参数。

如果是其他的数据库,请参考对应数据库厂商的 API 文档。下面是常用数据库的 TYPE 4 类型驱动程序的 URL:

1) Oracle (thin 连接方式)

jdbc:oracle:thin:@服务器名/IP 地址:1521:数据库实例名

2) SQL Server 2000

jdbc: microsof:sqlserver://服务器名/IP 地址:1433[;databaseName=数据库名]

3) SQL Server 2005

jdbc:sqlserver://服务器名/IP 地址:1433[;databaseName=数据库名]

4) MySQL

jdbc:mysql://服务器名/IP 地址:3306/数据库名

JDBC 的设计目标之一就是让它成为一个公共的接口,对于不同的数据库,只需要修改对应的驱动程序和连接数据库的 URL 就可以了,而不需要去修改对应的 SQL 语句。所以,本书后面的例题将主要以 MySQL 来讲解 JDBC 的特征、用法。

8.1.5 ODBC 数据源配置

如果希望用 JDBC-ODBC 来完成本章的学习内容,请按下述步骤进行 ODBC 数据源配置。

①在 Access 中创建一个数据库,保存到 d:\student.mdb。这里的操作画面是以 Windows 10 操作系统为例进行说明的,Windows 其他操作系统与此类似。

②进入 ODBC 数据源配置程序:打开 Windows 系统中的控制面板,找到“管理工具”,进入管理工具中选择“数据源(ODBC)”图标,选择“用户 DSN”选项卡,出现如图 8-5 所示的“ODBC 数据源管理器”对话框。对话框中显示了已有的数据源名称。在这里也可以选择“系统 DSN”选项卡。“系统 DSN”和“用户 DSN”在使用上的区别在于:“用户 DSN”上设置的 DSN 只能在使用进行设置操作的用户名登录的时候,才可以使用,而“系统 DSN”则针对任何登录的用户都可以使用。

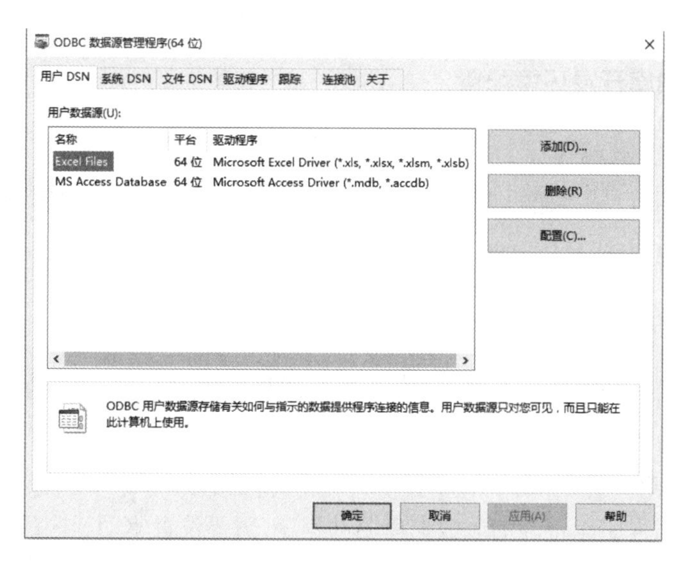

图 8-5　ODBC 数据源管理器

③创建新的数据源:在图 8-5 所示的画面中,单击“添加”按钮出现选择列表,此时选择“Microsoft Access Driver(*.mdb, *.accdb)”作为新数据源的驱动程序,单击“完成”按钮,出现如图8-6所示的对话框。

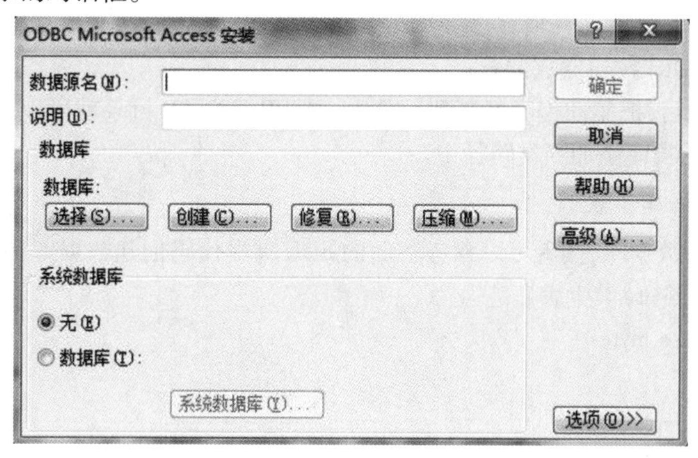

图 8-6　ODBC Microsoft Access 安装界面

④为新数据源命名,并与指定的数据库关联:在图 8-6 中的“数据源名”文本框中输入数据源名,如 mydb。再单击“选择”按钮,出现“选择数据库”对话框。选择某驱动器下、某个目录下的数据库即可。这里选择 d:\student.mdb 数据库。单击“确定”按钮,又回到图 8-6 所示的画面。

⑤设置用户的登录名称和密码:如果用户需要为数据源“mydb”设置个登录名称和密码,就单击图 8-6 中的“高级”按钮,否则单击“确定”按钮以完成数据源设置的全部操作。需要说明的是,对于不同类型的数据库,在建立 ODBC 数据源时,根据选择的数据库驱动程序的不同,数据源的设置画面也会不相同。

8.1.6 JDBC 数据库开发环境配置

(1)安装并配置数据库

用户可以选择自己感兴趣的或熟悉的任何一种数据库来学习本章内容,建议使用 MySQL,因为 MySQL 是免费的,而且在 Web 开发中应用广泛。MySQL 数据库可以通过 MySQL 的官方网站来进行下载。

(2)下载相关驱动程序

可以到相关数据库厂商的网站去下载需要的数据库驱动程序。MySQL 的 JDBC 驱动程序可以通过官方下载。

(3)设置驱动程序类路径

要使 Java 应用程序能正确加载数据库驱动程序,需要设置驱动程序的类路径。

方法一:在环境变量 classpath 中添加驱动程序路径信息。

方法二:把驱动程序拷贝到应用程序类路径下(项目的 src 目录)。然后,在 Eclipse 中,右击项目名,在弹出的下拉菜单中,选择"build path"→"configure build path"将打开项目属性对话框。选择"Libraries"标签,单击"Add JARs" 按钮,将打开"JAR Selection"对话框,在 JAR Selection 对话框中,展开项目,选中 src 目录下的驱动程序 jar 文件,单击"OK"按钮,回到主窗口,单击"OK"按钮完成配置。

对于 Web 项目,把驱动程序复制到\webRootlWEB-INF\lib 目录就可以了。Eclipse 会自动把 lib 目录下的类库添加到类路径中。

(4)创建数据库和表

使用 MySQL 数据库,读者可以参考下面的 SQL 脚本代码创建数据库和表,数据库名为 mytest,表名为 student(学生表)。

```
Create database mytest
Use mytest
Create table department(
  Dep_id char(2) primary key,
  Dep_name char(40)
)
Create table speciality(
  spe_ id char(4) primary key,
  spe_name char(40),
  dep_ id char(2)
)
create table students(
  sno char(14) primary key,
  sname char(10) not null,
```

```
  sage integer,ssex char(2),
  spe_ id char(4),
  photo longBlob
)
Create table adminUser(
  userName char(20) primary key,
  password char(20),
  realName char(10),
  sex char(2),
  email char(40),
  phone char(11),
  userRole int
)
```

如果用户使用其他数据库,也可以参考上述代码,只要对部分数据类型做相应的修改就可以了。

(5)输入测试用数据

在进行 JDBC 编程学习之前,先在上述表中输入部分测试数据。

```
insert into department values(01,计算机系)
insen into department values(02,电子系)
insert into speciality values(0101,计算机应用,01)
insent into speciality values(0102,计算机网络,01)
insert into speciality values(0201,电子工程,02)
insert into speciality values(0202,电气自动化,02)
insert into students values(2009001,张伟,18,女,0101)
```

8.2 通过 JDBC 访问数据库

8.2.1 加载 JDBC 驱动程序

在和某一特定数据库建立连接之前,首先必须加载一种可能用的 JDBC 驱动程序。这需要使用下列方法加载 JDBC 驱动程序:

```
Class.forName("DriverName");
```

使用 Class 类的 forName(方法来装载数据库驱动类,并进行类的初始化操作。对于数据库驱动程序来说,还会向 DriverManager 注册自己,这是在使用 JDBC 的程序中的第一步。

因为在创建对象的时候,会加载相应的类,所以,在一些程序中,也可能有人使用实例化一个数据库驱动对象的方法,但不推荐使用这种方法(没有必要产生一个驱动对象)。

“DriverName”是要加载的 JDBC 驱动程序名称。驱动程序名称根据数据库厂商提供的

JDBC 驱动程序的种类来确定。

下面是常用数据库驱动程序名(TYPE 4):

MySQL: com.mysql.jdbc.Driver

JDBC-ODBC 桥: sun.jdbc. odbc. JdbcOdbcDriver

Oracle (thin): oracle. jdbc. driver. OracleDriver

Sql server 2005: com. microsoft. sqlserver. jdbc. SQLServerDriver

SQL Server 2000: com. microsoft. jdbc. sqlserver. SQLServerDriver

DB2: com. ibm. db2. jcc. DB2Driver

例如:加载 MySQL 驱动程序

Class.forName("com.mysqL.jdbc.Driver");

8.2.2 创建数据库连接

在使用 JDBC 操作数据库之前,必须打开一个数据库连接,创建和指定数据库的连接需要使用 DriverManager 类的 getConnection()方法,其一般的使用格式如下:

Connection con = DriverManager. getConnection(String url, String user, String password)

该方法返回的是一个 java. sql. Connection 对象。这里的 URL 是一个字符串,代表了将要连接的数据源,即具体的数据库位置。

8.2.3 创建 Statement 对象

在与某个特定数据库建立连接之后,这个连接会话就可以用于发送 SQL 语句。在发送 SQL 语句之前,必须创建一个 Statement 类的对象,该对象负责将 SQL 语句发送给数据库。如果 SQL 语句运行后产生结果集,Statement 对象将返回一个 ResultSet 对象。

创建 Statement 对象是使用 Connection 接口的 createStatement()方法来实现的:

Statement smt = con. createStatement();

8.2.4 执行 SQL 语句,返回结果集对象 ResultSet

Statement 对象创建好之后,就可以使用该对象的 executeQuery()方法来执行数据库查询语句,executeQuery()方法返回一个 ResultSet 类的对象,它包含了 SQL 查询语句执行的结果,通常结果集的形式是一张带有表头和相应数据的表。例如:

ResultSet rs = smt. executeQuery ("SELECT * FROM students");

8.2.5 处理 SQL 的返回结果

JDBC 接收结果是通过 ResultSet 类的对象来实现的。一个 ResultSet 对象包含了执行某个 SQL 语句后的所有行,它还提供组 get×××方法来访问当前行的不同列。例如:

String studentName = rs.getString("Sno")//按列名取值

String studentName = rs.getString(1)//按索引号取值

8.2.6　关闭创建的各个对象

一个 Statement 对象在同一时间只能打开一个结果集，所以如果在同一 Statement 对象中运行多条 SQL 语句时，第一条 SQL 语句生成的 ResultSet 对象就被自动关闭了。当然也可以通过调用 ResultSet 接口的 close( ) 方法来手工关闭。

连接对象是有限的资源，使用完应该及时关闭，而且关闭连接对象时，在该连接上的 Statement 对象和 ResultSet 对象会自动关闭。所以在 JDBC 编程中，一定及时关闭连接。关闭连接可以使用连接对象的 close( ) 方法。例如：

con. close( );

【举一反三】

用户管理功能模块的开发，要求能对用户进行查询、添加、删除和修改。

数据库中的表如图 8-7 所示。

表 - dbo.users　表 - dbo.users　摘要

列名	数据类型	允许空
uid	int	□
name	varchar(200)	☑
password	varchar(200)	☑
bid	varchar(50)	☑
xid	int	☑
sex	char(20)	☑
jiguan	varchar(200)	☑
xueli	varchar(50)	☑
biyeyuanxiao	varchar(100)	☑
suoxuezhuanye	varchar(100)	☑
workdate	datetime	☑
biyedate	datetime	☑
workplace	varchar(50)	☑
tel	varchar(50)	☑
rid	int	☑
photo	varchar(200)	☑
demo	varchar(50)	☑

图 8-7　用户表

```
public class UsersDAO {
  /**
   * 根据用户名查找用户信息
   * */
  public Users getOperator(String name) {
    Users op=new Users();
    try {
      DBC db=DBC.getDatabaseConnInstance();
      Connection con=db.getConnection();
```

```
        Statement stm = con.createStatement();
        String sql="select * from users where name='"+name+"'";
        ResultSet rs = stm.executeQuery(sql);
        if(rs.next()){
            op.setUid(rs.getInt("uid"));
            op.setName(rs.getString("name"));
            op.setPassword(rs.getString("password"));
            op.setBid(rs.getString("bid"));
            op.setXid(rs.getString("xid"));
            op.setSex(rs.getString("sex"));
            op.setJiguan(rs.getString("jiguan"));
            op.setXueli(rs.getString("xueli"));
            op.setBiyeyuanxiao(rs.getString("biyeyuanxiao"));
            op.setSuoxuezhuanye(rs.getString("suoxuezhuanye"));
            op.setWorkdate(rs.getString("workdate"));
            op.setBiyedate(rs.getString("biyedate"));
            op.setWorkplace(rs.getString("workplace"));
            op.setTel(rs.getString("tel"));
            op.setRid(rs.getInt("rid"));
            op.setPhoto(rs.getString("photo"));
            op.setDemo(rs.getString("demo"));


        }
        db.closeConn(rs, stm, con);
    } catch (SQLException e) {
        e.printStackTrace();
    }
    return op;
}
/**
 * 根据id查找用户信息
 * */
public Users getOperatorById(String id){
    Users op=new Users();
    try {
        DBC db=DBC.getDatabaseConnInstance();
        Connection con=db.getConnection();
        Statement stm = con.createStatement();
```

```
      String sql="select * from users where uid="+id;
      ResultSet rs = stm.executeQuery(sql);
      if(rs.next()){
        op.setUid(rs.getInt("uid"));
        op.setName(rs.getString("name"));
        op.setPassword(rs.getString("password"));
        op.setBid(rs.getString("bid"));
        op.setXid(rs.getString("xid"));
        op.setSex(rs.getString("sex"));
        op.setJiguan(rs.getString("jiguan"));
        op.setXueli(rs.getString("xueli"));
        op.setBiyeyuanxiao(rs.getString("biyeyuanxiao"));
        op.setSuoxuezhuanye(rs.getString("suoxuezhuanye"));
        op.setWorkdate(rs.getString("workdate"));
        op.setBiyedate(rs.getString("biyedate"));
        op.setWorkplace(rs.getString("workplace"));
        op.setTel(rs.getString("tel"));
        op.setRid(rs.getInt("rid"));
        op.setPhoto(rs.getString("photo"));
        op.setDemo(rs.getString("demo"));
      }
      db.closeConn(rs, stm, con);
    } catch (SQLException e) {
      e.printStackTrace();
    }
    return op;
  }
  /**
   * 查找所有用户信息
   * */
  public List<Users> getOperators(int pageSize,int currentPage,String name){
    List<Users> list = new ArrayList<Users>();
    try {
      DBC db=DBC.getDatabaseConnInstance();
      Connection con=db.getConnection();
      Statement stm = con.createStatement();
      String sql="select top "+pageSize+" * from users where (uid not in (select top "+
((currentPage-1)*pageSize)+" uid from users where name like '%"+name+"%')) and name
```

```
like '%"+name+"%'";
            ResultSet rs = stm.executeQuery(sql);
            while(rs.next()){
                Users op=new Users();
                op.setUid(rs.getInt("uid"));
                op.setName(rs.getString("name"));
                op.setPassword(rs.getString("password"));
                op.setBid(rs.getString("bid"));
                op.setXid(rs.getString("xid"));
                op.setSex(rs.getString("sex"));
                op.setJiguan(rs.getString("jiguan"));
                op.setXueli(rs.getString("xueli"));
                op.setBiyeyuanxiao(rs.getString("biyeyuanxiao"));
                op.setSuoxuezhuanye(rs.getString("suoxuezhuanye"));
                op.setWorkdate(rs.getString("workdate"));
                op.setBiyedate(rs.getString("biyedate"));
                op.setWorkplace(rs.getString("workplace"));
                op.setTel(rs.getString("tel"));
                op.setRid(rs.getInt("rid"));
                op.setPhoto(rs.getString("photo"));
                op.setDemo(rs.getString("demo"));
                list.add(op);
            }
            db.closeConn(rs, stm, con);
        } catch (SQLException e) {
            e.printStackTrace();
        }
        return list;
    }
    public int getNum(String name){
        String sql="select count(*) as num from users where name like '%"+name+"%'";
        int rs=DBC.getDatabaseConnInstance().getRows(sql);
        return rs;
    }
    /**
     * 查找所有用户信息
     * */
    public List<Users> getOperatorsByName(String name){
```

```
    List<Users> list = new ArrayList<Users>();
    try {
        DBC db=DBC.getDatabaseConnInstance();
        Connection con=db.getConnection();
        Statement stm = con.createStatement();
        String sql="select * from users where name like '%"+name+"%'";
        ResultSet rs = stm.executeQuery(sql);
        while(rs.next()){
            Users op=new Users();
            op.setUid(rs.getInt("uid"));
            op.setName(rs.getString("name"));
            op.setPassword(rs.getString("password"));
            op.setBid(rs.getString("bid"));
            op.setXid(rs.getString("xid"));
            op.setSex(rs.getString("sex"));
            op.setJiguan(rs.getString("jiguan"));
            op.setXueli(rs.getString("xueli"));
            op.setBiyeyuanxiao(rs.getString("biyeyuanxiao"));
            op.setSuoxuezhuanye(rs.getString("suoxuezhuanye"));
            op.setWorkdate(rs.getString("workdate"));
            op.setBiyedate(rs.getString("biyedate"));
            op.setWorkplace(rs.getString("workplace"));
            op.setTel(rs.getString("tel"));
            op.setRid(rs.getInt("rid"));
            op.setPhoto(rs.getString("photo"));
            op.setDemo(rs.getString("demo"));
            list.add(op);
        }
        db.closeConn(rs, stm, con);
    } catch (SQLException e) {
        e.printStackTrace();
    }
    return list;
}
/**
 * 添加用户信息
 * */
public boolean addOperator(Users op){
```

```
        boolean rr=false;
        try {
            DBC db=DBC.getDatabaseConnInstance();
            Connection con=db.getConnection();
            Statement stm = con.createStatement();
            String sql=" insert into users(name,password,bid,xid,sex,jiguan,xueli,biyeyuanxiao,suoxuezhuanye,workdate,biyedate,workplace,tel,rid,photo,demo) values('"+op.getName()+"','"+op.getPassword()+"','"+op.getBid()+"','"+op.getXid()+"','"+op.getSex()+"','"+op.getJiguan()+"','"+op.getXueli()+"','"+op.getBiyeyuanxiao()+"','"+op.getSuoxuezhuanye()+"','"+op.getWorkdate()+"','"+op.getBiyedate()+"','"+op.getWorkplace()+"','"+op.getTel()+"','"+op.getRid()+"','"+op.getPhoto()+"','"+op.getDemo()+"')";
            rr = stm.execute(sql);
            db.closeConn(null, stm, con);
        } catch (SQLException e) {
            e.printStackTrace();
        }
        return rr;
    }
    /**
     * 修改用户信息
     * */
    public boolean updateOperator(Users op){
        boolean rr=false;
        try {
            DBC db=DBC.getDatabaseConnInstance();
            Connection con=db.getConnection();
            Statement stm = con.createStatement();
            String sql=" update users set name='"+op.getName()+"',Password='"+op.getPassword()+"',bid='"+op.getBid()+"',xid='"+op.getXid()+"',sex='"+op.getSex()+"',jiguan='"+op.getJiguan()+"',xueli='"+op.getXueli()+"',biyeyuanxiao='"+op.getBiyeyuanxiao()+"',suoxuezhuanye='"+op.getSuoxuezhuanye()+"',workdate='"+op.getWorkdate()+"',biyedate='"+op.getBiyedate()+"',workplace='"+op.getWorkplace()+"',tel='"+op.getTel()+"',rid='"+op.getRid()+"',photo='"+op.getPhoto()+"',demo='"+op.getDemo()+"' where uid='"+op.getUid()+"'";
            System.out.println(sql);
            rr = stm.execute(sql);
            db.closeConn(null, stm, con);
        } catch (SQLException e) {
            e.printStackTrace();
```

```
        }
        return rr;
    }
    /**
     * 删除用户信息
     * */
    public boolean deleteOperator(String id) {
        boolean rr=false;
        try {
            DBC db=DBC.getDatabaseConnInstance();
            Connection con=db.getConnection();
            Statement stm = con.createStatement();
            String sql="delete from users where uid='"+id+"'";
            rr = stm.execute(sql);
            db.closeConn(null, stm, con);
        } catch (SQLException e) {
            e.printStackTrace();
        }
        return rr;
    }
}
```

项目 9　聊天程序设计

【任务需求】

随着网络的普及,人类生活越来越依赖网络,人与人之间的交流也更多是在网络上进行,由于交流的实时性,即时通信系统也被越来越多的人所使用。即时通信系统除了普通的生活上的交流,也在商业交流中越来越受到重视,它可以是个很好地与客户之间即时交流的平台,在时间上它比电子邮件更加具有实时性,而费用相对电话交流也要经济得多。在这种环境下,聊天软件作为一种即时通信工具,得到了很好的发展。实现聊天程序的设计,通过程序设计,学会 UDP 与 TCP 的相关知识。

交流者身份的确定,即交流双方需要各自确定允许与对方交流才能交流。交流信息的加密,即不允许他人窃听双方的交流信息,点对点交流(私聊),一次对话的对象只是一个人。同时可以利用本系统形成的 P2P (peer to peer,点对点)网络进行用户间的文件传输,进行资源的共享。

即时通信是指利用计算机网络,在几乎可以忽略传输时间延迟的情况下,实时的信息发送与接收,即在发送人发送出信息的同时,指定接受者接收到信息。这样的交流有别于电子邮件会耽误一定的时间,减少因时间的耽误而引起的损失。

而所谓 P2P 网络就是直接将人们联系起来,让人们通过互联网直接交互。P2P 使得网络上的沟通变得容易、更直接共享和交互,真正地消除中间商。P2P 就是人们可以直接连接到其他用户的计算机、交换文件,而不是像过去那样连接到服务器去浏览与下载。P2P 的另一个重要特点是改变互联网现在的以大网站为中心的状态、重返“非中心化”,并把权力交还给用户。

【任务目标】

①学会 TCP 网络通信协议的相关知识。

②学会 UDP 网络通信协议的相关知识。

【任务实施】

```
/**
 * 聊天室 聊天程序设计
 */
public class CharRoom {
    public static void main(String[] args) {
        System.out.println("欢迎您进入聊天室!");
```

```
        Scanner sc = new Scanner(System.in);
        System.out.print("请输入本程序发送端端口号:");
        int sendPort = sc.nextInt();
        System.out.print("请输入本程序接收端端口号:");
        int receivePort = sc.nextInt();
        System.out.println("聊天系统启动!! ");
        new Thread(new SendTask(sendPort), "发送端任务").start();        //发送操作
        new Thread(new ReceiveTask(receivePort), "接收端任务").start();//接收操作
    }
}
/**
 * 接收数据的任务类
 */
public class ReceiveTask implements Runnable {
    private int receivePort;// 接收数据的端口号
    public ReceiveTask(int receivePort) {
        this.receivePort = receivePort;
    }
    @Override
    public void run() {
        try {
            // 1.DatagramSocket 对象
            DatagramSocket ds = new DatagramSocket(receivePort);
            // 2.创建 DatagramPacket 对象
            byte[] buf = new byte[1024];
            DatagramPacket dp = new DatagramPacket(buf, buf.length);
            // 3.接收数据
            while (true) {
                ds.receive(dp);
                // 4.显示接收到的数据
                String str = new String(dp.getData(), 0, dp.getLength());
                System.out.println("收到" + dp.getAddress().getHostAddress()
                        + "--发送的数据--" + str);
            }
        } catch (Exception e) {
            e.printStackTrace();
        }
    }
```

```
    }
    /*
     * 发送数据的任务类
     */
    public class SendTask implements Runnable {
      private int sendPort; // 发数据的端口号
      // 构造方法
      public SendTask(int sendPort) {
        this.sendPort = sendPort;
      }
      @Override
      public void run() {
        try {
          // 1. 创建 DatagramSocket 对象
          DatagramSocket ds = new DatagramSocket();
          // 2.输入要发送的数据
          Scanner sc = new Scanner(System.in);
          while (true) {
            String data = sc.nextLine();// 获取键盘输入的数据
            // 3.封装数据到 DatagramPacket 对象中
            byte[] buf = data.getBytes();
            DatagramPacket dp = new DatagramPacket(buf, buf.length,
                InetAddress.getByName("127.0.0.255"), sendPort);
            // 4.发送数据
            ds.send(dp);
          }
        } catch (Exception e) {
          e.printStackTrace();
        }
      }
    }
```

【技能知识】

如今,计算机网络已经成为人们日常生活的必需品,无论是工作时发送邮件,还是在休闲时和朋友网上聊天,都离不开计算机网络。所谓的计算机网络是指将地理位置不同的具有独立功能的多台计算机及其外部设备,通过通信线路连接起来,在网络操作系统、网络管理软件及网络通信协议的管理和协调下,实现资源共享和信息传递的计算机系统。位于同一个网络中的计算机若想实现彼此间的通信,必须通过编写网络程序来实现,即在不同的计算机上编写一些实现网络连接的程序,通过这些程序可以实现数据的交换。接下来,本章将重点介绍网络通信的相关知识以及如何编写网络程序。

9.1　TCP 网络通信协议

虽然通过计算机网络可以使多台计算机实现连接,但是位于同一个网络中的计算机在进行连接和通信时必须要遵守约定的规则,这就好像在道路中行驶的汽车一定要遵守交通规则一样。在计算机网络中,这些连接和通信的规则被称为网络通信协议,它对数据的传输格式、传输速率、传输步骤等做了统一规定,通信双方必须同时遵守才能完成数据交换。

网络通信协议有很多种,目前应用最广泛的有 TCP/IP 协议(Transmission Control Protocol/Internet Protocol,传输控制协议/因特网互联协议)、UDP 协议(User Datagram Protocol,用户数据报协议)、ICMP 协议(Internet Control Message Protocol, Internet 控制报文协议)和其他一些协议的协议组。

本项目中所学的网络编程知识,主要就是基于 TCP/IP 协议中的内容。在学习具体的内容之前,首先来了解一下 TCP/IP 协议。TCP/IP(又称 TCP/IP 协议簇)是一组用于实现网络互连的通信协议,其名称来源于该协议簇中两个重要的协议(TCP 协议和 IP 协议),基于 TCP/IP 的参考模型将协议分成 4 个层次,如图 9-1 所示。

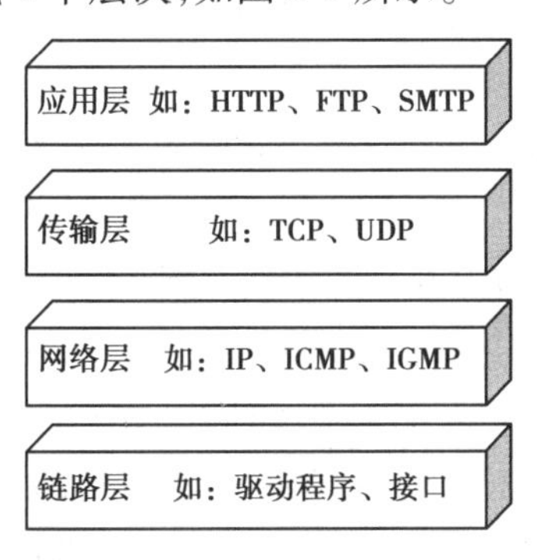

图 9-1　TCP/IP 网络模型

图 9-1 中,TCP/IP 协议中的 4 层分别是链路层、网络层、传输层和应用层,每层分别负责不同的通信功能,接下来针对这 4 层进行详细的讲解。

链路层也称为网络接口层,该层负责监视数据在主机和网络之间的交换。事实上,TCP/IP 本身并未定义该层的协议,而由参与互连的各网络使用自己的物理层和数据链路层协议与 TCP/IP 的网络互联层进行连接。

网络层也称网络互联层,是整个 TCP/IP 协议的核心,它主要用于将传输的数据进行分组,将分组数据发送到目标计算机或者网络。

传输层主要使网络程序进行通信,在进行网络通信时,可以采用 TCP 协议,也可以采用 UDP 协议。

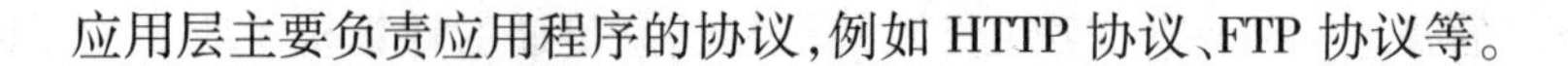

应用层主要负责应用程序的协议,例如 HTTP 协议、FTP 协议等。

9.1.1 IP 地址和端口号

要想使网络中的计算机能够进行通信,必须为每台计算机指定一个标识号,通过这个标识号来指定接收数据的计算机或者发送数据的计算机。在 TCP/IP 协议中,这个标识念 IP 地址,可以唯一标识一台计算机。目前,IP 地址广泛使用的版本是 IPv4,它由 4 个字节大小的二进制数来表示,由于二进制形式表示的 IP 地址非常不便于记忆和处理,因此通常会将 IP 地址写成十进制的形式,每个字节用一个十进制数字(0~255)表示,数字间用符号“.”分开,如“10.0.0.1”。

随着计算机网络规模的不断扩大,对 IP 地址的需求也越来越多,IPv4 这种用 4 个字节表示的 IP 地址已经面临使用枯竭的局面。为解决此问题,IPv6 便应运而生。IPv6 使用 16 个字节表示 IP 地址,它所拥有的地址容量约是 IPv4 的 8×10^{28} 倍,达到 2^{128} 个(包括全零的值),这样就解决了网络地址资源数量不足的问题。

IP 地址由两部分组成,即“网络主机”的形式。其中,网络部分表示其属于互联网的哪个网络,是网络的地址编码;主机部分表示其属于该网络中的哪台主机,是网络中一个主机的地址编码,二者是主从关系。IP 地址总共分为 5 类,常用的有 3 类,介绍如下。

A 类地址:由 1 字节的网络地址和 3 字节的主机地址组成范围是 1.0.0.0~126.255.255.255。

B 类地址:由 2 字节的网络地址和 2 字节的主机地址组成,范围是 128.0.0.0~191.255.255.255。

C 类地址:由 3 字节的网络地址和 1 字节的主机地址组成,范围是 192.0.0.0~223.255.255.255。

另外,还有一个回送地址 127.0.0.1 指本机地址,该地址一般用来测试使用,例如 ping 127.0.0.1 用于测试本机 TCP/IP 是否正常。

通过 IP 地址可以连接到指定计算机,但如果想访问目标计算机中的某个应用程序,还需要指定端口号。在计算机中,不同的应用程序是通过端口号区分的。端口号是用 2 个字节表示的,它的取值范围是 0~65535。其中 0~1023 的端口号由操作系统的网络服务所占用,用户的普通应用程序需要使用 1024 以上的端口号,从而避免端口号被另外一个应用程序或服务占用。所以位于网络中的一台计算机可以通过 IP 地址去访问另一台计算机,并通过端口号访问目标计算机中的某个应用程序。

9.1.2 InetAddress

在 JDK 中提供了一个与 IP 地址相关的 InetAddress 类,该类用于封装一个 IP 地址,并提供了一系列与 IP 地址相关的方法。表 9-1 中列举了 InetAddress 类的一些常用方法。

表 9-1 InetAddress 类的常用方法

方法申明	功能描述
InetAddress getByName(String host)	参数 host 表示指定的主机,该方法用于在给定主机名的情况下确定主机的 IP 地址
String getHostName()	得到 IP 地址的主机名,如果是本机则是计算机名,不是本机则是主机名,如果没有域名则是 IP 地址
boolean isReachable(int timeout)	判断指定的时间内地址是否可以到达
String getHostAddress()	得到字符串格式的原始 IP 地址

表 9-1 中列举了 InetAddress 的 4 个常用方法。其中,前两个方法用于获得该类的实例对象,第一个方法用于获得表示指定主机的 InetAddress 对象,第二个方法用于获得表示本地的 InetAddress 对象。通过 InetAddress 对象便可获取指定主机名、IP 地址等。

9.1.3 UDP 与 TCP 协议

在介绍 TCP/IP 结构时,提到传输层的两个重要的高级协议,分别是 UDP 和 TCP。其中 UDP 是 User Datagram Protocol 的简称,称为用户数据报协议;TCP 是 Transmission Control Protocol 的简称,称为传输控制协议。

UDP 是无连接通信协议,即在数据传输时,数据的发送端和接收端不建立逻辑连接。简单来说,当一台计算机向另外一台计算机发送数据时,发送端不会确认接收端是否存在就会发送数据;同样,接收端在收到数据时,也不会向发送端反馈是否收到数据。UDP 协议由于消耗资源小,通信效率高,所以通常都会用于音频、视频和普通数据的传输,例如视频会议使用 UDP 协议,因为这种情况即使偶尔丢失一两个数据包,也不会对接收结果产生太大影响。但是在使用 UDP 协议传送数据时,由于 UDP 的面向无连接性,不能保证数据的完整性,因此在传输重要数据时不建议使用 UDP 协议。UDP 的交换过程如图 9-2 所示。

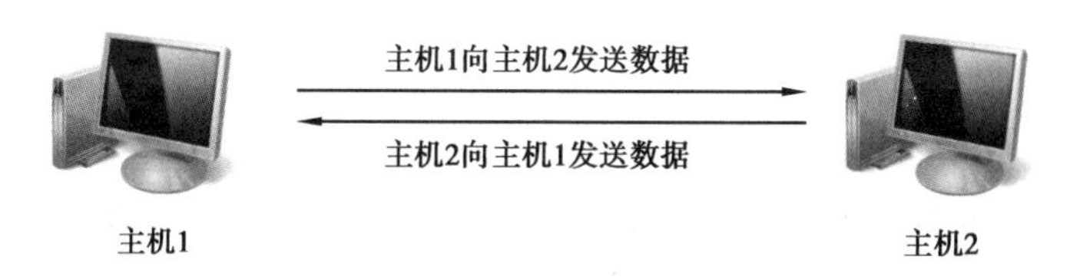

图 9-2 UDP 客户端与服务端

TCP 协议是面向连接的通信协议,即在传输数据前先在发送端和接收端建立逻辑连接,然后再传输数据,它提供了两台计算机之间可靠无差错的数据传输。在 TCP 连接中必须要明确客户端与服务器端,由客户端向服务器端发出连接请求,每次连接的创建都需要经过“3 次握手”。第 1 次握手,客户端向服务器端发出连接请求,等待服务器确认;第 2 次握手,服务器端向客户端回送一个响应,通知客户端收到了连接请求;第 3 次握手,客户端再次向服务器端发送确认信息,确认连接。

9.2 UDP 网络通信协议

9.2.1 UDP 网络程序

接下来通过一个案例来学习一下它们在程序中的具体用法。要实现 UDP 通信需要创建一个发送端程序和一个接收端程序,很明显,在通信时只有接收端程序先运行,才能避免发送端发送数据时找不到接收端而造成数据丢失的问题。因此,首先需要完成接收端程序的编写,如文件 Receiver. java 所示。

```
import java.net. *;
//接收端程序
public class Receiver {
   public static void main(Strirg[ ] args) throws Exception {
    //创建一个长度为 1024 的字节数组,用于接收数据
    byte[ ] buf = new byte[1024];
    //定义一个 DatagramSocket 对象,监听的端口号为 8954
      DatagramSocket ds = new DatagramSocket (8954);
    //定义一个 DatagramPacket 对象,用于接收数据
   DatagramPacket dp = new DatagramPacket (buf, buf.length);
   System.out.println("等待接收数据");
   ds.receive(dp); //等待接收数据,如果没有数据则会阻塞
   //获取接收到的数据,包括数据内容、长度、发送端的 IP 地址和端口号
   String str = new String (dp.getData( ), 0, dp.getLength( )) +" from "
             + dp.getAddress( ).getHostAddress( ) + ":" + dp.getPort( );
   System.out.println(str); //打印接收到的信息
   ds.close( );//释放资源
   }
}
```

文件 Receiver.java 创建了一个接收端程序,用来接收数据。在创建 DatagramSocket 对象时,指定其监听的端口号为 8954,这样发送端就能通过这个端口号与接收端程序进行通信。之后创建 DatagramPacket 对象时传入一个大小为 1024 个字节的数组,用来接收数据。当调用该对象的 receive(DatagramPacket dp)方法接收到数据以后,数据会填充到 DatagramPacket 中,通过 DatagramPacket 的相关方法可以获取接收到的数据信息。

文件 DatagramSocket 运行后,程序一直处于停滞状态,这是因为 DatagramSocket 的 receive( )方法在运行时会发生阻塞,只有接收到发送端程序发送的数据时,该方法才会结束这种阻塞状态,程序才能继续向下执行。

实现了接收端程序之后,接下来还需要编写一个发送端的程序,如文件 Sender. java 所示。

```
//发送端程序
public class Sender {
  public static void main(String[] args)throws Exception{
    //建一个 DatagramSocket 对象
    DatagramSocket ds =new DatagramSocket(3000);
    String str="he11o world";//要发送的数据
    byte[]arr=str.getBytes);//将定义的字符串转为字节数组
    /*创建一个要发送的数据包,数据包包括发送的数据,数据的长度,
            接收端的 IP 地址以及端口号*/
     DatagramPacket dp = new DatagramPacket(arr, arr.length, InetAddress.getByName
("localhost"), 8954);
    System.out.println("发送信息");
    ds.send(dp);//发送数据
    ds.close();//释放资源
  }
}
```

文件 Sender.java 创建了一个发送端程序,用来发送数据。在创建 DatagramPacket 对象时需要指定目标 IP 地址和端口号,而且端口号必须要和接收端指定的端口号一致,这样调用 DatagramSocket 的 send()方法才能将数据发送到对应的接收端。

在接收端程序阻塞的状态下,运行发送端程序,接收端程序就会收到发送端发送的数据而结束阻塞状态,并打印接收的数据。Socket 的 send()方法才能将数据发送到对应的接收端。

9.2.2 TCP/IP 网络程序

本节中将学习在程序中如何实现 TCP 通信。TCP 通信同 UDP 通信一样,也能实现两台计算机之间的通信,但 TCP 通信的两端需要创建 Socket 对象。UDP 通信与 TCP 通信的区别在于,UDP 中只有发送端和接收端,不区分客户端与服务器端,计算机之间可以任意地发送数据。而 TCP 通信是严格区分客户端与服务器端的,在通信时,必须先由客户端去连接服务器端才能实现通信,服务器端不可以主动连接客户端,并且服务器端程序需要事先启动,等待客户端的连接。

在 JDK 中提供了两个用于实现 TCP 程序的类,一个是 ServerSocket 类,用于表示服务器端;一个是 Socket 类,用于表示客户端。通信时,首先要创建代表服务器端的 ServerSocket 对象,创建该对象相当于开启一个服务,此服务会等待客户端的连接。然后创建代表客户端的 Socket 对象,使用该对象向服务器端发出连接请求,服务器端响应请求后,两者才建立连接,开始通信。

了解了 ServerSocket,Socket 在服务器端与客户端的通信过程后,下节将针对 ServerSocket 进行详细讲解。

9.2.3 ServerSocket

通过前面的学习可知,在开发 TCP 程序时,需要创建服务器端程序。JDK 的 java.net 提供了一个 ServerSocket 类,该类的实例对象可以实现一个服务器端的程序。通过查阅 API 可知, ServerSocket 类提供了多种构造方法。

(1)ServerSocket()

使用该构造方法在创建 ServerSocket 对象时并没有绑定端口号,这样的对象创建的服务器没有监听任何端口,不能直接使用,还需要继续调用 bind(SocketAddress endpoint)方法将其定到指定的端口号上,才可以正常使用。

(2)ServerSocket(int port)

使用该构造方法在创建 ServerSocket 对象时,可以将其绑定到一个指定的端口号上(参数就是端口号)。端口号可以指定为 0,此时系统就会分配一个还没有被其他网络程序所使用的端口号。由于客户端需要根据指定的端口号来访问服务器端程序,因此端口号随机分配的情况不常用,通常都会让服务器端程序监听一个指定的端口号。

(3)ServerSocket(int port, int backlog)

该构造方法就是在第 2 个构造方法的基础上,增加了一个 backlog 参数。该参数用于指定在服务器忙时,可以与之保持连接请求的等待客户数量,如果没有指定这个参数,默认为 50。

(4)ServerSocket(int port, int backlog, InetAddress bindaddr)

该构造方法就是在第 3 个构造方法的基础上,增加了一个 bindaddr 参数,该参数用于指定相关的 IP 地址。该构造方法适用于计算机上有多块网卡和多个 IP 的情况,使用时可以明确规定 ServerSocket 在哪块网卡或 IP 地址上等待客户的连接请求。显然,对于一般只有一块网卡的情况,就不用专门指定了。

ServerSocket 类的常用方法见表 9-2。

表 9-2 ServerSocket 类的常用方法

方法申明	功能描述
void accept()	侦听并接收到此套接字的连接
void bind()	将 ServerSocket 绑定到特定地址
void close()	关闭此套接字
void InetAddress getInetAddress()	返回此服务器套接字的本地地址
int getLocalPort()	返回此套接字在其上侦听的端口
SocketAddress getLocalSocketAddress()	返回此套接字绑定的端点的地址,如果尚未绑定则返回 null

续表

方法申明	功能描述
boolean isBound()	返回 ServerSocket 的绑定状态
boolean isClosed()	返回 ServerSocket 的关闭状态

9.2.4 Socket

上一小节中讲解了 ServerSocket 对象,它可以实现服务端程序,但只实现服务器端程序还不能完成通信,此时还需要一个客户端程序与之交互,为此 JDK 提供了一个 Socket 类,用于实现 TCP 客户端程序。通过查阅 API 文档可知, Socket 类同样提供了多种构造方法。接下来就对 Socket 的常用构造方法进行详细讲解。

(1)Socket()

使用该构造方法在创建 Socket 对象时,并没有指定 IP 地址和端口号,也就意味着只创建了客户端对象,并没有去连接任何服务器。通过该构造方法创建对象后还需调用 connect (Socketaddress endpoint)方法,才能完成与指定服务器端的连接。其中,参数 endpoint 用于封装 IP 地址和端口号。

(2)Socket(String host, int port)

使用该构造方法在创建 Socket 对象时,会根据参数去连接在指定地址和端口上运行的服务器程序。其中,参数 host 接收的是一个字符串类型的 IP 地址。

(3)Socket(InetAddress address, int port)

该构造方法在使用上与第 2 个构造方法类似,参数 address 用于接收一个 InetAddress 类型的对象,该对象用于封装一个 IP 地址。

在以上 Socket 的构造方法中,最常用的是第一个构造方法。了解了 Socket 的构造方法后接下来学习一下 Socket 的常用方法,Socket 的常用方法见表 9-3。

表 9-3 Socket 类的常用方法

方法申明	功能描述
void bind(SocketAddress bindpoint)	将套接字绑定到本地地址
void close()	关闭此套接字
void connect(SocketAddress endpoint)	将此套接字连接到服务器
void connect(SocketAddress endpoint, int timeout)	将此套接字连接到服务器,并指定一个超时值
InetAddress getInetAddress()	返回套接字连接的地址
InputStream getInputStream()	返回此套接字的输入流

续表

方法申明	功能描述
InetAddress getLocalAddress()	获取套接字绑定的本地地址
int getLocalPort()	返回此套接字绑定到的本地端口
OutputStream getOutputStream()	返回此套接字的输出流
int getPort()	返回此套接字连接到的远程端口
boolean isBound()	返回套接字的绑定状态
boolean isClosed()	返回套接字的关闭状态

9.2.5 简单的TCP网络程序

通过前面两个小节的讲解,读者已经了解了ServerSocket、Socket类的基本用法。为了让大家更好地掌握这两个类的使用,接下来通过一个TCP通信的案例来进一步学习这两个类的用法,要实现TCP通信,需要创建一个服务器端程序和一个客户端程序,为了保证数据传输的安全性,首先需要实现服务器端程序,程序如下所示:

```
// TCP服务端
class TCPServer {
  private static final int PORT = 7788; // 定义一个端口号
  // 定义一个listen()方法,抛出一个异常
  public void listen() throws Exception {
    // 创建ServerSocket对象
    ServerSocket ServerSocket = new ServerSocket(PORT);
    // 调用ServerSocket的accept()方法接收数据
    Socket client = ServerSocket.accept();
    OutputStream os = client.getOutputStream();// 获取客户端的输出流
    System.out.println("开始与客户端交互数据");
    // 当客户端连接到服务端时,向客户端输出数据
    os.write(("欢迎你!").getBytes());
    Thread.sleep(5000); // 模拟执行其他功能占用的时间
    System.out.println("结束与客户端交互数据");
    os.close();
    client.close();
  }
}
```

创建了一个服务器端程序,用于接收客户端发送的数据。在创建ServerSocket对象时指

定了端口号,并调用该对象的 accept()方法。从运行结果可以看出,控制台中的光标一直在闪动,这是因为 accept()方法发生阻塞,程序暂时停止运行,直到有客户端来访问时才会结束这种阻塞状态。这时该方法会返回一个 Socket 类型的对象用于表示客户端,通过该对象获取与客户端关联的输出流,并向客户端发送信息,同时执行 Thread. sleep(5000)语句模拟服务器执行其他功能占用的时间。最后,调用 Socket 对象的 close()方法将通信结束。

上面完成了服务器端程序的编写,接下来编写客户端程序,程序如下所示。

```
// TCP 客户端
class TCPClient {
    private static final int PORT = 7788; // 服务端的端口号
    public void connect() throws Exception {
        // 创建一个 Socket 并连接到给出地址和端口号的计算机
        Socket client = new Socket(InetAddress.getLocalHost(), PORT);
        InputStream is = client.getInputStream(); // 得到接收数据的流
        byte[] buf = new byte[1024]; // 定义 1024 个字节数组的缓冲区
        int len = is.read(buf); // 将数据读到缓冲区中
        System.out.println(new String(buf, 0, len)); // 将缓冲区中的数据输出
        client.close(); // 关闭 Socket 对象,释放资源
    }
}
```

创建了一个客户端程序,用于向服务端发送数据。在客户端创建 Socket 对与服务器端建立连接后,通过 Socket 对象获得输入流读取服务端发来的数据。

【举一反三】

基于 TCP 实现文件上传的案例代码。

```
/**
 * 客户端
 */
public class FileClient {
    public static void main(String[] args) throws Exception {
        Socket socket = new Socket("127.0.0.1", 10001); // 创建客户端 Socket
        OutputStream out = socket.getOutputStream(); // 获取 Socket 的输出流对象
        // 创建 FileInputStream 对象
        FileInputStream fis = new FileInputStream("D:\\123.txt");
        byte[] buf = new byte[1024]; // 定义一个字节数组
        int len; // 定义一个 int 类型的变量 len
        while ((len = fis.read(buf)) != -1) { // 循环读取数据
            out.write(buf, 0, len);
        }
```

```
        socket.shutdownOutput(); // 关闭客户端输出流
        InputStream in = socket.getInputStream(); // 获取 Socket 的输入流对象
        byte[] bufMsg = new byte[1024]; // 定义一个字节数组
        int num = in.read(bufMsg); // 接收服务端的信息
        String Msg = new String(bufMsg, 0, num);
        System.out.println(Msg);
        fis.close(); // 关键输入流对象
        socket.close(); // 关闭 Socket 对象
    }
}
/**
 * 文件服务器
 */
public class FileServer {
    public static void main(String[] args) throws Exception {
        ServerSocket serverSocket = new ServerSocket(10001); // 创建 ServerSocket 对象
        while (true) {
            // 调用 accept()方法接收客户端请求,得到 Socket 对象
            Socket s = serverSocket.accept();
            // 每当和客户端建立 Socket 连接后,单独开启一个线程处理和客户端的交互
            new Thread(new ServerThread(s)).start();
        }
    }
}

class ServerThread implements Runnable {
    private Socket socket; // 持有一个 Socket 类型的属性

    public ServerThread(Socket socket) { // 构造方法中把 Socket 对象作为实参传入
        this.socket = socket;
    }

    public void run() {
        String ip = socket.getInetAddress().getHostAddress(); // 获取客户端的 IP 地址
        int count = 1; // 上传图片个数
        try {
            InputStream in = socket.getInputStream();
            File parentFile = new File("D:\\upload\"); // 创建上传图片目录的 File 对象
```

```
        if (!parentFile.exists()) { // 如果不存在,就创建这个目录
            parentFile.mkdir();
        }
        // 把客户端的 IP 地址作为上传文件的文件名
        File file = new File(parentFile, ip + "(" + count + ").jpg");
        while (file.exists()) {
            // 如果文件名存在,则把 count++
            file = new File(parentFile, ip + "(" + (count++) + ").jpg");
        }
        // 创建 FileOutputStream 对象
        FileOutputStream fos = new FileOutputStream(file);
        byte[] buf = new byte[1024]; // 定义一个字节数组
        int len = 0; // 定义一个 int 类型的变量 len,初始值为 0
        while ((len = in.read(buf)) != -1) { // 循环读取数据
            fos.write(buf, 0, len);
        }
        OutputStream out = socket.getOutputStream();// 获取服务端的输出流
        out.write("上传成功".getBytes()); // 上传成功后向客户端写出"上传成功"
        fos.close(); // 关闭输出流对象
        socket.close(); // 关闭 Socket 对象
    } catch (Exception e) {
        throw new RuntimeException(e);
    }
  }
}
```

项目 10　五子棋人机对战

【任务需求】

(1)系统功能需求分析

游戏说明:游戏开始时,由黑子开局,将一枚棋子落在棋盘一坐标上,然后由白棋落子,如此轮流下子,直到某一方首先在棋盘的竖、横或斜三方向上的五子连成线,则该方该局获胜。然后继续下一局,每胜一局得 10 分,输一局或平局得 0 分,先赢两局的一方为最终获胜者,在下棋途中可以悔棋。

功能列表如下:

①输出棋盘。

②显示用户行程,提示用户下子。

③查看用户的输入是否出界。

④悔棋,下错位置可以悔棋。

⑤记录并显示每局游戏结束时的步数。

⑥判断每局游戏输赢,显示每局游戏的获胜者及分数。

⑦判断是否进行下一局。

⑧判最终赢家(三局两胜)。

⑨退出游戏。

(2)功能描述

①棋盘是 15×15 的方格棋盘,下棋区为 a[0][0]到 a[14][14]。

②黑子先下,白子后下,两者交替下子,下子坐标范围为(1,1)到(15,15)。

③当一方棋子下错位置时,输入(-1,-1)悔棋,屏幕提示悔棋方请输入下子位置。

④当下子的坐标处有子时,提示有子请重下。

⑤每赢一局积累 10 分,输一局或平局得 0 分,先得够 20 分的一方为最终赢家。

(3)系统数据需求

五子棋人机对战的顶层数据流程图与简要流程图如图 10-1、图 10-2 所示。

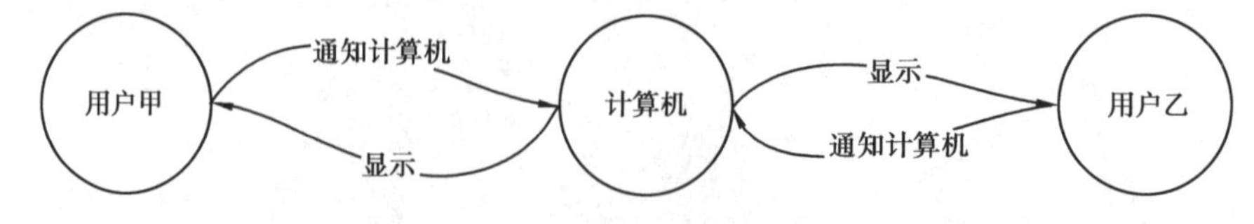

图 10-1　顶层数据流图

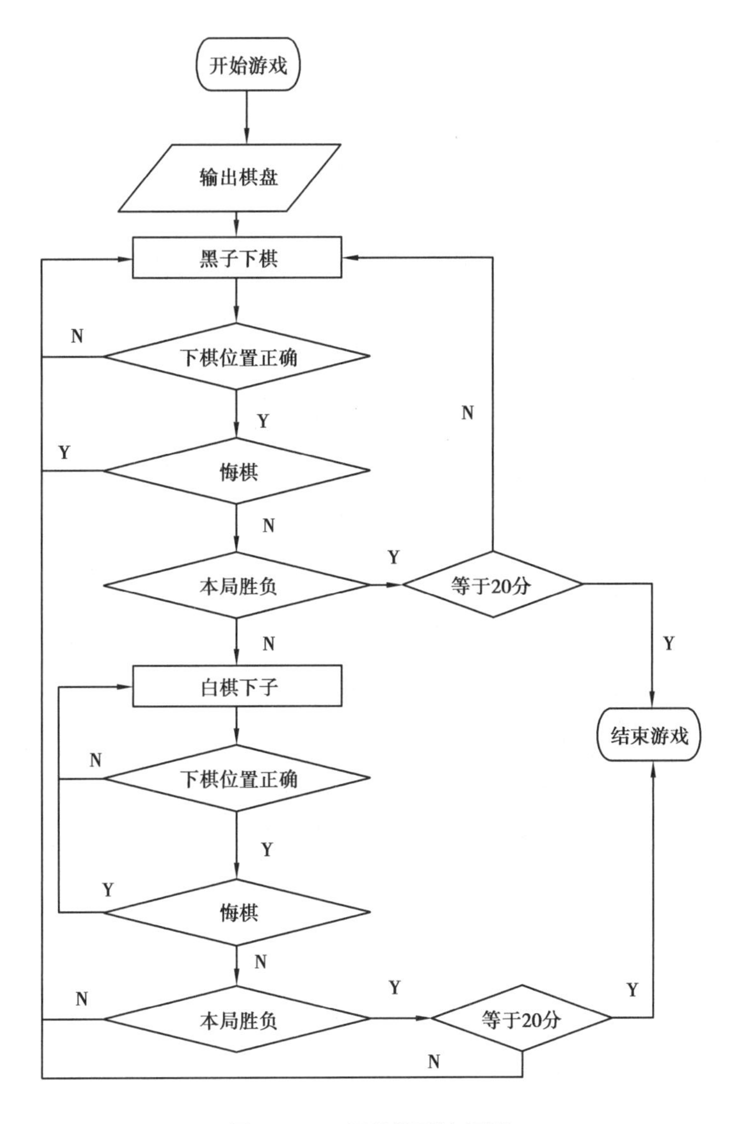

图 10-2　五子棋简要流程图

【任务目标】

①实现项目界面设计。
②掌握 GUI 相关知识。

【任务实施】

项目实施按照软件开发的一般流程分为 4 个阶段,第 1 为界面设计,第 2 为功能模块设计,第 3 为代码的编写以及第 4 为软件的测试。其中第 2 阶段在前面需求分析中基本明确,第 4 阶段的测试在代码编写的过程中完成,所以下面分 2 个部分。

10.1.1 界面设计

五子棋界面设计示意图如图 10-3 所示。

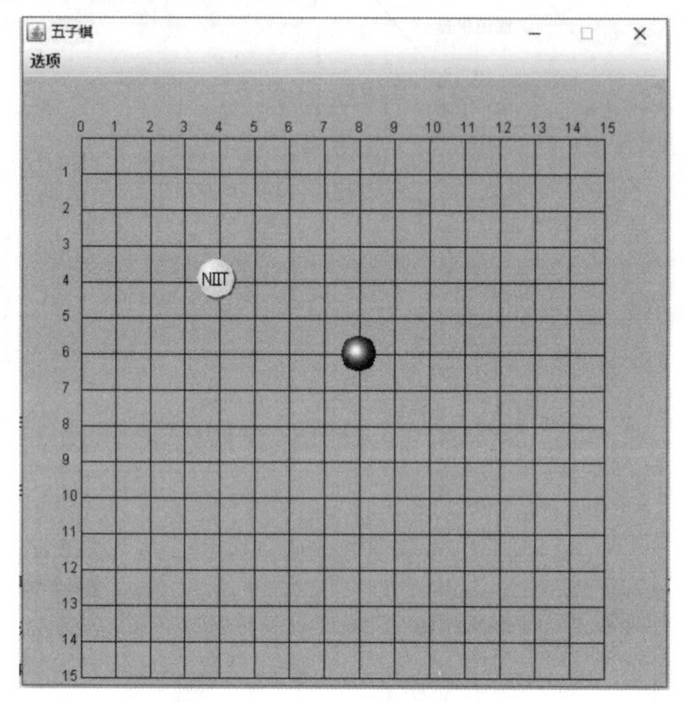

图 10-3　五子棋的界面示意图

10.1.2 实现代码

```
import javax.swing. * ;
import java.awt. * ;
import java.awt.event.ActionEvent;
import java.awt.event.ActionListener;
import java.awt.event.MouseAdapter;
import java.awt.event.MouseEvent;
import java.net.URL;

public class GobangGame {
    public static void main(String[ ] args) {
        GameF game = new GameF( );
        game.setDefaultCloseOperation(JFrame.EXIT_ON_CLOSE);
        game.show( );
    }
}
```

```
class GameF extends JFrame {
    public GameF() {
        Container contentPane = getContentPane();
        final Panel panel = new Panel();
        panel.setBackground(new Color(255, 182, 147));
        contentPane.setBackground(new Color(255, 182, 147));
        contentPane.add(panel);
        setSize(560, 560);
        setTitle("五子棋游戏 版本 1.0");
        setResizable(false);
        panel.setCursor(new Cursor(Cursor.HAND_CURSOR));
        JMenuBar menuBar = new JMenuBar();
        JMenu menu = new JMenu("选项");
        JMenuItem menuStart = new JMenuItem("开始游戏");
        menuStart.addActionListener(new ActionListener() {
            public void actionPerformed(ActionEvent e) {
                panel.ResetGame();
                panel.repaint();
            }
        });
        JMenuItem menuExit = new JMenuItem("退出");
        menuExit.addActionListener(new ActionListener() {
            public void actionPerformed(ActionEvent e) {
                System.exit(0);
            }
        });
        menuBar.add(menu);
        menu.add(menuStart);
        menu.add(menuExit);
        this.setJMenuBar(menuBar);
    }
}

class Panel extends JPanel {
    private URL blackImgURL = GobangGame.class.getResource("black.gif");
    private ImageIcon black = new ImageIcon(blackImgURL);
    private URL whiteImgURL = GobangGame.class.getResource("white.gif");
    private ImageIcon white = new ImageIcon(whiteImgURL);
```

```
private URL currentImgURL = GobangGame.class.getResource("current.gif");
private ImageIcon current = new ImageIcon(currentImgURL);
private int i, j, k, m, n, icount;
private int[][] board = new int[16][16];
private boolean[][][] ptable = new boolean[16][16][672];
private boolean[][][] ctable = new boolean[16][16][672];
private int[][] cgrades = new int[16][16];
private int[][] pgrades = new int[16][16];
private int cgrade, pgrade;
private int[][] win = new int[2][672];
private int oldx, oldy;
private int bout = 1;
private int pcount, ccount;
private boolean player, computer, over, pwin, cwin, tie, start;
private int mat, nat, mde, nde;

public Panel() {
    addMouseListener(new Xiazi());
    this.ResetGame();
}

public void paintComponent(Graphics g) {
    super.paintComponent(g);
    for (int i = 0; i < 16; i++)
        for (int j = 0; j < 16; j++) {
            g.drawLine(50, 50 + j * 30, 500, 50 + j * 30);
        }
    for (int i = 0; i < 16; i++)
        for (int j = 0; j < 16; j++) {
            g.drawLine(50 + j * 30, 50, 50 + j * 30, 500);
        }
    for (int i = 0; i < 16; i++) {
        String number = Integer.toString(i);
        g.drawString(number, 46 + 30 * i, 45);
    }
    for (int i = 1; i < 16; i++) {
        String number = Integer.toString(i);
        g.drawString(number, 33, 53 + 30 * i);
```

```
        }
        updatePaint(g);
    }

    class Xiazi extends MouseAdapter {
        public void mouseClicked(MouseEvent e) {
            if (!over) {
                oldx = e.getX();
                oldy = e.getY();
                mouseClick();
                repaint();
            }
        }
    }

    //        游戏初始化
    public void ResetGame() {
        //初始化棋盘
        for (i = 0; i < 16; i++)
            for (j = 0; j < 16; j++) {
                this.pgrades[i][j] = 0;
                this.cgrades[i][j] = 0;
                this.board[i][j] = 2;
            }
        //遍历所有的五连子可能情况的权值
        //横
        for (i = 0; i < 16; i++)
            for (j = 0; j < 12; j++) {
                for (k = 0; k < 5; k++) {
                    this.ptable[j + k][i][icount] = true;
                    this.ctable[j + k][i][icount] = true;
                }
                icount++;
            }
        //竖
        for (i = 0; i < 16; i++)
            for (j = 0; j < 12; j++) {
                for (k = 0; k < 5; k++) {
```

```
                    this.ptable[i][j + k][icount] = true;
                    this.ctable[i][j + k][icount] = true;
                }
                icount++;
            }
        //右斜
        for (i = 0; i < 12; i++)
            for (j = 0; j < 12; j++) {
                for (k = 0; k < 5; k++) {
                    this.ptable[j + k][i + k][icount] = true;
                    this.ctable[j + k][i + k][icount] = true;
                }
                icount++;
            }
        //左斜
        for (i = 0; i < 12; i++)
            for (j = 15; j >= 4; j--) {
                for (k = 0; k < 5; k++) {
                    this.ptable[j - k][i + k][icount] = true;
                    this.ctable[j - k][i + k][icount] = true;
                }
                icount++;
            }
        for (i = 0; i <= 1; i++)  //初始化黑子白子上的每个权值上的连子数
            for (j = 0; j < 672; j++)
                this.win[i][j] = 0;
        this.player = true;
        this.icount = 0;
        this.ccount = 0;
        this.pcount = 0;
        this.start = true;
        this.over = false;
        this.pwin = false;
        this.cwin = false;
        this.tie = false;
        this.bout = 1;
    }
```

```
public void ComTurn() {      //找出计算机(白子)最佳落子点
    for (i = 0; i <= 15; i++)     //遍历棋盘上的所有坐标
        for (j = 0; j <= 15; j++) {
            this.pgrades[i][j] = 0;   //该坐标的黑子奖励积分清零
            if (this.board[i][j] == 2)  //在还没下棋子的地方遍历
                for (k = 0; k < 672; k++)      //遍历该棋盘可落子点上的黑
子所有权值的连子情况,并给该落子点加上相应奖励分
                    if (this.ptable[i][j][k]) {
                        switch (this.win[0][k]) {
                            case 1: //一连子
                                this.pgrades[i][j] += 5;
                                break;
                            case 2: //两连子
                                this.pgrades[i][j] += 50;
                                break;
                            case 3: //三连子
                                this.pgrades[i][j] += 180;
                                break;
                            case 4: //四连子
                                this.pgrades[i][j] += 400;
                                break;
                        }
                    }
            this.cgrades[i][j] = 0;//该坐标的白子的奖励积分清零
            if (this.board[i][j] == 2)  //在还没下棋子的地方遍历
                for (k = 0; k < 672; k++)      //遍历该棋盘可落子点上的白
子所有权值的连子情况,并给该落子点加上相应奖励分
                    if (this.ctable[i][j][k]) {
                        switch (this.win[1][k]) {
                            case 1:  //一连子
                                this.cgrades[i][j] += 5;
                                break;
                            case 2:  //两连子
                                this.cgrades[i][j] += 52;
                                break;
                            case 3: //三连子
```

```
                    this.cgrades[i][j] += 100;
                    break;
                case 4:  //四连子
                    this.cgrades[i][j] += 400;
                    break;
            }
        }
    }
if (this.start) {          //开始时白子落子坐标
    if (this.board[4][4] == 2) {
        m = 4;
        n = 4;
    } else {
        m = 5;
        n = 5;
    }
    this.start = false;
} else {
    for (i = 0; i < 16; i++)
        for (j = 0; j < 16; j++)
            if (this.board[i][j] == 2) {  //找出棋盘上可落子点的黑子
白子的各自最大权值,找出各自的最佳落子点
                if (this.cgrades[i][j] >= this.cgrade) {
                    this.cgrade = this.cgrades[i][j];
                    this.mat = i;
                    this.nat = j;
                }
                if (this.pgrades[i][j] >= this.pgrade) {
                    this.pgrade = this.pgrades[i][j];
                    this.mde = i;
                    this.nde = j;
                }
            }
    if (this.cgrade >= this.pgrade) {  //如果白子的最佳落子点的权值比黑
子的最佳落子点权值大,则计算机的最佳落子点为白子的最佳落子点,否则相反
        m = mat;
```

```
            n = nat;
        } else {
            m = mde;
            n = nde;
        }
    }
    this.cgrade = 0;
    this.pgrade = 0;
    this.board[m][n] = 1;  //计算机下子位置
    ccount++;
    if ((ccount == 50) && (pcount == 50))  //平局判断
    {
        this.tie = true;
        this.over = true;
    }
    for (i = 0; i < 672; i++) {
        if (this.ctable[m][n][i] && this.win[1][i] != 7)
            this.win[1][i]++;     //给白子的所有五连子加载当前连子数
        if (this.ptable[m][n][i]) {
            this.ptable[m][n][i] = false;
            this.win[0][i] = 7;
        }
    }
    this.player = true;     //该人落子
    this.computer = false;  //计算机落子结束
}

public void mouseClick() {
    if (! this.over)
        if (this.player) {
            if (this.oldx < 520 && this.oldy < 520) {
                int m1 = m, n1 = n;
                m = (oldx - 33) / 30;
                n = (oldy - 33) / 30;
                if (this.board[m][n] == 2) {
                    this.bout++;
```

```
                        this.board[m][n] = 0;
                        pcount++;
                        if ((ccount == 50) && (pcount == 50)) {
                            this.tie = true;
                            this.over = true;
                        }
                        for (i = 0; i < 672; i++) {
                            if (this.ptable[m][n][i] && this.win[0][i] != 7)
                                this.win[0][i]++;       //给黑子的所有五连子加
载当前连子数
                            if (this.ctable[m][n][i]) {
                                this.ctable[m][n][i] = false;
                                this.win[1][i] = 7;
                            }
                        }
                        this.player = false;
                        this.computer = true;
                    } else {
                        m = m1;
                        n = n1;
                    }
                }
            }
        }

        public void updatePaint(Graphics g) {
            if (!this.over) {   //如果是轮到计算机下
                if (this.computer)
                    this.ComTurn();   //得到最佳下子点
                //遍历当前棋盘上的五连子情况,判断输赢
                for (i = 0; i <= 1; i++)
                    for (j = 0; j < 672; j++) {
                        if (this.win[i][j] == 5)
                            if (i == 0) {                      //人赢
                                this.pwin = true;
                                this.over = true;       //游戏结束
```

```
                        break;
                    } else {
                        this.cwin = true;       //计算机赢
                        this.over = true;
                        break;
                    }
                if (this.over)                  //一遇到五连子便退出棋盘遍历
                    break;
            }
        g.setFont(new Font("华文行楷", 0, 20));
        g.setColor(Color.RED);
        //画出当前棋盘所有棋子
        for (i = 0; i <= 15; i++)
            for (j = 0; j <= 15; j++) {   //如果 board 元素值为 0,则该坐标处
为黑子
                if (this.board[i][j] == 0) {
                    g.drawImage(black.getImage(), i * 30 + 31, j * 30 + 31,
black.getImage().getWidth(black.getImageObserver()) - 3, black.getImage().getHeight(black.
getImageObserver()) - 3, black.getImageObserver());
                }
                //如果 board 元素值为 1,则该坐标处为白子
                if (this.board[i][j] == 1) {
                    g.drawImage(white.getImage(), i * 30 + 31, j * 30 + 31,
white.getImage().getWidth(white.getImageObserver()) - 3, white.getImage().getHeight
(white.getImageObserver()) - 3, white.getImageObserver());
                }
            }
        //画出白子(计算机)当前所下子,便于辨认
        if (this.board[m][n] != 2)
            g.drawImage(current.getImage(), m * 30 + 31, n * 30 + 31,
current.getImage().getWidth(current.getImageObserver()) - 4, current.getImage().getHeight
(current.getImageObserver()) - 4, current.getImageObserver());
        //判断输赢情况
        //人赢
        if (this.pwin)
            g.drawString("您太厉害了! 再来一次请重新开始游戏..", 20, 200);
```

```
                //计算机赢
                if (this.cwin)
                    g.drawString("很遗憾,你输了! 再来一次请重新开始游戏..", 84,
190);
                //平局
                if (this.tie)
                    g.drawString("不分胜负! 再来一次请重新开始游戏..", 80, 200);
                g.dispose();
            }
        }
    }
```

【技能知识】

10.1 Swing 图形用户界面基础

图形用户界面就是以图形的方式显示可以操作计算机的用户界面,这是与早期计算机在终端(黑框)中输入命令操作计算机时相对立的。使用图形界面对于大多数普通用户来说是非常便利的,可以简单使用鼠标点击进行操作等。构成图形界面的最基本元素就是窗口,在窗口周围还会有菜单、图标等组件。

Java 图形界面编程初期是 Applet,嵌入到 Html 网页中的 Java 程序(对于 Applet 不太熟悉不多介绍)。Applet 后期逐渐被抛弃主要在于客户端要运行 Applet 程序就需要安装 JRE(Java 运行环境)并且要配置正确,JRE 本身可能也会有漏洞存在,容易被攻击,以及浏览器对 Applet 程序支持方面也可能会存在问题。

后面出现了初级 Java 图形界面 AWT(Abstract Window Toolkit,抽象视图工具组)和高级 Java 图形界面 Swing。AWT 随着 JDK1.0 一起发布,提供了一套最基本的 GUI 类库,具有最基本的窗口、按钮和文本框等,以及所有 AWT 组件都在 java.awt 包中。AWT 的问题在于:界面不美观、功能有限、组件有限等。后来又出现 Swing,Swing 代替了 AWT 组件,但是是以使用 AWT 作为基础。Swing 中的大部分布局管理器与 AWT 相同,Swing 中的事件处理机制也是基于 AWT,AWT 的体系结构图如图 10-4 所示。

按 Swing 中的组件命名规则,一般类名都为 JXXX。

Component 称为组件,用来表示用户图形界面上的各种组成元素:按钮、文本框等。

Container 称为容器,可以装载其他的 Component。

Frame 是图形用户界面的窗口主类,用于在用户桌面上显示一个应用程序窗口。使用 Frame 时需要注意:初始化时不可见,需要调用 setVisible(true)方法才可以显示;Frame 默认就有窗口对应的按钮,但是其关闭按钮默认无效。

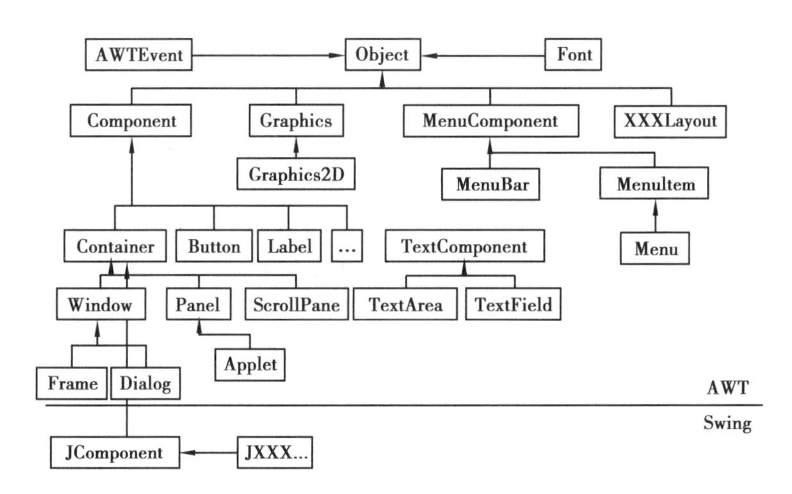

图 10-4　AWT 的体系结构图

Panel 是 AWT 中最常用的容器,用于组织其他 Component 的放置和便于定位。使用 Panel 需要注意:Panel 不可以独立存在,必须放在 Window 或者 Frame 中。Panel 可以和布局管理器组合使用,实现强大的界面布局。

ScrollPane 是一种特殊的 Panel,它与 Panel 的区别主要在于它拥有滚动条。需要注意:ScrollPane 也是不能独立存在的,需要放在顶层容器内部;可以装载其他容器,当其他容器大于 ScrollPane 本身时,ScrollPane 就会自动产生滚动条;当然可以设置滚动条一直显示或者一直不显示。

10.2　Swing 和设计模式

一个好的用户界面(GUI)的设计通常可以在现实世界找到相应的表现。例如,如果在你的面前摆放着一个类似于计算机键盘按键的一个简单的按钮,然而就是这么简单的一个按钮,人们就可以看出一个 GUI 设计的规则,它由两个主要的部分构成,一部分使得它具有了按钮应该具有的动作特性,例如可以被按下,另一部分则负责它的表现,例如这个按钮是代表了 A 还是 B。

看清楚这两点就会发现了一个很强大的设计方法,这种方法鼓励重用,而不是重新设计。如果发现按钮都有相同的机理,只要在按钮的顶部喷上不同的字母便能制造出"不同"的按钮,而不用为了每个按钮而重新设计一份图纸,这大大减轻了设计工作的时间和难度。

如果把上述设计思想应用到软件开发领域,那么取得相似的效果一点都不会让人惊奇。一个在软件开发领域应用非常广泛的技术 Model/View/Controller(MVC)便是这种思想的一个实现。

尽管 MVC 设计模式通常是用来设计整个用户界面(GUI)的,JFC 的设计者们却独创性地把这种设计模式用来设计 Swing 中的单个组件(Component),例如表格 Jtable,树 Jtree,组合下拉列表框 JcomboBox 等。这些组件都有一个 Model,一个 View,一个 Controller,而且这些 Model、View、Controller 可以独立地改变,就是组件正在被使用的时候也是如此。这种特性使开发 GUI 界面的工具包显得非常灵活。

MVC 设计模式

就像刚才指出的一样，MVC 设计模式把一个软件组件区分为 3 个不同的部分，Model、View、Controller。

Model 是代表组件状态和低级行为的部分，它管理着自己的状态并且处理所有对状态的操作，Model 自己本身并不知道使用自己的 View 和 Controller 是谁，系统维护着它和 View 之间的关系，当 Model 发生了改变系统还负责通知相应的 View。

View 代表了管理 Model 所含有的数据的一个视觉上的呈现。一个 Model 可以有一个以上的 View，但是 Swing 中却很少有这样的情况。

Controller 管理着 Model 和用户之间的交互的控制。它提供了一些方法去处理当 Model 的状态发生了变化时的情况。

使用键盘上的按钮的例子来说明一下：Model 就是按钮的整个机械装置，View/Controller 就是按钮的表面部分。

10.3 布局管理器

在使用 Swing 向容器添加组件时，需要考虑组件的位置和大小。如果不使用布局管理器，则需要先在纸上画好各个组件的位置并计算组件间的距离，再向容器中添加。这样虽然能够灵活控制组件的位置，但是实现却非常麻烦。

为了加快开发速度，Java 提供了一些布局管理器，它们可以将组件进行统一管理，这样开发人员就不需要考虑组件是否会重叠等问题。本节介绍 Swing 提供的 6 种布局类型，所有布局都实现 LayoutManager 接口。

10.3.1 边框布局管理器

BorderLayout（边框布局管理器）是 Window、JFrame 和 JDialog 的默认布局管理器。边框布局管理器将窗口分为 5 个区域：North、South、East、West 和 Center。其中，North 表示北，将占据面板的上方；South 表示南，将占据面板的下方；East 表示东，将占据面板的右侧；West 表示西，将占据面板的左侧；中间区域 Center 是在东、南、西、北都填满后剩下的区域，如图 10-5 所示。

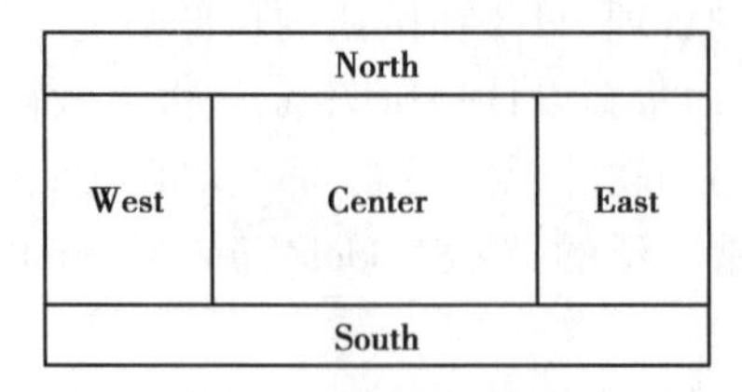

图 10-5　边框布局管理器区域划分示意图

边框布局管理器并不要求所有区域都必须有组件，如果四周的区域（North、South、East 和 West 区域）没有组件，则由 Center 区域去补充。如果单个区域中添加的不止一个组件，那么后来添加的组件将覆盖原来的组件，所以，区域中只显示最后添加的一个组件。

在该程序中分别指定了 BorderLayout 布局的东、南、西、北、中间区域中要填充的按钮，该程序的运行结果如图 10-6 所示。

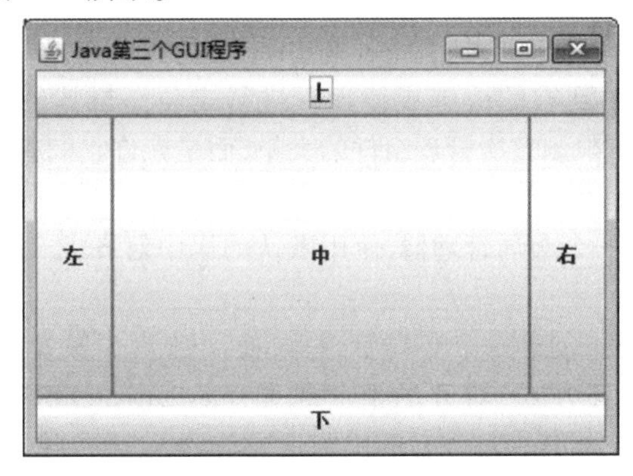

图 10-6　填充 5 个区域的效果

如果未指定布局管理器的 North 区域，即将"frame.add(button1,BorderLayout.NORTH);"注释掉，则 West、Center 和 East 3 个区域将会填充 North 区域，如图 10-7 所示。

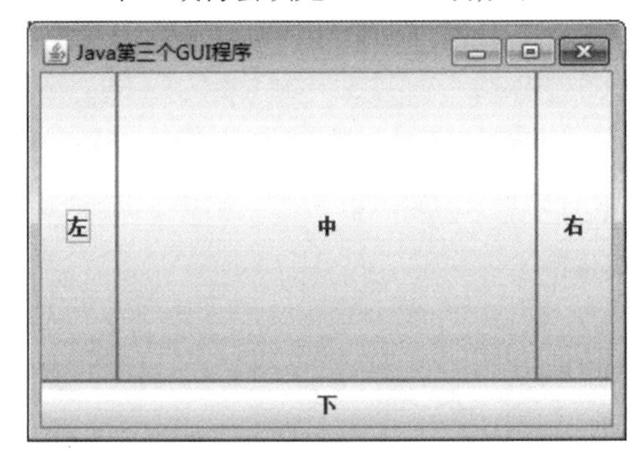

图 10-7　缺少 North 区域

同理，如果未指定布局管理器的 West 区域，即将"frame.add(button2,BorderLayout.WEST);"注释掉，则 Center、North 和 South 区域将会自动拉伸填充 West 区域，如图 10-8 所示。

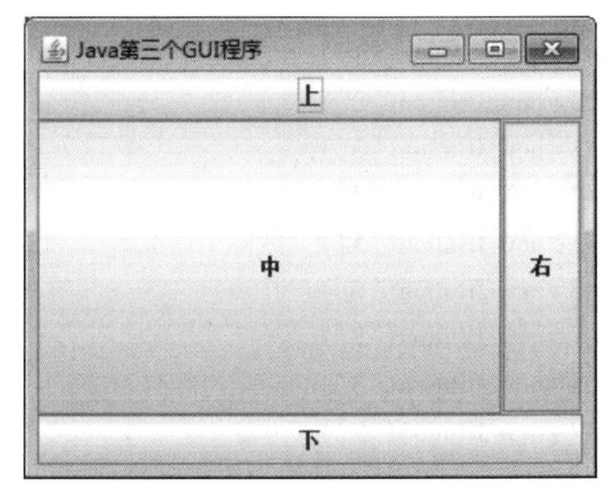

图 10-8　缺少 West 区域

10.3.2 流式布局管理器

FlowLayout(流式布局管理器)是 JPanel 和 JApplet 的默认布局管理器。FlowLayout 会将组件按照从上到下、从左到右的放置规律逐行进行定位。与其他布局管理器不同的是,FlowLayout 布局管理器不限制它所管理组件的大小,而是允许它们有自己的最佳大小。

FlowLayout 布局管理器的构造方法如下。

FlowLayout():创建一个布局管理器,使用默认的居中对齐方式和默认 5 像素的水平和垂直间隔。

FlowLayout(int align):创建一个布局管理器,使用默认 5 像素的水平和垂直间隔。其中,align 表示组件的对齐方式,对齐的值必须是 FlowLayout.LEFT、FlowLayout.RIGHT 和 FlowLayout.CENTER,指定组件在这一行的位置是居左对齐、居右对齐或居中对齐。

FlowLayout(int align, int hgap,int vgap):创建一个布局管理器,其中 align 表示组件的对齐方式;hgap 表示组件之间的横向间隔;vgap 表示组件之间的纵向间隔,单位是像素。

创建一个窗口,设置标题为"Java 第四个 GUI 程序"。使用 FlowLayout 类对窗口进行布局,向容器内添加 9 个按钮,并设置横向和纵向的间隔都为 20 像素。具体实现代码如下:

```
package ch17;
import javax.swing.JButton;
import javax.swing.JFrame;
import javax.swing.JLabel;
import javax.swing.JPanel;
import java.awt.*;
public class FlowLayoutDemo
{
    public static void main(String[] agrs)
    {
        JFrame jFrame=new JFrame("Java 第四个 GUI 程序");    //创建 Frame 窗口
        JPanel jPanel=new JPanel();    //创建面板
        JButton btn1=new JButton("1");    //创建按钮
        JButton btn2=new JButton("2");
        JButton btn3=new JButton("3");
        JButton btn4=new JButton("4");
        JButton btn5=new JButton("5");
        JButton btn6=new JButton("6");
        JButton btn7=new JButton("7");
        JButton btn8=new JButton("8");
        JButton btn9=new JButton("9");
        jPanel.add(btn1);    //面板中添加按钮
        jPanel.add(btn2);
```

```
            jPanel.add(btn3);
            jPanel.add(btn4);
            jPanel.add(btn5);
            jPanel.add(btn6);
            jPanel.add(btn7);
            jPanel.add(btn8);
            jPanel.add(btn9);
            //向 JPanel 添加 FlowLayout 布局管理器,将组件间的横向和纵向间隙都设置
为 20 像素
            jPanel.setLayout(new FlowLayout(FlowLayout.LEADING,20,20));
            jPanel.setBackground(Color.gray);        //设置背景色
            jFrame.add(jPanel);        //添加面板到容器
            jFrame.setBounds(300,200,300,150);        //设置容器的大小
            jFrame.setVisible(true);
            jFrame.setDefaultCloseOperation(JFrame.EXIT_ON_CLOSE);
        }
    }
```

上述程序向 JPanel 面板中添加了 9 个按钮,并使用 FLowLayout 布局管理器使 9 个按钮间的横向和纵向间隙都为 20 像素。此时这些按钮将在容器上按照从上到下、从左到右的顺序排列,如果一行剩余空间不足容纳组件将会换行显示,最终运行结果如图 10-9 所示。

图 10-9　FlowLayout 布局按钮结果

10.3.3　卡片布局管理器

CardLayout(卡片布局管理器)能够帮助用户实现多个成员共享同一个显示空间,并且一次只显示一个容器组件的内容。

CardLayout 布局管理器将容器分成许多层,每层的显示空间占据整个容器的大小,但是每层只允许放置一个组件。CardLayout 的构造方法如下。

CardLayout():构造一个新布局,默认间隔为 0。

CardLayout(int hgap, int vgap):创建布局管理器,并指定组件间的水平间隔(hgap)和垂直间隔(vgap)。

使用 CardLayout 类对容器内的两个面板进行布局。其中第一个面板上包括 3 个按钮,第二个面板上包括 3 个文本框,最后调用 CardLayout 类的 show() 方法显示指定面板的内容。代码如下:

```
package ch17;
import javax.swing.JButton;
import javax.swing.JFrame;
import javax.swing.JLabel;
import javax.swing.JPanel;
import javax.swing.JTextField;
import java.awt.*;
public class CardLayoutDemo
{
    public static void main(String[] agrs)
    {
        JFrame frame=new JFrame("Java 第五个程序");     //创建 Frame 窗口
        JPanel p1=new JPanel();     //面板 1
        JPanel p2=new JPanel();     //面板 2
        JPanel cards=new JPanel(new CardLayout());     //卡片式布局的面板
        p1.add(new JButton("登录按钮"));
        p1.add(new JButton("注册按钮"));
        p1.add(new JButton("找回密码按钮"));
        p2.add(new JTextField("用户名文本框",20));
        p2.add(new JTextField("密码文本框",20));
        p2.add(new JTextField("验证码文本框",20));
        cards.add(p1,"card1");     //向卡片式布局面板中添加面板 1
        cards.add(p2,"card2");     //向卡片式布局面板中添加面板 2
        CardLayout cl=(CardLayout)(cards.getLayout());
        cl.show(cards,"card1");     //调用 show()方法显示面板 2
        frame.add(cards);
        frame.setBounds(300,200,400,200);
        frame.setVisible(true);
        frame.setDefaultCloseOperation(JFrame.EXIT_ON_CLOSE);
    }
}
```

上述代码创建了一个卡片式布局的面板 cards,该面板包含两个大小相同的子面板 p1 和 p2。需要注意的是,在将 p1 和 p2 添加到 cards 面板中时使用了含有两个参数的 add()方法,该方法的第二个参数用来标识子面板。当需要显示某一个面板时,只需要调用卡片式布局管理器的 show( )方法,并在参数中指定子面板所对应的字符串即可,这里显示的是 p1 面板,运行效果如图 10-10 所示。

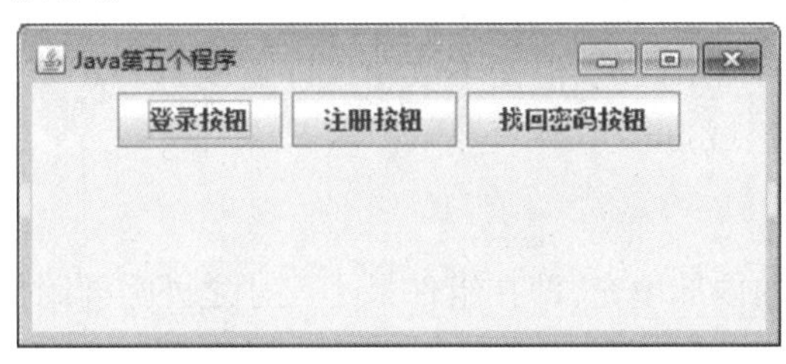

图 10-10　显示 p1 面板

如果将“cl.show(cards,"card1")”语句中的 card1 换成 card2,将显示 p2 面板的内容,此时运行结果如图 10-11 所示。

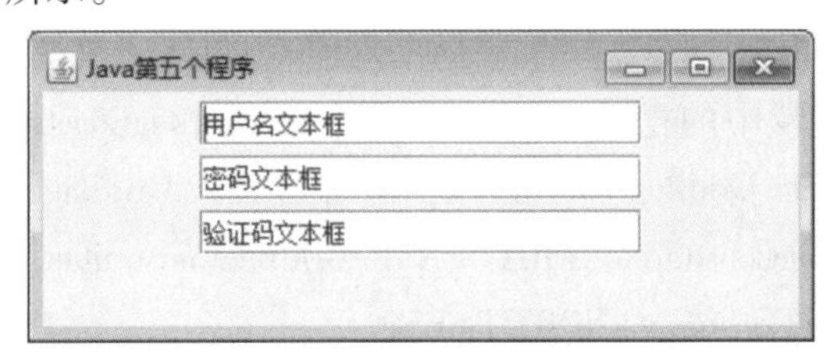

图 10-11　显示 p2 面板

10.3.4　网格包布局管理器

GridBagLayout(网格包布局管理器)是在网格基础上提供复杂的布局,是最灵活、最复杂的布局管理器。GridBagLayout 不需要组件的尺寸一致,允许组件扩展到多行多列。每个 GridBagLayout 对象都维护了一组动态的矩形网格单元,每个组件占一个或多个单元,所占有的网格单元称为组件的显示区域。

GridBagLayout 所管理的每个组件都与一个 GridBagConstraints 约束类的对象相关。这个约束类对象指定了组件的显示区域在网格中的位置,以及在其显示区域中应该如何摆放组件。除了组件的约束对象,GridBagLayout 还要考虑每个组件的最小和首选尺寸,以确定组件的大小。

为了有效地利用网格包布局管理器,在向容器中添加组件时,必须定制某些组件的相关约束对象。GridBagConstraints 对象的定制是通过下列变量实现的。

(1) gridx 和 gridy

用来指定组件左上角在网格中的行和列。容器中最左边列的 gridx 为 0,最上边行的 gridy 为 0。这两个变量的默认值是 GridBagConstraints.RELATIVE,表示对应的组件将放在前一个组件的右边或下面。

(2) gridwidth 和 gridheight

用来指定组件显示区域所占的列数和行数,以网格单元而不是像素为单位,默认值为 1。

(3)fill

指定组件填充网格的方式,可以是如下值:GridBagConstraints.NONE(默认值)、GridBagConstraints.HORIZONTAL(组件横向充满显示区域,但是不改变组件高度)、GridBagConstraints.VERTICAL(组件纵向充满显示区域,但是不改变组件宽度)以及 GridBagConstraints.BOTH(组件横向、纵向充满其显示区域)。

(4)ipadx 和 ipady

指定组件显示区域的内部填充,即在组件最小尺寸之外需要附加的像素数,默认值为0。

(5)insets

指定组件显示区域的外部填充,即组件与其显示区域边缘之间的空间,默认组件没有外部填充。

(6)anchor

指定组件在显示区域中的摆放位置。可选值有 GridBagConstraints.CENTER(默认值)、GridBagConstraints.NORTH、GridBagConstraints.NORTHEAST、GridBagConstraints.EAST、GridBagConstraints.SOUTH、GridBagConstraints.SOUTHEAST、GridBagConstraints.WEST、GridBagConstraints.SOUTHWEST 以及 GridBagConstraints.NORTHWEST。

(7)weightx 和 weighty

用来指定在容器大小改变时,增加或减少的空间如何在组件间分配,默认值为0,即所有的组件将聚拢在容器的中心,多余的空间将放在容器边缘与网格单元之间。weightx 和 weighty 的取值一般在0.0~1.0,数值大表明组件所在的行或者列将获得更多的空间。

创建一个窗口,使用 GridBagLayout 进行布局,实现一个简易的手机拨号盘。这里要注意如何控制行内组件的显示方式以及使用 GridBagConstraints.REMAINDER 来控制一行的结束。代码的实现如下:

```
package ch17;
import javax.swing.JButton;
import javax.swing.JFrame;
import javax.swing.JLabel;
import javax.swing.JPanel;
import javax.swing.JTextField;
import java.awt.*;
public class GridBagLayoutDemo
{
    //向 JFrame 中添加 JButton 按钮
    public static void makeButton(String title,JFrame frame,GridBagLayout gridBagLayout,GridBagConstraints constraints)
    {
```

```
        JButton button=new JButton(title);        //创建 Button 对象
        gridBagLayout.setConstraints(button,constraints);
        frame.add(button);
    }
    public static void main(String[ ] agrs)
    {
        JFrame frame=new JFrame("拨号盘");
GridBagLayout gbaglayout=new GridBagLayout( );        //创建 GridBagLayout 布局管理器
        GridBagConstraints constraints=new GridBagConstraints( );
        frame.setLayout(gbaglayout);        //使用 GridBagLayout 布局管理器
        constraints.fill=GridBagConstraints.BOTH;        //组件填充显示区域
        constraints.weightx=0.0;        //恢复默认值
        constraints.gridwidth = GridBagConstraints.REMAINDER;        //结束行
        JTextField tf=new JTextField("13612345678");
        gbaglayout.setConstraints(tf, constraints);
        frame.add(tf);
        constraints.weightx=0.5;        // 指定组件的分配区域
        constraints.weighty=0.2;
        constraints.gridwidth=1;
        makeButton("7",frame,gbaglayout,constraints);        //调用方法,添加按钮组件
        makeButton("8",frame,gbaglayout,constraints);
        constraints.gridwidth=GridBagConstraints.REMAINDER;        //结束行
        makeButton("9",frame,gbaglayout,constraints);
        constraints.gridwidth=1;        //重新设置 gridwidth 的值

        makeButton("4",frame,gbaglayout,constraints);
        makeButton("5",frame,gbaglayout,constraints);
        constraints.gridwidth=GridBagConstraints.REMAINDER;
        makeButton("6",frame,gbaglayout,constraints);
        constraints.gridwidth=1;

        makeButton("1",frame,gbaglayout,constraints);
        makeButton("2",frame,gbaglayout,constraints);
        constraints.gridwidth=GridBagConstraints.REMAINDER;
        makeButton("3",frame,gbaglayout,constraints);
        constraints.gridwidth=1;
```

```
            makeButton("返回",frame,gbaglayout,constraints);
            constraints.gridwidth=GridBagConstraints.REMAINDER;
            makeButton("拨号",frame,gbaglayout,constraints);
            constraints.gridwidth=1;
            frame.setBounds(400,400,400,400);      //设置容器大小
            frame.setVisible(true);
            frame.setDefaultCloseOperation(JFrame.EXIT_ON_CLOSE);
        }
}
```

在上述程序中创建了一个 makeButton()方法,用来将 JButton 组件添加到 JFrame 窗口中。在 main()方法中分别创建了 GridBagLayout 对象和 GridBagConstraints 对象,然后设置 JFrame 窗口的布局为 GridBagLayout,并设置了 GridBagConstraints 的一些属性。接着将 JTextField 组件添加至窗口中,并通知布局管理器的 GridBagConstraints 信息。在接下来的代码中,调用 makeButton()方法向 JFrame 窗口填充按钮,并使用 GridBag-Constraints.REMAINDER 来控制结束行。当一行结束后,重新设置 GridBagConstraints 对象的 gridwidth 为 1。最后设置 JFrame 窗口为可见状态,程序运行后的拨号盘效果如图10-12所示。

拨号盘		
13612345678		
7	8	9
4	5	6
1	2	3
返回	拨号	

图 10-12　拨号盘运行效果

10.3.5　盒布局管理器

BoxLayout(盒布局管理器)通常和 Box 容器联合使用,Box 类有以下两个静态方法。

createHorizontalBox():返回一个 Box 对象,它采用水平 BoxLayout,即 BoxLayout 沿着水平方向放置组件,让组件在容器内从左到右排列。

createVerticalBox():返回一个 Box 对象,它采用垂直 BoxLayout,即 BoxLayout 沿着垂直方向放置组件,让组件在容器内从上到下进行排列。

Box 还提供了用于决定组件之间间隔的静态方法见表 10-1。

表 10-1 Box 类设置组件间隔的静态方法

网格包布局	说明
static Component createHorizontalGlue( )	创建一个不可见的、可以被水平拉伸和收缩的组件
static Component createVerticalGlue( )	创建一个不可见的、可以被垂直拉伸和收缩的组件
static Component createHorizontalStrut(int width)	创建一个不可见的、固定宽度的组件
static Component createVerticalStrut(int height)	创建一个不可见的、固定高度的组件
static Component createRigidArea(Dimension d)	创建一个不可见的、总是具有指定大小的组件

BoxLayout 类只有一个构造方法,如下所示。

BoxLayout(Container c,int axis)

其中,参数 Container 是一个容器对象,即该布局管理器在哪个容器中使用;第二个参数为 int 型,用来决定容器上的组件水平(X_AXIS)或垂直(Y_AXIS)放置,可以使用 BoxLayout 类访问这两个属性。

使用 BoxLayout 类对容器内的 4 个按钮进行布局管理,使 2 个按钮为横向排列,另外 2 个按钮为纵向排列,代码如下:

```
package ch17;
import javax.swing.Box;
import javax.swing.JButton;
import javax.swing.JFrame;
import javax.swing.JLabel;
import javax.swing.JPanel;
import javax.swing.JTextField;
import java.awt. * ;
public class BoxLayoutDemo
{
    public static void main(String[ ] agrs)
    {
        JFrame frame=new JFrame("Java 示例程序");
        Box b1=Box.createHorizontalBox( );      //创建横向 Box 容器
        Box b2=Box.createVerticalBox( );      //创建纵向 Box 容器
        frame.add(b1);      //将外层横向 Box 添加进窗体
        b1.add(Box.createVerticalStrut(200));      //添加高度为 200 的垂直框架
        b1.add(new JButton("西"));      //添加按钮 1
        b1.add(Box.createHorizontalStrut(140));      //添加长度为 140 的水平框架
        b1.add(new JButton("东"));      //添加按钮 2
        b1.add(Box.createHorizontalGlue( ));      //添加水平组件
```

```
            b1.add(b2);       //添加嵌套的纵向 Box 容器
            //添加宽度为 100,高度为 20 的固定区域
            b2.add(Box.createRigidArea(new Dimension(100,20)));
            b2.add(new JButton("北"));       //添加按钮 3
            b2.add(Box.createVerticalGlue());       //添加垂直组件
            b2.add(new JButton("南"));       //添加按钮 4
            b2.add(Box.createVerticalStrut(40));       //添加长度为 40 的垂直框架
            //设置窗口的关闭动作、标题、大小位置以及可见性等
            frame.setDefaultCloseOperation(JFrame.EXIT_ON_CLOSE);
            frame.setBounds(100,100,400,200);
            frame.setVisible(true);
        }
    }
```

在程序中创建了 4 个 JButton 按钮和两个 Box 容器(横向 Box 容器和纵向 Box 容器),并将前 2 个 JButton 按钮添加到横向 Box 容器中,将后 2 个 JButton 容器添加到纵向 Box 容器中。程序的运行结果如图 10-13 所示。

图 10-13　BoxLayout 运行结果

使用盒式布局可以像使用流式布局一样简单地将组件安排在一个容器内。包含盒式布局的容器可以嵌套使用,最终达到类似于无序网格布局那样的效果,却不像使用无序网格布局那样麻烦。

10.4　文本组件

10.4.1　文本框

```
JLabel labelname = new JLabel(" username ");
JTextField textname = new JTextField;
JPanel panel = new JPanel();
panel.add(labelname);
panel.add(textname);
```

如果需要在运行时重新设定列数,需要调用包含这个文本框的容器的 revalidate 方法,

可以重新设定容器的尺寸。

textname.setColumns(10);

panel.revalidate();

10.4.2　标签：JLabel

容纳文本的组件，没有任何修饰，不能响应用户输入。

可以选择内容的排列方式，可以用 SwingConstants 接口中的常量，如 LEFT，RIGHT，CENTER，NORTH，EAST。

JLabel labelname = new JLabel("username",SwingConstants.RIGHT);

10.4.3　密码域：JPasswordField

JPasswordField(String text,int columns);//创建一个新的密码域

char[] getPassword() //返回密码域中的文本

10.4.4　文本区

用户的输入超过一行时，也可以用 JTextArea。

JTextArea textArea = nwe JTextArea(8,40); //8 行 40 列的文本区

注:用户不会受限于输入指定的行列，输入过长时，文本会滚动。

可以开启换行特性避免裁剪过长的行 textArea.setLineWrap(true);

10.4.5　滚动条

在 Swing 中，文本区没有滚动条，需要时可以将文本区插入滚动窗格中。

JTextArea textArea = new JTextArea(8,40);

JScrollPane scrollPane = new JScrollPane(textArea);

10.5　选择组件

10.5.1　复选框

复选框需要一个紧邻它的标签说明用途，JCheckBox bold = new JCheckBox("bold");

可以使用 setSelected 方法选定/取消复选框，bold.setSelected(true);

isSelected 方法返回每个复选框当前状态:true/false。

两个复选框可用同一监听器。

bold.addActionListener(listener);

italic.addActionListener(listener);

示例代码：

```
public class MySwingChoose {
    public static void main(String args[]){
        JFrame frame = new JFrame();
        frame.setSize(450,450);
        frame.setLayout(new BorderLayout(10,10));       //设置布局管理器

        final JCheckBox bold = new JCheckBox("Bold");
        final JCheckBox italic = new JCheckBox("Italic");
        final JLabel labelSelect = new JLabel();      //显示选择了哪些选项

        ActionListener mylistener = new ActionListener(){
            public void actionPerformed(ActionEvent e) {
                String strIsselect ="";
                if(bold.isSelected()= =true){
                    strIsselect+="Bold 已选择";

                }if(italic.isSelected()= =true){
                    strIsselect+="Italic 已选择";
                }
                labelSelect.setText(strIsselect);
            }
        };
        bold.addActionListener(mylistener);
        italic.addActionListener(mylistener);

        JPanel panel = new JPanel();
        panel.add(bold);
        panel.add(italic);
        panel.add(labelSelect);

        frame.add(panel);
        frame.setDefaultCloseOperation(JFrame.EXIT_ON_CLOSE);
        frame.setVisible(true);
    }
}
```

10.5.2 单选按钮组 JRadioButton

实现单选按钮组,为单选按钮组构造一个 ButtonGroup 对象,将 JRadionButton 类型的对象添加到按钮组中,示例代码:

```
public class MySwingRadio {
    public static void main(String args[ ]) {
        JFrame frame = new JFrame( );
        frame.setSize(450,450);
        frame.setLayout( new BorderLayout(10,10));//设置布局管理器

        //创建单选按钮组
        ButtonGroup mbuttongroup = new ButtonGroup( );

        //创建单选按钮
        JRadioButton jradioSmall = new JRadioButton(" small ",false);
        JRadioButton jradioMedium = new JRadioButton(" medium ",false);
        JRadioButton jradioLarge = new JRadioButton(" large ",false);

        //将单选按钮添加到按钮组
        mbuttongroup.add( jradioSmall);
        mbuttongroup.add( jradioMedium);
        mbuttongroup.add( jradioLarge);

        //将按钮添加到面板
        JPanel panel = new JPanel( );
        panel.add( jradioSmall);
        panel.add( jradioMedium);
        panel.add( jradioLarge);

        //将面板添加到框架,而不是将单选按钮组添加到框架
        frame.add( panel);
        frame.setDefaultCloseOperation( JFrame.EXIT_ON_CLOSE);
        frame.setVisible( true);

    }
}
```

另一种实现方式(不错的例子,可以直接设定监听器)

```
public class MySwingRadio2 {
```

```
private final static int  DEFAULT_SIZE = 36;
//创建单选按钮组
private static ButtonGroup mbuttongroup = new ButtonGroup();
//创建面板
static JPanel panel = new JPanel();
static JLabel mlabel = new JLabel("");
public static void main(String args[]){
    JFrame frame = new JFrame();
    frame.setSize(450,450);
    frame.setLayout(new BorderLayout(10,10));//设置布局管理器

    //将单选按钮添加到按钮组
    addRadioButton("small",8);
    addRadioButton("medium",16);
    addRadioButton("large",32);

    //将面板添加到框架,而不是将单选按钮组添加到框架
    frame.add(mlabel,BorderLayout.CENTER);
    frame.add(panel,BorderLayout.NORTH);
    frame.setDefaultCloseOperation(JFrame.EXIT_ON_CLOSE);
    frame.setVisible(true);
}

public static void addRadioButton(final String name,final int size){
    boolean selected = (size == DEFAULT_SIZE);
    //新建单选按钮
    JRadioButton button = new JRadioButton(name,selected);
    //将单选按钮添加到单选按钮组
    mbuttongroup.add(button);
    //将单选按钮添加到面板
    panel.add(button);

    //设定监听器,在标签中显示点击的单选按钮
    ActionListener mylistener = new ActionListener(){
        public void actionPerformed(ActionEvent e){
            mlabel.setText(name);
        }
    };
```

```
        button.addActionListener( mylistener);
    }
}
```

10.6 菜单

10.6.1 菜单创建

①创建菜单栏：JMenuBar menubar = new JMenuBar( );

②将菜单栏添加到框架上：frame.setJMenuBar(menuBar);

③为每一个菜单建立一个菜单对象：JMenu editMenu = new JMenu(" Edit ");

④将顶层菜单添加到菜单栏中：menuBar.add(editMenu);

⑤向③中的菜单对象添加菜单项：

```
JMenuItem pasteItem = new JMenuItem(" Paste ");
editMenu.add( pasteItem);//添加菜单项
editMenu.addSparator( );//添加分隔符
JMenu optionMenu = … ; //a submenu
editMenu.add( optionMenu);
```

可以看到分隔符位于 Paste 和 Read-only 菜单项之间

10.6.2 动作监听

为每个菜单项 JMenuItem 安装一个动作监听器。

```
ActionListener listener = …;
pasteItem.addActionListener( listener);
```

可以使用 JMenu.add(String s)方法将菜单项插入菜单的尾部。

```
editMenu.add(" Paste ");
```

ADD 方法返回创建的子菜单项,可以采用下列方法获取它,并添加监听器：

```
JMenuItem pasteItem = editMenu.add(" Paste ");
pasetItem.addActionListener( listener);
```

在通常情况下,菜单项发出的命令也可以通过其他用户界面元素(如工具栏上的按钮)激活。通常,采用扩展抽象类 AbstractAction 来定义一个实现 Action 接口的类。这里需要在 AbstractAction 对象的构造器中指定菜单项标签并且覆盖 actionPerformed 方法来获得菜单动作处理器。

```
Action exitAction = new AbstractAction(" Edit ") {
    public void actionPerformed( ActionEvent event) {
        //动作代码
        System.exit(0);
    }
};
```

然后将动作添加到菜单中,JMenuItem exitItem = fileMenu.add(exitAction);
这个命令利用动作将一个菜单项添加到菜单中,这个动作对象将作为它的监听器。
上面这条语句是下面两条语句的快捷形式:
JMenuItem exitItem = new JMenuItem(exitAction);
fileMenu.add(exitItem);

示例代码:

```
public class MyJMenu {
    public static void main(String[] args) {
        JFrame mframe = new JFrame();
        JMenuBar menubar = new JMenuBar();//创建菜单栏

        ////////////////////////// 菜单对象 1 ///////////////////////////
        JMenu editMenu = new JMenu("Edit");//为每一个菜单建立一个菜单对象
        menubar.add(editMenu);//将菜单添加到菜单栏
        //--                    菜单项 1                    --//
        JMenuItem pasteItem = new JMenuItem("Paste");
        editMenu.add(pasteItem);//添加菜单项
        editMenu.addSeparator();//添加分隔符

        //--                    菜单项 2                    --//
        JMenuItem readonlyItem = new JMenuItem("Read-Only");
        editMenu.add(readonlyItem);//添加菜单项

        /////////////////////////菜单对象 2 ///////////////////////////
        JMenu sourceMenu = new JMenu("Source");
        menubar.add(sourceMenu);
        editMenu.addSeparator();//添加分隔符
        /////////////////////////菜单对象 3 //////////////////////////
        Action exitAction = new AbstractAction("exit") {
            public void actionPerformed(ActionEvent event) {
                //动作代码
                System.exit(0);
            }
        };
        JMenuItem exitItem = editMenu.add(exitAction);
        /*
         *  上面这条语句是下面两条语句的快捷形式:
```

```
        * JMenuItem exitItem = new JMenuItem(exitAction);
        * editMenu.add(exitItem);
        *  */
        ////////////////////////////////////////////////////////////////
        mframe.setJMenuBar(menubar);//菜单栏添加到框架上
        mframe.setSize(450, 300);
        mframe.setDefaultCloseOperation(JFrame.EXIT_ON_CLOSE);
        mframe.setVisible(true);
    }
}
```

代码效果如图 10-14 所示。

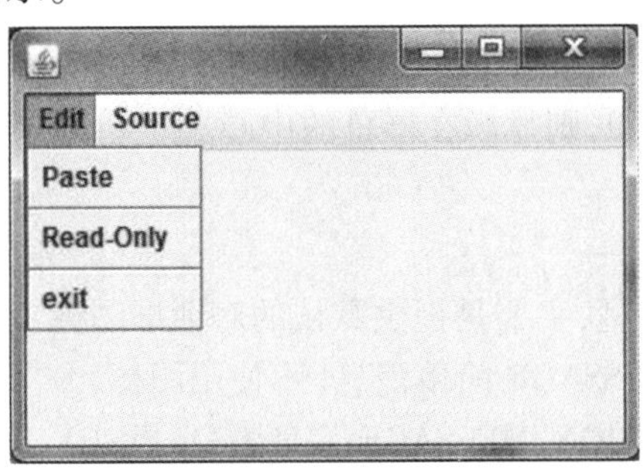

图 10-14　菜单示意图

10.7　对话框

JDialog,对话框。使用 JDialog 类可以创建自定义对话框,或者调用 JOptionPane 中的多个静态方法快速创建各种标准的对话框。

JOptionPane 是 Java Swing 内部已实现好的,以静态方法的形式提供调用,能够快速方便地弹出要求用户提供值或向其发出通知的标准对话框。

JOptionPane 提供的标准对话框类型见表 10-2。

表 10-2　JOptionPane 提供的标准对话框

方法名	描述
showMessageDialog	消息对话框,向用户展示一个消息,没有返回值
showConfirmDialog	确认对话框,询问一个问题是否执行
showInputDialog	输入对话框,要求用户提供某些输入
showOptionDialog	选项对话框,上述 3 项的大统一,自定义按钮文本,询问用户需要点击哪个按钮

这些标准对话框的基本外形布局通常如图 10-15 所示:

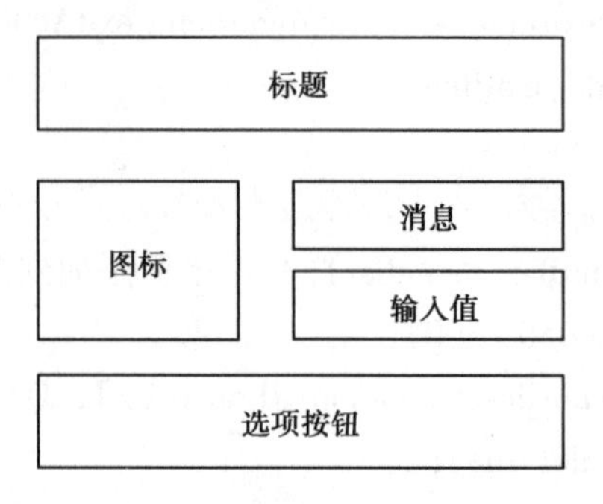

图 10-15　标准对话框的基本外形布局

上述 4 个类型的方法(包括其若干重载)的参数遵循一致的模式,下面介绍各参数的含义:

①parentComponent:对话框的父级组件,决定对话框显示的位置,对话框的显示会尽量紧靠组件的中心,如果传 null,则显示在屏幕的中心。

②title:对话框标题。

③message:消息内容。

④messageType:消息类型,主要是提供默认的对话框图标。可能的值为:

JOptionPane.PLAIN_MESSAGE 简单消息(不使用图标)

JOptionPane.INFORMATION_MESSAGE 信息消息(默认)

JOptionPane.QUESTION_MESSAGE 问题消息

JOptionPane.WARNING_MESSAGE 警告消息

JOptionPane.ERROR_MESSAGE 错误消息

⑤icon:自定义的对话框图标,如果传 null,则图标类型由 messageType 决定。

⑥optionType:选项按钮的类型。

⑦options、initialValue:自定义的选项按钮(如果传 null,则选项按钮由 optionType 决定),以及默认选中的选项按钮。

⑧selectionValues、initialSelectionValue:提供的输入选项,以及默认选中的选项。

下面是 JOptionPane 类中各标准对话框的静态方法重载:

消息对话框:

```
static void showMessageDialog(Component parentComponent,Object message)

static void showMessageDialog(Component parentComponent,
                              Object message,
                              String title,
                              int messageType)

static void showMessageDialog(Component parentComponent,
                              Object message,
                              String title,
```

```
                                  int messageType,
                                  Icon icon)
```

确认对话框：

```
static int showConfirmDialog(Component parentComponent,Object message)

static int showConfirmDialog(Component parentComponent,
                             Object message,
                             String title,
                             int optionType)

static int showConfirmDialog(Component parentComponent,
                             Object message,
                             String title,
                             int optionType,
                             int messageType)

static int showConfirmDialog(Component parentComponent,
                             Object message,
                             String title,
                             int optionType,
                             int messageType,
                             Icon icon)
```

输入对话框：

```
static String showInputDialog(Component parentComponent,
                              Object message)

static String showInputDialog(Component parentComponent,
                              Object message,
                              Object initialSelectionValue)

static String showInputDialog(Component parentComponent,
                              Object message,
                              String title,
                              int messageType)

static Object showInputDialog(Component parentComponent,
                              Object message,
                              String title,
                              int messageType,
```

```
                                            Icon icon,
                                            Object[ ] selectionValues,
                                            Object initialSelectionValue)
```

选项对话框:

```
static int showOptionDialog( Component parentComponent,
                                        Object message,
                                        String title,
                                        int optionType,
                                        int messageType,
                                        Icon icon,
                                        Object[ ] options,
                                        Object initialValue)
```

代码实例:

标准对话框的显示(JOptionPane)

```
package com.xiets.swing;

import javax.swing. * ;
import java.awt.event.ActionEvent;
import java.awt.event.ActionListener;

public class Main {

    public static void main( String[ ] args) throws Exception {
        final JFrame jf = new JFrame("测试窗口");
        jf.setSize(400, 400);
        jf.setLocationRelativeTo( null);
        jf.setDefaultCloseOperation( WindowConstants.EXIT_ON_CLOSE);

        / *
         * 1.消息对话框(信息消息)
         * /
        JButton btn01 = new JButton(" showMessageDialog(信息消息)");
        btn01.addActionListener( new ActionListener( ) {
            @ Override
            public void actionPerformed( ActionEvent e) {
                // 消息对话框无返回, 仅做通知作用
                JOptionPane.showMessageDialog(
                        jf,
```

```
                    " Hello Information Message ",
                    "消息标题",
                    JOptionPane.INFORMATION_MESSAGE
            );
        }
});

/*
 * 2.消息对话框(警告消息)
 */
JButton btn02 = new JButton("showMessageDialog(警告消息)");
btn02.addActionListener(new ActionListener() {
    @Override
    public void actionPerformed(ActionEvent e) {
        // 消息对话框无返回, 仅做通知作用
        JOptionPane.showMessageDialog(
                    jf,
                    " Hello Warning Message ",
                    "消息标题",
                    JOptionPane.WARNING_MESSAGE
        );
    }
});

/*
 * 3.确认对话框
 */
JButton btn03 = new JButton("showConfirmDialog");
btn03.addActionListener(new ActionListener() {
    @Override
    public void actionPerformed(ActionEvent e) {
        /*
         * 返回用户点击的选项, 值为下面三者之一:
         *      是:  JOptionPane.YES_OPTION
         *      否:  JOptionPane.NO_OPTION
         *      取消: JOptionPane.CANCEL_OPTION
         *      关闭: JOptionPane.CLOSED_OPTION
         */
        int result = JOptionPane.showConfirmDialog(
```

```
                    jf,
                    "确认删除? ",
                    "提示",
                    JOptionPane.YES_NO_CANCEL_OPTION
            );
            System.out.println("选择结果: "+ result);
        }
    });

    /*
     * 4.输入对话框(文本框输入)
     */
    JButton btn04 = new JButton(" showInputDialog(文本框输入)");
    btn04.addActionListener(new ActionListener() {
        @Override
        public void actionPerformed(ActionEvent e) {
            // 显示输入对话框, 返回输入的内容
            String inputContent = JOptionPane.showInputDialog(
                    jf,
                    "输入你的名字:",
                    "默认内容"
            );
            System.out.println("输入的内容: "+ inputContent);
        }
    });

    /*
     * 5.输入对话框(下拉框选择)
     */
    JButton btn05 = new JButton(" showInputDialog(下拉框选择)");
    btn05.addActionListener(new ActionListener() {
        @Override
        public void actionPerformed(ActionEvent e) {
            Object[] selectionValues = new Object[]{"香蕉", "雪梨", "苹果"};

    // 显示输入对话框, 返回选择的内容, 点击取消或关闭, 则返回 null
            Object inputContent = JOptionPane.showInputDialog(
                    jf,
```

```
                "选择一项：",
                "标题",
                JOptionPane.PLAIN_MESSAGE,
                null,
                selectionValues,
                selectionValues[0]
        );
        System.out.println("输入的内容："+ inputContent);
    }
});

/*
 * 6.选项对话框
 */
JButton btn06 = new JButton("showOptionDialog");
btn06.addActionListener(new ActionListener() {
    @Override
    public void actionPerformed(ActionEvent e) {
        // 选项按钮
        Object[] options = new Object[]{"香蕉", "雪梨", "苹果"};

        // 显示选项对话框，返回选择的选项索引，点击关闭按钮返回-1
        int optionSelected = JOptionPane.showOptionDialog(
                jf,
                "请点击一个按钮选择一项",
                "对话框标题",
                JOptionPane.YES_NO_CANCEL_OPTION,
                JOptionPane.ERROR_MESSAGE,
                null,
                options,    // 如果传 null，则按钮为 optionType 类型所表
示的按钮(也就是确认对话框)
                options[0]
        );

        if (optionSelected >= 0) {
            System.out.println("点击的按钮："+ options[optionSelected]);
        }
    }
```

```
        });

        // 垂直排列按钮
        Box vBox = Box.createVerticalBox();
        vBox.add(btn01);
        vBox.add(btn02);
        vBox.add(btn03);
        vBox.add(btn04);
        vBox.add(btn05);
        vBox.add(btn06);

        JPanel panel = new JPanel();
        panel.add(vBox);

        jf.setContentPane(panel);
        jf.setVisible(true);
    }
}
```

代码效果:标准对话框的示意图如图 10-16 所示。

图 10-16　标准对话框示意图

【举一反三】

俄罗斯方块游戏项目案例。

(1)需求分析

俄罗斯方块游戏操作简单,容易上手,已成为家喻户晓、老少皆宜的大众游戏,同时也是一款风靡全球的电视游戏机和掌上游戏机游戏,它曾经引起的轰动与产生的经济价值可以说是游戏史上的一个大事件。那么,这款优秀的娱乐工具是出自哪位“神人”之手呢? 顾名思义,俄罗斯方块自然是俄罗斯人发明的。这位“神人”叫阿列克谢·帕基特诺夫。俄罗斯方块最早是出现在PC机上,而我国的用户都是通过红白机了解、喜欢上它的。对一般用户来说,其规则简单,容易上手,且游戏过程变化无穷,颇具魅力。此软件给用户提供了一个展现自己高超技艺的场所,在这里,它不仅能让人放松,还能让人感受到游戏中的乐趣。

(2)游戏介绍

1)详细规则、胜负判定方法

游戏区域会从顶部不断落下7种下坠物中的一种,游戏区域的右侧有一方框可以提示用户下一个下坠物的形状,玩家可以移动、旋转、加速下落和一键到底自己窗口内落下的下坠物,通过用户的操作,下坠物在游戏区域以“摆积木”的形式出现。下坠物在一行或多行堆满后就可以自动消掉,消行后会得到相应的分数,如果当前下坠物堆积至窗口顶端,即游戏结束。

2)游戏操作方法

①按游戏界面的“开始”菜单开始游戏;“暂停”菜单暂停游戏;“结束”菜单结束游戏;“设置”菜单对游戏进行设置,实现个性化设置。

②键盘操作:“←”左移一格;“→”右移一格;“↑”旋转操作;“↓”下坠物丢下(加速下落);“空格键”一键到底;

③计分牌显示的内容:“得分”为本局的分数,一次消一行加100分、一次消两行加400分、一次消三行加900分、一次消四行加1600分。

④“设置”键:用鼠标可以选择游戏区域大小、级别、是否开启背景音乐等。

该游戏共有6个等级:入门级、初级、中级、中高级、高级、顶级。“级数”为游戏当前等级,当分数达到当前等级的最高值,等级会提升、速度会加快。玩家可以任意选择级别,当分数到达晋级分数(当前等级与下一级的分数差)后自动晋级,分数继续累加。游戏结束时,如果得分进入前八名,英雄榜将记录玩家的姓名、分数,并为玩家排名。

(3)界面设计

俄罗斯方块游戏的界面设计如图10-17所示。

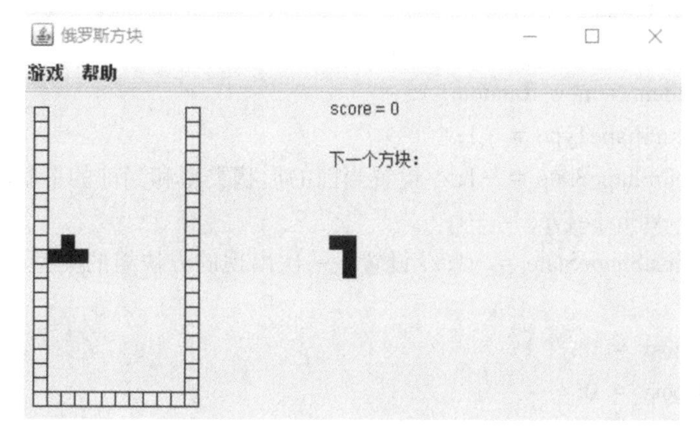

图10-17 俄罗斯方块游戏界面图

(4)设计思路

根据前面的介绍,自行设计一个俄罗斯方块游戏的方案。

左键:左移; 右键:右移;

上键:变换造型;下键:加速下掉。

任意一行的方块满格,这一行就消除,消除一行方块得 10 分,当前游戏还没有设置关卡,各位读者如果喜欢可以自己设置关卡哦。

那么那些方块的造型到底从哪里来的呢,那就是需要自己设计,常见的几种造型就是:I 形,T 形,L 形,田字形等。

下面举一个例子,我们所看见的造型可以变换的原因是这样提前设计好的,0 为空格,1 为填充格,这样就可以在游戏里面变造型了! 如图 10-18 所示。

0	1	0	0
0	1	1	0
0	1	0	0
0	0	0	0

0	1	0	0
1	1	1	0
0	0	0	0
0	0	0	0

图 10-18 造型示意图

(5)程序代码

GamePanel 类:游戏界面类,整个方块掉落和显示,游戏的逻辑思维都在这个类里面实现。

```
public class GamePanel extends JPanel implements KeyListener{
    private int mapRow = 21;
    private int mapCol = 12;
    private int mapGame[][] = new int[mapRow][mapCol];//开辟一个二维数组空间,用来存放地图信息

    private Timer timer;
    private int score = 0;//记录成绩
    Random random = new Random();
    private int curShapeType = -1;
    private int curShapeState = -1;//设置当前的形状类型和当前的形状状态
    private int nextShapeType = -1;
    private int nextShapeState = -1;//设置下一次出现的方块组的类型和状态

    private int posx = 0;
    private int posy = 0;

    private final int shapes[][][] = new int[][][]{
        //T 字形按逆时针的顺序存储
```

```
{
{0,1,0,0, 1,1,1,0, 0,0,0,0, 0,0,0,0},
{0,1,0,0, 1,1,0,0, 0,1,0,0, 0,0,0,0},
{1,1,1,0, 0,1,0,0, 0,0,0,0, 0,0,0,0},
{0,1,0,0, 0,1,1,0, 0,1,0,0, 0,0,0,0}
},
//I 字形按逆时针的顺序存储
{
{0,0,0,0, 1,1,1,1, 0,0,0,0, 0,0,0,0},
{0,1,0,0, 0,1,0,0, 0,1,0,0, 0,1,0,0},
{0,0,0,0, 1,1,1,1, 0,0,0,0, 0,0,0,0},
{0,1,0,0, 0,1,0,0, 0,1,0,0, 0,1,0,0}
},
//倒 Z 字形按逆时针的顺序存储
{
{0,1,1,0, 1,1,0,0, 0,0,0,0, 0,0,0,0},
{1,0,0,0, 1,1,0,0, 0,1,0,0, 0,0,0,0},
{0,1,1,0, 1,1,0,0, 0,0,0,0, 0,0,0,0},
{1,0,0,0, 1,1,0,0, 0,1,0,0, 0,0,0,0}
},
//Z 字形按逆时针的顺序存储
{
{1,1,0,0, 0,1,1,0, 0,0,0,0, 0,0,0,0},
{0,1,0,0, 1,1,0,0, 1,0,0,0, 0,0,0,0},
{1,1,0,0, 0,1,1,0, 0,0,0,0, 0,0,0,0},
{0,1,0,0, 1,1,0,0, 1,0,0,0, 0,0,0,0}
},
//J 字形按逆时针的顺序存储
{
{0,1,0,0, 0,1,0,0, 1,1,0,0, 0,0,0,0},
{1,1,1,0, 0,0,1,0, 0,0,0,0, 0,0,0,0},
{1,1,0,0, 1,0,0,0, 1,0,0,0, 0,0,0,0},
{1,0,0,0, 1,1,1,0, 0,0,0,0, 0,0,0,0}
},
//L 字形按逆时针的顺序存储
{
{1,0,0,0, 1,0,0,0, 1,1,0,0, 0,0,0,0},
{0,0,1,0, 1,1,1,0, 0,0,0,0, 0,0,0,0},
```

```
    {1,1,0,0, 0,1,0,0, 0,1,0,0, 0,0,0,0},
    {1,1,1,0, 1,0,0,0, 0,0,0,0, 0,0,0,0}
    },
    //田字形按逆时针的顺序存储
    {
    {1,1,0,0, 1,1,0,0, 0,0,0,0, 0,0,0,0},
    {1,1,0,0, 1,1,0,0, 0,0,0,0, 0,0,0,0},
    {1,1,0,0, 1,1,0,0, 0,0,0,0, 0,0,0,0},
    {1,1,0,0, 1,1,0,0, 0,0,0,0, 0,0,0,0}
    }
  };
  private int rowRect = 4;
  private int colRect = 4;//这里我们把存储的图像看成一个 4 * 4 的二维数组,虽然在
上面我们采用一维数组来存储,但实际还是要看成二维数组来实现
  private int RectWidth = 10;

  public GamePanel()//构造函数----创建好地图
  {
  CreateRect();
  initMap();//初始化这个地图
  SetWall();//设置墙
// CreateRect();
  timer = new Timer(500,new TimerListener());
  timer.start();
  }

  class TimerListener implements ActionListener{
  public void actionPerformed(ActionEvent e)
  {
    MoveDown();
  }
  }

  public void SetWall()//第 0 列和第 11 列都是墙,第 20 行也是墙
  {
  for(int i = 0; i < mapRow; i++)//先画列
  {
    mapGame[i][0] = 2;
```

```
        mapGame[i][11] = 2;
    }
    for(int j = 1; j < mapCol-1; j++)//画最后一行
    {
        mapGame[20][j] = 2;
    }
    }

    public void initMap()//初始化这个地图,墙的ID是2,空格的ID是0,方块的ID是1
    {
    for(int i = 0; i < mapRow; i++)
    {
        for(int j = 0; j < mapCol; j++)
        {
        mapGame[i][j] = 0;
        }
    }
    }

    public void CreateRect()//创建方块---如果当前的方块类型和状态都存在就设置下
一次的,如果不存在就设置当前的并且设置下一次的状态和类型
    {
    if(curShapeType == -1 && curShapeState == -1)//当前的方块状态都为1,表示游
戏才开始
    {
        curShapeType = random.nextInt(shapes.length);
        curShapeState = random.nextInt(shapes[0].length);
    }
    else
    {
        curShapeType = nextShapeType;
        curShapeState = nextShapeState;
    }
    nextShapeType = random.nextInt(shapes.length);
    nextShapeState = random.nextInt(shapes[0].length);
    posx = 0;
    posy = 1;//墙的左上角创建方块
    if(GameOver(posx,posy,curShapeType,curShapeState))
```

```
    {
    JOptionPane.showConfirmDialog(null, "游戏结束！", "提示", JOptionPane.OK_OPTION);
      System.exit(0);
    }
    }


  public boolean GameOver(int x, int y, int ShapeType, int ShapeState)//判断游戏是否结束
    {
    if(IsOrNoMove(x,y,ShapeType,ShapeState))
    {
      return false;
    }
    return true;
    }

    public boolean IsOrNoMove(int x, int y, int ShapeType, int ShapeState)//判断当前的这
个图形是否可以移动,这里重点强调 x,y 的坐标是指 4 * 4 的二维数组(描述图形的那个数
组)的左上角目标
    {
    for(int i = 0; i < rowRect ; i++)
    {
      for(int j = 0; j < colRect; j++)
      {
  if(shapes[ShapeType][ShapeState][i * colRect+j] == 1 && mapGame[x+i][y+j] == 1
  || shapes[ShapeType][ShapeState][i * colRect+j] == 1 && mapGame[x+i][y+j] == 2)
      {
        return false;
      }
      }
    }
    return true;
    }


    public void Turn()//旋转
    {
    int temp = curShapeState;
```

```
curShapeState = (curShapeState+1) % shapes[0].length;
if(IsOrNoMove(posx,posy,curShapeType,curShapeState))
{
}
else
{
  curShapeState = temp;
}
repaint();
}

public void MoveDown()//向下移动
{
if(IsOrNoMove(posx+1,posy,curShapeType,curShapeState))
{
  posx++;
}
else
{
  AddToMap();//将此行固定在地图中
  CheckLine();
  CreateRect();//重新创建一个新的方块
}
repaint();
}

public void MoveLeft()//向左移动
{
if(IsOrNoMove(posx,posy-1,curShapeType,curShapeState))
{
  posy--;
}
repaint();
}

public void MoveRight()//向右移动
{
if(IsOrNoMove(posx,posy+1,curShapeType,curShapeState))
```

```
{
  posy++;
}
repaint();
}

public void AddToMap()//固定掉下来的这一图像到地图中
{
for(int i = 0; i < rowRect; i++)
{
  for(int j = 0; j < colRect; j++)
  {
  if(shapes[curShapeType][curShapeState][i * colRect+j] == 1)
  {
  mapGame[posx+i][posy+j] = shapes[curShapeType][curShapeState][i * colRect+j];
  }
  }
}
}

public void CheckLine()//检查一下这些行中是否有满行的
{
int count = 0;
for(int i = mapRow-2; i >= 0; i--)
{
  count = 0;
  for(int j = 1; j < mapCol-1; j++)
  {
  if(mapGame[i][j] == 1)
  {
    count++;
  }
  else
    break;
  }
  if(count >= mapCol-2)
  {
  for(int k = i; k > 0; k--)
```

```
    {
      for(int p = 1; p < mapCol-1; p++)
      {
      mapGame[k][p] = mapGame[k-1][p];
      }
    }
    score += 10;
    i++;
    }
}
}

public void paint(Graphics g)//重新绘制窗口
{
super.paint(g);
for(int i = 0; i < rowRect; i++)//绘制正在下落的方块
{
    for(int j = 0; j < colRect; j++)
    {
    if(shapes[curShapeType][curShapeState][i * colRect+j] == 1)
    {
g.fillRect((posy+j+1) * RectWidth, (posx+i+1) * RectWidth, RectWidth, RectWidth);
    }
    }
}
for(int i = 0; i < mapRow; i++)//绘制地图上面已经固定好的方块信息
{
    for(int j = 0; j < mapCol; j++)
    {
    if(mapGame[i][j] == 2)//画墙
    {
      g.drawRect((j+1) * RectWidth, (i+1) * RectWidth, RectWidth, RectWidth);
    }
    if(mapGame[i][j] == 1)//画小方格
    {
      g.fillRect((j+1) * RectWidth, (i+1) * RectWidth, RectWidth, RectWidth);
    }
    }
```

```
}
g.drawString("score = "+ score, 225, 15);
g.drawString("下一个方块:", 225, 50);
for(int i = 0; i < rowRect; i++)
{
  for(int j = 0; j < colRect; j++)
  {
  if(shapes[nextShapeType][nextShapeState][i * colRect+j] == 1)
  {
    g.fillRect(225+(j * RectWidth), 100+(i * RectWidth), RectWidth, RectWidth);
  }
  }
}
}

public void NewGame()//游戏重新开始
{
score = 0;
initMap();
SetWall();
CreateRect();
repaint();
}

public void StopGame()//游戏暂停
{
timer.stop();
}

public void ContinueGame()
{
timer.start();
}

@ Override
public void keyTyped(KeyEvent e) {

}
```

```
@ Override
public void keyPressed( KeyEvent e) {
switch( e.getKeyCode( ) )
{
case KeyEvent.VK_UP://上----旋转
  Turn( );
  break;
case KeyEvent.VK_DOWN://下----向下移动
  MoveDown( );
  break;
case KeyEvent.VK_LEFT://左----向左移动
  MoveLeft( );
  break;
case KeyEvent.VK_RIGHT://右----向右移动
  MoveRight( );
  break;
}

}

@ Override
public void keyReleased( KeyEvent e) {
// TODO Auto-generated method stub

}

}
```

GameFrame 类:整个游戏的进入口,好吧,说白了就是有 main( )函数的类,这个类里面实现游戏界面的一些设计,可以理解为一个小小的 UI。

```
public class GameFrame extends JFrame implements ActionListener{
  private int widthFrame = 500;
  private int heightFrame = 600;
  private JMenu menuone = new JMenu("游戏");//创建一个菜单
  private JMenuItem newGame = menuone.add("重新开始");//创建一个内置菜单选项
  private JMenuItem exitGame = menuone.add("游戏退出");
  private JMenuItem stopGame = menuone.add("游戏暂停");
  private JMenuItem goOnGame = menuone.add("游戏继续");
```

```
private JMenu menutwo = new JMenu("帮助");//创建第二个菜单
private JMenuItem aboutGame = menutwo.add("关于游戏");
GamePanel gamepanel = new GamePanel();

public GameFrame()//构造函数
{
addKeyListener(gamepanel);
newGame.addActionListener(this);
exitGame.addActionListener(this);
stopGame.addActionListener(this);
goOnGame.addActionListener(this);
aboutGame.addActionListener(this);

this.add(gamepanel);

JMenuBar menu = new JMenuBar();
menu.add(menuone);
menu.add(menutwo);
this.setJMenuBar(menu);

this.setTitle("俄罗斯方块");
this.setBounds(50, 10, widthFrame, heightFrame);
this.setVisible(true);
this.setDefaultCloseOperation(JFrame.EXIT_ON_CLOSE);

}

public void actionPerformed(ActionEvent e)
{
if(e.getSource() == newGame)//游戏重新开始
{
  gamepanel.NewGame();
}
if(e.getSource() == exitGame)//游戏退出
{
  System.exit(0);
}
```

```
        if(e.getSource() = = stopGame)//游戏暂停
        {
          gamepanel.StopGame();
        }
        if(e.getSource() = = goOnGame)//游戏继续
        {
          gamepanel.ContinueGame();
        }
        if(e.getSource() = = aboutGame)//关于游戏信息
        {
          JOptionPane.showMessageDialog(null,"左右键移动,向上键旋转","提示",
JOptionPane.OK_OPTION);
        }
        }


        public static void main(String[] args) {
        new GameFrame();
        }
      }
```

参考文献

[1] 古凌岚,张婵,罗佳. Java 系统化项目开发教程[M].北京:人民邮电出版社, 2018.
[2] 肖睿,崔雪炜. Java 面向对象程序开发及实战[M].北京:人民邮电出版社, 2018.
[3] 郑豪,王峥,王洁. Java 程序设计实训教程[M].南京:南京大学出版社, 2017.
[4] 袁梅冷,李斌,肖正兴. Java 应用开发技术实例教程[M].北京:人民邮电出版社, 2017.
[5] 满志强,张仁伟,刘彦君. Java 程序设计教程慕课版[M].北京:人民邮电出版社, 2016.
[6] 龚炳江,文志诚. Java 程序设计[M].北京:人民邮电出版社, 2020.
[7] 杨晓燕,李选平. Java 面向对象程序设计[M].北京:人民邮电出版社, 2015.
[8] 边金良,孙红云. Java 程序设计教程与上机实验[M].北京:人民邮电出版社, 2015.
[9] 耿祥义,张跃平. Java 程序设计实用教程[M].北京:人民邮电出版社, 2015.
[10] 唐春玲,蔡茜. Java 程序设计项目教程[M].重庆:重庆大学出版社, 2014.
[11] 段新娥,贾宗维. Java 程序设计教程[M].北京:人民邮电出版社, 2014.
[12] 相洁,呼克佑. Java 语言程序设计[M].北京:人民邮电出版社, 2013.